百年大计 ⚙ 教育为本

建筑力学与结构

主　编　单春明

副主编　周加林　童世虎

参　编　汤熙海　沈　杰　张　茜

　　　　练志兰　董友伟

北京理工大学出版社
BEIJING INSTITUTE OF TECHNOLOGY PRESS

内容提要

本书按照高职高专院校人才培养目标以及专业教学改革的需要，依据最新标准规范进行编写。全书共两篇：第一篇为建筑力学，第二篇为建筑结构。其主要内容包括静力学分析基础、平面力系的合成与平衡、静定结构的内力分析、压杆稳定、建筑结构荷载及设计方法、钢筋混凝土构件、多层及高层钢筋混凝土房屋、砌体结构、钢结构等。本书各章后面均附有练习题，使学生在课后可以及时巩固学过的知识，有利于提高学生对所学知识的掌握。

本书可作为高职高专院校土建类相关专业的教学用书，也可供工程技术人员参考使用。

图书在版编目（CIP）数据

建筑力学与结构/单春明主编.—北京：北京理工大学出版社，2022.6重印
ISBN 978-7-5682-4497-8

Ⅰ.①建…　Ⅱ.①单…　Ⅲ.①建筑科学—力学—高等学校—教材　②建筑结构—高等学校—教材　Ⅳ.①TU3

中国版本图书馆CIP数据核字(2017)第185847号

出版发行 / 北京理工大学出版社有限责任公司
社　　址 / 北京市海淀区中关村南大街5号
邮　　编 / 100081
电　　话 / (010)68914775(总编室)
　　　　　 (010)82562903(教材售后服务热线)
　　　　　 (010)68944723(其他图书服务热线)
网　　址 / http://www.bitpress.com.cn
经　　销 / 全国各地新华书店
印　　刷 / 河北鑫彩博图印刷有限公司
开　　本 / 787毫米×1092毫米　1/16
印　　张 / 16.5　　　　　　　　　　　　　　　责任编辑 / 李玉昌
字　　数 / 391千字　　　　　　　　　　　　　文案编辑 / 韩艳方
版　　次 / 2022年6月第1版第4次印刷　　　　　责任校对 / 孟祥敬
定　　价 / 49.00元　　　　　　　　　　　　　责任印制 / 边心超

江苏联合职业技术学院
土木建筑类院本教材
编审委员会

主任委员

夏成满　晏仲超

委　员

常松南　陶向东　徐　伟　陈大斌　黄志良　钦惠平
王　旭　王　伟　潘建中　赵　杰　丁金荣　黄志荣
张劲松　曹　峰　杨永年　赵　奇　缪朝东　茅一娟
唐素云　殷宗玉　林　宁　孙永龙　李　勇

前　言

　　本书是江苏联合职业技术学院土木工程类"十三五"规划教材系列教材之一，根据当前职业院校的学生特点和社会对技术技能型人才的需求，按照高等职业教育建筑专业群的教学要求，以国家最新标准、规范和图集为依据，依据理论知识够用、实践实用的原则，结合国家职业标准和行业职业技能标准要求编写而成。

　　本书分为"建筑力学"和"建筑结构"两篇。"建筑力学"篇，要求学生掌握静力学的基本知识；掌握基本杆件的强度、刚度、稳定性计算；掌握平面结构体系的平衡条件及分析方法，为该专业岗位和技能的学习奠定力学分析的基础。"建筑结构"篇，以基本原理、基本概念、结构构造为重点，要求学生掌握建筑结构基本概念和结构构造知识，以培养学生结构基本构件设计计算能力和结构施工图的识读能力为落脚点。将常见建筑构件从受力特点分析，到结构构造设计，由浅入深，启发学生自主探究，培养学生学习的渴望和探究的热情以及终身学习的理念。

　　为精炼教材，并为学生提供一个学以致用的适度空间，本教材的教学学时建议为144学时，可参考如下试行：静力学分析基础（12学时）、平面力系的合成与平衡（16学时）、静定结构的内力分析（36学时）、压杆稳定（6学时）、建筑结构的荷载及设计方法（4学时）、钢筋混凝土构件（18学时）、多层及高层钢筋混凝土房屋（30学时）、砌体结构（16学时）、钢结构（6学时）。

　　本书由单春明担任主编并负责统稿，由周加林、童世虎担任副主编，汤熙海、沈杰、张茜、练志兰、董友伟参与了本书部分章节的编写工作。具体编写分工为：南京高等职业技术学校童世虎、汤熙海编写第1章和第2章，盐城幼儿师范高等专科学校（盐城建筑工程学校）周加林编写第3章，苏州建设交通高等职业技术学校练志兰编写第4章，扬州高等职业技术学校沈杰编写第5章和第9章，宜兴中专张茜编写第6章，盐城幼儿师范高等专科学校单春明编写第7章，盐城幼儿师范高等专科学校董友伟编写第8章。

　　本书在编写过程中参考和借鉴了大量文献资料，谨向这些文献作者致以诚挚的感谢。限于编者水平，书中不足之处在所难免，恳请读者不吝赐教指正。

编　者

目 录

第一篇　建筑力学

第1章　静力学分析基础

学习目标

1. 理解力的概念及静力学基本定理。
2. 理解常见的约束及约束力的特点和荷载简化方法。
3. 掌握力矩的概念、合力矩定理和力对点之矩的求法。
4. 理解力偶及力偶矩的概念，掌握力偶的性质。
5. 掌握物体受力分析的方法，能画出研究对象的受力图。

1.1　力的性质

力是物体之间相互的机械作用，这种相互作用使物体的机械运动状态发生改变(称之为外效应)或使物体的形状发生变形(称之为内效应)。例如，由于受到地球的引力(重力)作用而使下落的物体速度加快，楼面梁需要有墙或柱的支持力作用才能保持稳定的静止状态，楼板受到人群或家具压力的作用而产生弯曲变形等。

当我们研究外效应时，考虑作用在物体上力的简化与平衡问题，我们假想地把物体视作为刚体(物体在力的作用下其内部任意两点的距离保持不变形，或变形很微小，可忽略不计)，这样就简化了所研究的问题，且不影响研究的结果。

1.1.1　力的概念

实践证明，力对物体的效应取决于力的大小、方向和作用点，这三者称为力的三要素。它们相互独立，任何一个要素发生变化，都会导致作用效果的改变。

1. 力的三要素

(1)力的大小。力的大小表示物体间相互机械作用的强弱程度。单位：牛顿(N)或千牛顿(kN)。

(2)力的方向。力的方向表示力的作用线在空间的方位和指向。

(3)力的作用点。力的作用点表示力的作用位置。

2. 力的表示方法

力具有大小方向，符合矢量的加法规则，因此，力可以用矢量描述，如图 1-1 所示，通常用有向线段来表示力，箭头表示力的方向，线段的起点或终点为力的作用点，线段所在的直线 AB 称为力的作用线。

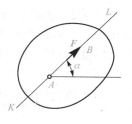

图 1-1　力的表示

量度力的大小的单位，在国际单位制(SI)中用牛顿(N)或千牛顿(kN)。

3. 力的分类

物体之间的相互作用力有集中力和分布力两种，分布力又包括表面力和体积力。

(1)集中力。集中力是指作用于物体上一点的力。实际上要通过一个几何点来传递作用力是不可能的，一切真实力都是分布力。因此，集中力只是分布力在一定条件下的简化模型，能否进行这种简化主要取决于我们所研究问题的性质。

(2)分布力。作用在物体上的外力如果作用面面积相对较大而不能简化为集中力时，应符化为分布力。

1)表面力。表面力是指连续作用于物体的某一面积上的力，例如，立方体水池的底面和侧壁所受的水压力，建筑物外墙所受的风压力都是表面力。

2)体积力。体积力是指连续作用于物体的某一体积内的力，例如，物体的重力。

4. 力系的概念

力系是指作用于同一个物体上的一组力。作用在物体上的力系，根据力系中各力的作用线在空间中位置的不同，可分为平面力系和空间力系两类。

(1)平面力系。平面力系是指各力的作用线都在同一平面内的力系(如汇交力系、力偶系、平行力系、一般力系)，如图 1-2 所示。

(2)空间力系。空面力系是指各力的作用线不在同一平面内的力系，如图 1-3 所示。

图 1-2　平面力系　　　　　　　　图 1-3　空间力系

(3)平面力系的分类。

1)平面汇交力系。平面汇交力系是指各力作用线都汇交于同一点的力系，如图 1-4(a)所示。

2)平面力偶系。平面力偶系是指若干个力偶组成的力系，如图 1-4(b)所示。

3)平面平行力系。平面平行力系是指各力作用线平行的力系，如图 1-4(c)所示。

4)平面一般力系。平面一般力系是指各力作用线既不都汇交又不都平行的平面力系，如图 1-4(d)所示。

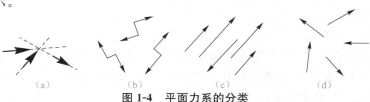

图 1-4　平面力系的分类

(a)平面汇交力系；(b)平面力偶系；(c)平面平行力系；(d)平面一般力系

在工程实际中，有很多结构上所受的力系都可简化，例如，屋面荷载是通过檩条作用在由屋架各杆轴线所组成的平面内，墙或柱子对屋架的支反力也作用在该平面内。因此，屋架所受的力组成一个平面力系。

(4) 等效力系。作用在物体上的一个力系，如果可以用另一个力系来代替，而不改变原力系对物体的作用效果，则这两个力系称为等效力系，如图 1-5 所示。

图 1-5　等效力系

(5) 合力与分力。若某力系与一个力等效，则此力称为该力系的合力，而该力系的各力称为此力的各个分力，如图 1-6 所示。

图 1-6　合力与分力

(6) 平衡的概念。平衡一般是指物体相对于惯性参考系保持静止或做匀速直线运动。根据牛顿第一定律，物体如不受到力的作用则必然保持平衡。在力系作用下使物体保持平衡的力系称为平衡力系。

客观世界中任何物体都不可避免地受到力的作用，作用于物体上的力系只要满足一定的条件，即可使物体保持平衡，这种条件称为力系的平衡条件。满足平衡条件的力系称为平衡力系。

■ 1.1.2　静力学公理 ···

静力学公理是人们在生活和生产活动中长期积累的经验总结，其概括了力的基本性质，是建立静力学理论的基础，其是符合客观实际的最普遍、最一般的规律。

公理 1　二力平衡

作用于刚体上的两个力，使刚体平衡的必要与充分条件是：

(1) 这两个力大小相等 $|F| = |F'|$；

(2) 方向相反 $F = -F'$；

(3) 作用线共线；

(4) 作用于同一个物体上。

二力平衡公理表明了作用于物体上的最简单的力系平衡条件，它为以后研究一般力系的平衡条件提供了基础。一个刚体，两个力是同时作用在这一个刚体上的，如图 1-7 所示。

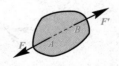

图 1-7　二力平衡公理

工程上将只受到两个力作用并处于平衡的构件称为二力构件；若为杆件，则称为二力杆，如图1-8所示。

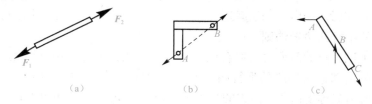

图1-8　二力杆

(a)是二力杆；(b)是二力杆；(c)不是二力杆

公理2　加减平衡力系

在作用于刚体上的任意力系中，加上或去掉任何一个平衡力系，不会改变原力系对刚体的作用效果，如图1-9所示。这是因为平衡力系不会改变刚体原来的运动状态(静止或做匀速直线运动)。

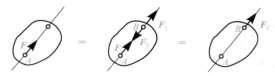

图1-9　加减平衡力系公理

这一公理是研究力系等效替换与简化的重要依据，但其不适用于变形体。

推论1　力的可传性原理(仅适用于刚体)

作用于刚体上某点的力，可以沿着它的作用线滑移到刚体内任意一点，并不改变该力对刚体的作用效果，如图1-10所示。

证明：设在刚体上点 A 作用有力 $\boldsymbol{F}$，如图1-10(a)所示。根据加减平衡力系公理，在该力的作用线上的任意点 B 加上平衡力 $\boldsymbol{F_1}$ 与 $\boldsymbol{F_2}$，且使 $F_2 = -F_1 = F$，如图1-10(b)所示，由于 $\boldsymbol{F}$ 与 $\boldsymbol{F_1}$ 组成平衡力，可去除，故只剩下力 $\boldsymbol{F_2}$，如图1-10(c)所示，即将原来的力 $\boldsymbol{F}$ 沿其作用线移到了点 B。

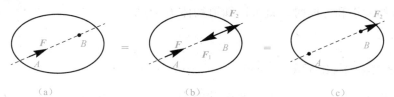

图1-10　力的可传性原理

由此可见，对刚体而言，力的作用点不是决定力的作用效应的要素，它已被作用线所代替。因此，作用于刚体上的力的三要素是：力的大小、方向和作用线。

推论2　三力平衡汇交定理

若刚体受三个力作用而平衡，其中，有两个力的作用线相交于一点，则此三个力必共面且汇交于同一点。

证明：刚体受三力 F_1、F_2、F_3 作用而平衡，如图 1-11 所示。根据力的可传性，将力 F_1 和 F_2 移到汇交点 A，并合成为力 F_{12}，则 F_3 应与 F_{12} 平衡。根据二力平衡条件，F_3 与 F_{12} 必等值、反向、共线，所以，F_3 必通过 A 点，且与 F_1、F_2 共面，定理得证。

公理3　力的平行四边形法则

作用于物体上同一点的两个力可以合成一个合力，此合力也作用于该点，合力的大小和方向是由原两力矢为邻边所构成的平行四边形的对角线来表示，$F_R = F_1 + F_2$，如图 1-12(a) 所示。或者说，合力矢等于这两个力矢的几何和，即 $F_R = F_1 + F_2$，如图 1-12(b) 所示。

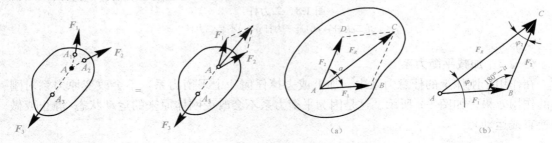

图 1-11　三力平衡汇交定理　　　　　　图 1-12　力的平行四边形法则

(a)力的平行四边形法则；(b)力的平行三角形法则

公理4　作用与反作用公理

两个物体间的作用力与反作用力总是同时存在，且两力大小相等，方向相反，沿着同一条直线，分别作用在两个物体上，即等值、反向、共线、异体，且同时存在。若用 F 表示作用力，F' 表示反作用力，则 $F = -F'$。

这个公理说明了物体之间相互的作用关系，符合力的定义中力的产生必然有施力和受力两方面因素。

作用力与反作用力公理的示例见吊灯，如图 1-13 所示。

这个公理说明了两物体间相互作用力的关系。力总是成对出现的，有一作用力必有一反作用力，且总是同时产生又同时消失。根据这个公理，我们知道物体 A 对物体 B 作用力的大小和方向时，就可以知道物体 B 对物体 A 的反作用力。

图 1-13　吊灯的受力分析

(a)吊灯；(b)吊灯的受力分析

1.1.3　静力学公理的应用

根据平行四边形法则，可以求得两个共点力 F_1 和 F_2 的合力 F，如图 1-14(a) 所示。也可将其中任意一个分力平移到平行四边形的对边构成一个三角形，即依次将 F_1 和 F_2 首尾相接画出，最后由第一个力的起点至第二个力的终点形成三角形的封闭边，即为此二力的合力矢 F，如图 1-14(b) 所示，这种求合力的方法称为力的三角形法则。但要注意应用力的三角形法则并不表示力(例如图中 F_1)

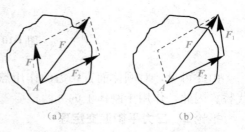

图 1-14　力的平行四边形法则
和力的三角形法则

的作用位置已经改变。

在平面力系中的任意力 $\boldsymbol{F}$，在力 $\boldsymbol{F}$ 所在的平面内任取直角坐标系 OXY，应用平行四边形法则将力沿 x 轴和 y 轴进行正交分解，如图 1-15 所示，可得：

$$\boldsymbol{F} = \boldsymbol{F}_x + \boldsymbol{F}_y \tag{1-1}$$

设沿 x 轴和 y 轴的单位矢量分别为 $\boldsymbol{i}$ 和 $\boldsymbol{j}$，则上式可写成：

$$\boldsymbol{F} = \boldsymbol{F}_x \boldsymbol{i} + \boldsymbol{F}_y \boldsymbol{j} \tag{1-2}$$

式(1-2)为平面力系中力 $\boldsymbol{F}$ 的解析表达式，式中的 F_x 和 F_y 分别表示力 $\boldsymbol{F}$ 在 x 轴和 y 轴上的投影。为了求出式中的 F_x 和 F_y，分别用单位矢量 $\boldsymbol{i}$ 和 $\boldsymbol{j}$ 去点乘式(1-2)两边，即有：

$$\left.\begin{array}{l} F_x = \boldsymbol{F} \cdot \boldsymbol{i} = F\cos\alpha \\ F_y = \boldsymbol{F} \cdot \boldsymbol{j} = F\cos\beta \end{array}\right\} \tag{1-3}$$

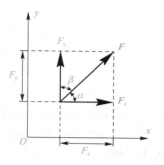

图 1-15　平面力系中力
在坐标轴上的投影

式中，F 为力的大小，α 和 β 为力 $\boldsymbol{F}$ 的方位角，分别为 $\boldsymbol{F}$ 与 x 轴和 y 轴正方向间的夹角。

上式表明，力在某轴上的投影等于力的大小乘以力与该轴正向间夹角的余弦。由于方向余弦 $\cos\alpha$、$\cos\beta$ 可正可负，故力在坐标轴上的投影是代数量。力在坐标轴上投影的正负号判断如下：当力的起点在轴上的投影至力的终点在轴上的投影与轴的指向一致时为正，反之为负。

如果已知力在各坐标轴上的投影，力矢量的大小和方向可以确定，即可求得它的大小和相对于各坐标轴的方向余弦

$$F = \sqrt{F_x^2 + F_y^2} \tag{1-4}$$

$$\left.\begin{array}{l} \cos\alpha = \cos(\boldsymbol{F}, \boldsymbol{i}) = F_x/F \\ \cos\beta = \cos(\boldsymbol{F}, \boldsymbol{j}) = F_y/F \end{array}\right\} \tag{1-5}$$

应当注意，力在坐标轴上的投影 F_x 和 F_y 是代数量，而沿坐标轴的分力 $\boldsymbol{F}_x = F_x\boldsymbol{i}$ 和 $\boldsymbol{F}_y = F_y\boldsymbol{j}$ 是矢量，两者并不等同。特别是当 x 轴与 y 轴并不正交时，分力 $\boldsymbol{F}_x$ 和 $\boldsymbol{F}_y$ 在数值上也不等于力在 x 轴和 y 轴上的投影 F_x 和 F_y。

【例 1-1】　平面力系如图 1-16 所示，力 F_1、F_2、F_3 和 F_4 分别作用于平面上的点 A、B、C 和 D。若 $F_1 = F_4 = 40\ \text{N}$，$F_2 = 30\ \text{N}$，$F_3 = 45\ \text{N}$，试求各力在各个坐标轴上的投影以及 F_1 对 O 点的矩(图中的长度单位为 m)。

【解】　根据图 1-16 中各力的大小与方向可求得各力在 x 轴和 y 轴上的投影：

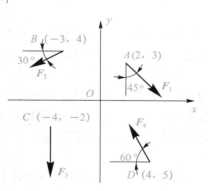

图 1-16　例 1-1 图

$$F_{1x} = F_1\sin45° = 20\sqrt{2}\ (\text{N})，\quad F_{1y} = -F_1\cos45° = -20\sqrt{2}\ (\text{N})$$

$$F_{2x} = -F_2\cos30° = -15\sqrt{3}\ (\text{N})，\quad F_{2y} = -F_2\sin30° = -15\ (\text{N})$$

$$F_{3x} = 0，\quad F_{3y} = -F_3 = -45\ \text{N}$$

$$F_{4x} = -F_4\cos60° = -20\ (\text{N})，\quad F_{4y} = F_4\sin60° = 20\sqrt{3}\ (\text{N})$$

1.2 力 矩

力使物体移动的效应取决于它的大小和方向，而力使物体转动的效应则取决于力矩。人们广泛使用的杠杆、镰刀、剪刀、扳手等省力工具（或机械），它们的工作原理中都包含着力矩概念。

■ 1.2.1 力矩的基本概念

在生活中用扳手拧紧螺母时，作用于扳手上的力 F 使扳手绕 O 点转动，手上用的力 F 越大，螺帽拧得越紧。这说明，使扳手绕支点 O 的转动效应不仅与力 F 的大小成正比，而且与支点 O 到作用线的垂直距离 r（称力臂）也成正比。引用"力矩"来度量力使物体绕支点（称为矩心）转动的效应。

力 F 对矩心 O 点的矩简称力矩，用 $M_O(F)$ 表示，其大小等于力 F 的大小与力臂 r 的乘积，即 $M_O(F) = \pm F \cdot r$，如图 1-17 所示。

图 1-17 扳手示意图

由此可知，静止的刚体在力作用下，不但可能产生移动的效果，而且可能产生转动的效果，或同时产生两种效果。

在平面中应用了力矩的概念来量度力使物体产生转动的效应，如图 1-18 所示。在力 F 所在的平面内任取一点 O，称为矩心，O 点到力 F 的作用线的垂直距离 h 称为力臂，则平面上力对点的矩定义为力矩

$$M_O(\textbf{F}) = \pm F_h \qquad (1\text{-}6)$$

平面上力对点的矩是一个代数量，它的大小等于力乘以力臂，正、负号用来区别转向，通常规定力使物体绕矩心逆时针转动时为正，反之为负。

力矩的单位在国际单位制(SI)中为牛顿·米(N·m)或千牛顿·米(kN·m)。

在空间中，这个定义已不足以刻画力使物体产生转动的效应。如图 1-19 所示，假设杆 OA 可绕固定点 O 在空间自由转动。当杆的 A 端受到力 F 作用时，原来处于静止的杆将产生绕 ON 转动，ON 是由 O 点与力 F 的作用线所确

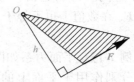

图 1-18 平面上力对点的矩

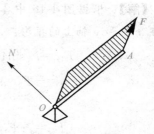

图 1-19 力 F 使 OA 杆绕 ON 转动

· 8 ·

定的平面在点 O 处的法线。

显然，这时仅仅知道转动效应的大小和转向是不够的，还必须要明确 ON 的方位。于是，我们引进一个包含了上述大小、转向和转轴方位等要素的矢量来作为力 $\boldsymbol{F}$ 对空间任意一点 O 的力矩定义(图 1-20)：

$$M_O(\boldsymbol{F}) = \boldsymbol{r} \times \boldsymbol{F} \qquad (1\text{-}7)$$

式中，O 点为矩心，$\boldsymbol{r}$ 为矩心 O 引至力 $\boldsymbol{F}$ 的作用点 A 的矢径，即力对点的矩定义为矩心到该力作用点的矢径与力矢的矢量积。

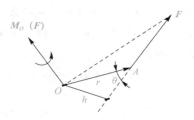

图 1-20　力对点的矩

$M_O(\boldsymbol{F})$ 通常被看作为一个定位矢量，习惯上总是将它的起点画在矩心 O 处，但矩心 O 并没有矢量 $M_O(\boldsymbol{F})$ 的作用点的意思。力矩矢的三要素为大小、方向和矩心。$M_O(\boldsymbol{F})$ 的大小即它的模，其计算公式为

$$|M_O(\boldsymbol{F})| = |\boldsymbol{r} \times \boldsymbol{F}| = Fr\sin\theta = Fh \qquad (1\text{-}8)$$

式中，θ 为 $\boldsymbol{r}$ 和 $\boldsymbol{F}$ 正方向间的夹角，h 为力臂，是由矩心 O 至力 $\boldsymbol{F}$ 的作用线的垂直距离。$M_O(\boldsymbol{F})$ 的方向垂直于 $\boldsymbol{r}$ 和 $\boldsymbol{F}$ 所确定的平面，其指向由右手法则确定，即从矢量的箭头一端沿着矢量看过去。力矩的转向是逆时针为正，反之顺时针为负。

不难看出，对于平面力系，力对点的矩也可用式(1-8)来确定。但由于矩心与力矢均在同一个特定的平面内，力矩矢总是垂直于该平面，即力矩的方向不变，其指向可用正、负号区别，故力矩由矢量变成了代数量。这样，平面力系中力对点的矩成为空间力对点的矩的特殊情况。

【例 1-2】　如图 1-21 所示，当扳手分别受到 $\boldsymbol{F}_1$、$\boldsymbol{F}_2$、$\boldsymbol{F}_3$ 作用时，求各力分别对螺帽中心 O 点的力矩。已知 $\boldsymbol{F}_1 = \boldsymbol{F}_2 = \boldsymbol{F}_3 = 100$ N。

【解】　根据力矩的定义可知

$M_O(\boldsymbol{F}_1) = -F_1 \cdot d_1 = -100 \times 0.2 = -20(\text{N} \cdot \text{m})$

$M_O(\boldsymbol{F}_2) = F_2 \cdot d_2 = 100 \times 0.2/\cos 30° = 23.1(\text{N} \cdot \text{m})$

$M_O(\boldsymbol{F}_3) = F_3 \cdot d_3 = 100 \times 0 = 0$

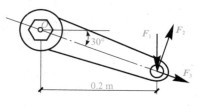

图 1-21　例 1-2 图

1.2.2　合力矩定理

我们知道平面汇交力系对物体的作用效应可用它的合力 $\boldsymbol{R}$ 来代替。如图 1-22 所示，平面汇交力系的合力 R 对平面内任一点 A 之矩 $M_A(R)$ 等于该力系的各分力（$\boldsymbol{F}_1$，$\boldsymbol{F}_2$，…，$\boldsymbol{F}_n$）对该点之矩的代数和 $\sum M_A(\boldsymbol{F}_i)$，称为合力矩定理，其公式表达如下：

$$M_A(\boldsymbol{R}) = \sum M_A(\boldsymbol{F}_i) \qquad (1\text{-}9)$$

【例 1-3】　如图 1-23 所示，每 1 m 长挡土墙所受土压力的合力为 $\boldsymbol{F}_R$，如 $F_R = 150$ kN，方向如图 1-23 所示，求土压力使墙倾覆的力矩。

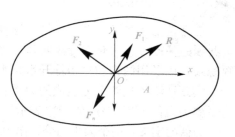

图 1-22　合力矩

【解】 土压力 F_R 可使挡土墙绕 A 点倾覆，故求土压力 F_R 使墙倾覆的力矩，就是求 F_R 对 A 点的力矩。由已知尺寸求力臂 d 不方便，但如果将 F_R 分解为两分力 F_1 和 F_2，则两分力的力臂是已知的，故由式(1-9)可得

$$M_A(F_R) = M_A(F_1) + M_A(F_2)$$
$$= F_1 \cdot h/3 - F_2 \cdot b$$
$$= 150\cos30° \times 1.5 - 150\sin30° \times 1.5$$
$$= 82.4(\text{kN} \cdot \text{m})$$

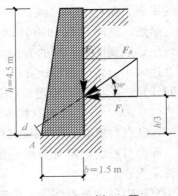

图 1-23　例 1-3 图

【例 1-4】 求图 1-24 所示分布荷载对 A 点的矩。

【解】 沿直线水平分布的线均布荷载可以合成为一个合力。合力的方向与均布荷载的方向相同，合力作用线通过荷载图面积的形心，合力的大小等于荷载图的面积。

根据合力矩定理可知，均布荷载对某点之矩等于其合力对该点之矩。

均布荷载对 A 点的力矩为

$$M_A(q) = -10 \times 3 \times 1.5 = -45(\text{kN} \cdot \text{m})$$

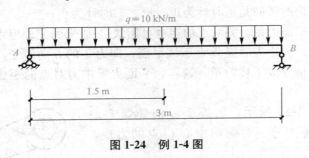

图 1-24　例 1-4 图

1.3　力　偶

■ 1.3.1　力偶的概念

在日常生活和工程中，经常会遇到作用于同一物体上的两个大小相等、方向相反，且不共线的平行力，这对平行线叫作力偶。例如，汽车司机用双手转动方向盘、钳工用丝锥攻螺纹，以及用姆指和食指拧开水龙头或钢笔帽等。

实践证明，这两个力组成的力系对物体只产生转动效应，而不产生移动效应，把这种力系称为力偶，用符号 (F, F') 表示。

力偶的定义：两个大小相等、作用线不重合的反向平行力组成的力系称为力偶(图 1-25)。如图 1-26(a)所示为用两手转动汽车的方向盘；如图 1-26(b)所示为组成力偶的两个力 F、F' 所在的平面，其称为力偶的作用平面，两力作用线间的垂直距离 d 称为力偶臂。

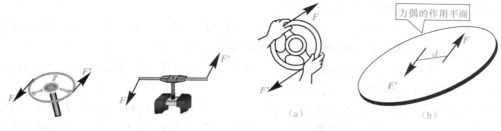

图 1-25 力偶示意图

图 1-26 力偶的概念

(a)方向盘；(b)力偶分析

力偶对物体产生转动的效应，用力偶矩 M 来度量，即力偶矩是力偶的一个力 F 与力偶臂 d 的乘积，作为力偶对物体转动效应的度量，用 M 表示

$$M=\pm F \cdot d \tag{1-10}$$

通常规定：若力偶使物体作逆时针方向转动时，力偶矩为正，反之为负。

力偶矩的单位与力矩的单位相同，这一结果与 O 点的位置无关，如图 1-27 所示力偶矩示意图。

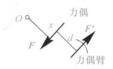

图 1-27 力偶矩示意图

$$M_O(\boldsymbol{F})+M_O(\boldsymbol{F}')=-Fx+F'(x+d)=F \cdot d \tag{1-11}$$

1.3.2 力偶的基本性质

力偶不同于力，它具有以下一些特殊的性质。

性质 1 力偶没有合力，所以，力偶不能用一个力来代替，也不能与一个力来平衡。

从力偶的定义和力的合力投影定理可知，力偶中的二力在其作用面内的任意坐标轴上的投影的代数和恒为零，所以，力偶没有合力。

力偶对物体只能有转动效应，而一个力在一般情况下对物体有移动和转动两种效应。因此，力偶与力对物体的作用效应不同，所以，力偶不能用一个力来代替，即力偶不能简化为一个力，因而力偶也不能和一个力平衡，力偶只能与力偶平衡。

性质 2 力偶对其作用面内任一点之矩恒等于力偶矩，且与矩心位置无关。

力偶的作用是使物体产生转动效应，所以，力偶对物体的转动效应可以用力偶的两个力对其作用面某一点的力矩的代数和来度量。

图 1-28 所示力偶（$\boldsymbol{F}$，$\boldsymbol{F}'$），其力偶臂为 d，逆时针转向，其力偶矩为 $M=F \cdot d$，在其所在的平面内任选一点 O 为矩心，与离 $\boldsymbol{F}'$ 的垂直距离为 x，则它到 $\boldsymbol{F}$ 的垂直距离为 $x+d$。显然，力偶对 O 点的力矩是力 $\boldsymbol{F}$ 与 $\boldsymbol{F}'$ 分别对 O 点的力矩的代数和。其值为

$$M_O(\boldsymbol{F}, \boldsymbol{F}')=F(d+x)-F'x=F \cdot d=M \tag{1-12}$$

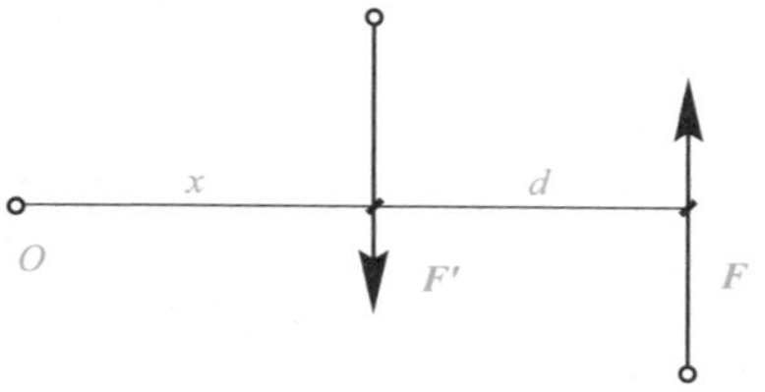

图 1-28 力偶矩

性质 3 在同一平面内的两个力偶，如果它们的力偶矩大小相等、转向相同，则这两个力偶等效，这种特性称为力偶的等效性。

从以上性质可以得到两个推论：

推论 1 力偶可在其作用面内任意转移，而不改变它对物体的转动效应。即力偶对物体

的转动效应与它在作用面内的位置无关。

如图 1-29(a)所示，作用在方向盘上的两个力偶(P_1，P_1')与(P_2，P_2')，只要它们的力偶矩大小相等、转向相同，作用位置虽不同，转动效应是相同的。

推论 2　在保持力偶矩大小和转向不变的条件下，可以任意改变力偶力的大小和力偶臂的长短，而不改变它对物体的转动效应。

如图 1-29(b)所示，工人在利用丝锥攻螺纹时，作用在螺纹杠上的力(F_1，F_1')或(F_2，F_2')，虽然 d_1 和 d_2 不相等，但只要调整力的大小，使力偶矩 $F_1d_1 = F_2d_2$，则两力偶的作用效果是相同的。

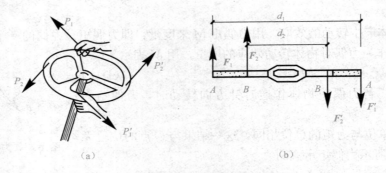

图 1-29　力偶举例

(a)方向盘转动效应；(b)螺纹杠效应

力偶对于物体的转动效应完全取决于力偶矩的大小、力偶的转向及力偶作用面，即力偶的三要素。所以，常用带箭头的弧线表示力偶，箭头方向表示力偶的转向，弧线旁的字母 M 或者数值表示力偶矩的大小，如图 1-30 所示。

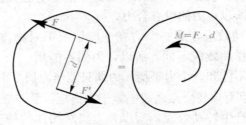

图 1-30　力偶矩的等效

■ 1.3.3　平面力偶系的合成 ···

作用在同一平面内的多个力偶称为平面力偶系，平面力偶系可以合成为一个合力偶，如图 1-31 所示。

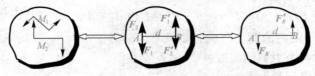

图 1-31　力偶系的合成

$$F_1 = F_1' = M_1/d \qquad F_2 = F_2' = M_2/d \qquad (1\text{-}13)$$
$$M = F_R d = (F_1 - F_2)d = M_1 + M_2 \qquad (1\text{-}14)$$

若有 n 个力偶作用于物体的某一平面内，也可合成为一合力偶，在同一个平面内的力偶可以进行代数运算，其合力偶的矩等于各分力偶矩的代数和，即

$$M = M_1 + M_2 + \cdots + M_n = \sum_{i=1}^{n} M_i \qquad (1\text{-}15)$$

【例 1-5】 如图 1-32 所示，在物体的某平面内受到三个力偶的作用。设 $F_1 = 200$ N、$F_2 = 600$ N、$M = 100$ N·m，求其合力偶。

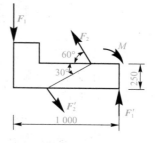

图 1-32 例 1-5 图

【解】 各分力偶矩为

$$M_1 = F_1 d_1 = 200 \times 1 = 200 (\text{N·m})$$
$$M_2 = F_2 d_2 = 600 \times 0.25/\sin 30° = 300 (\text{N·m})$$
$$M_3 = -M = -100 \text{ N·m}$$

由式(1-15)得合力偶矩为

$$M = M_1 + M_2 + M_3$$
$$= 200 + 300 - 100 = 400 (\text{N·m})$$

即合力偶的矩的大小为 400 N·m，转向为逆时针方向，与原力偶系共面。

1.3.4 平面力偶系的平衡条件

平面力偶系可以合成为一个合力偶，当合力偶矩等于零时，物体处于平衡状态；反之，力偶矩不为零，则物体必产生转动效应而不平衡。因此，平面力偶系平衡的充要条件是：力偶系中所有各力偶的力偶矩的代数和等于零，用公式表示为

$$\sum m_i = 0 \qquad (1\text{-}16)$$

【例 1-6】 梁 AB 上作用有一力偶，其转向如图 1-33(a)所示，力偶矩 $M = 15$ kN·m。梁长 $l = 3$ m，梁的自重不计，求 A、B 处支座反力。

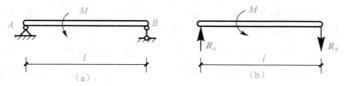

图 1-33 例 1-6 图

【解】 梁的 B 端是可动铰支座，其支座反力 $\boldsymbol{R}_B$ 的方向是沿垂直方向的；梁的 A 端是固定铰支座，其反力的方向本来是未定的，但因梁上只受一个力偶的作用，根据力偶只能与力偶平衡的性质，$\boldsymbol{R}_A$ 必须与 $\boldsymbol{R}_B$ 组成一个力偶。这样，$\boldsymbol{R}_A$ 的方向也只能是沿垂直方向的，假设 $\boldsymbol{R}_A$ 与 $\boldsymbol{R}_B$ 的指向如图 1-33(b)所示，由平面力偶系的平衡条件得

$$\sum M = 0, M - R_A l = 0$$
$$R_A = \frac{M}{l} = \frac{15}{3} = 5 \text{ kN}(\uparrow)$$
$$R_B = 5 \text{ kN}(\downarrow)$$

1.4 荷　载

在实际工程结构中，由于其作用和工作条件的不同，作用在它们上面的力也是多种多样的。

1. 荷载的简化

物体在受力后都要发生形状、大小的改变，在大多数工程问题中，这种变形相对结构尺寸而言是极其微小的。当变形对于研究物体平衡或运动的影响可以忽略不计时，可认为该物体不发生变形，可视其为刚体。

如果力（荷载）分布在一个狭长范围内而且相互平行，则可以把它简化为沿狭长面的中心线分布的力（荷载），其称为线分布力或线荷载，如分布在梁上的荷载。

2. 荷载的分类

（1）主动力（荷载）与约束力。在建筑力学中，我们把作用在物体上的力一般分为两种：一种是使物体运动或使物体有运动趋势的力，称为主动力，例如，重力、水压力、土压力等；另一种是阻碍物体运动的力，称为约束力。这里所谓的约束，是指能够限制某构件运动（包括移动、转动）的其他物体（如支承屋架的柱）。

对于作为研究对象的受力物体，以上主动力与约束力统称为外力。

（2）集中荷载与均布荷载。如果力集中作用于一点，这种力称为集中力或集中荷载。如吊车的轮子对吊车梁的压力、屋架传给柱子或砖墙的压力等，单位为 N 或 kN。

实际上，任何物体间的作用力都分布在有限的面积上或体积内，但如果力所作用的范围比受力作用的物体小得多时，以及作用在刚体上力的合力都可以看成是集中力。同样对于作用于极小范围的力偶，称为集中力偶。

单位长度上所受的力，称为线集度，通常用 q 表示，单位为 N/m 或 kN/m。

当分布荷载各处集度大小均相同时，称为均布荷载。单位面积上所受的力，称为面集度，其通常用 p 表示，单位为 N/m² 或 kN/m²。如楼板上的荷载、水坝上的水压力等，称为面荷载。分布在物体体积内的荷载，称为体荷载，如重力等。单位体积上所受的力，称为体集度，其通常用 v 表示，单位为 N/m³ 或 kN/m³。

体荷载、面荷载、线荷载统称为分布荷载。

由于工程中均布荷载较为常见，因此，本课程只讨论均布荷载。如图 1-34（a）所示，板的自重即为面均布荷载，它是以每单位面积的重量来计算。如图 1-34（b）所示，梁的自重即为线均布荷载，它是以每单位长度的重量来计算。

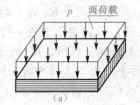
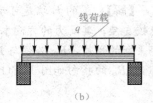

图 1-34　面荷载与线荷载

（a）面荷载；（b）线荷载

在计算中通常是将体荷载或面荷载简化为线荷载来进行的。就刚体而言，对于线均布荷载可转换成它的合力 F_R 来进行运算，线均布荷载的合力 F_R 大小为线荷载集度 q 和荷载分布的长度 l 的乘积，方向与荷载方向一致，作用在荷载分布的中点，如图 1-35 所示。

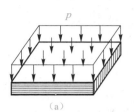 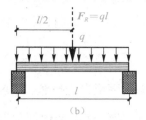

图 1-35　面荷载与线荷载的简化

（3）**恒载与活载**。恒载是指作用在结构上的不变荷载，即在结构建成后，其大小和位置都不再发生变化的荷载。如构件的自重和土压力等。

活载是指在施工和建成后使用期间可能作用在结构上的可变荷载。这种荷载的作用位置及范围可能是固定的（如风荷载、雪荷载、会议室的人群重力等），也可能是移动的（如吊车荷载、会议室的人群等）。各种常用的活载，在《建筑结构荷载规范》（GB 50009—2012）中都有详细规定，以每平方米面积的荷载来表示。

（4）**静荷载与动荷载**。荷载从零慢慢增加至最后的确定数值后，其大小、位置和方向就不再随时间的变化而变化，这样的荷载称为静荷载，如结构的自重、一般的活荷载等。

荷载的大小、位置、方向随时间的变化而迅速变化，这样的荷载称为动荷载。在这种荷载作用下，结构产生显著的加速度，因此，必须考虑惯性力的影响，如动力机械产生的荷载、地震力等。

以上是从不同角度将荷载进行分类，但它们不是孤立无关的。例如，结构的自重，它既是恒载，又是分布荷载，也是静荷载。

【**例 1-7**】　求图 1-36 中均布荷载对 A 点和 B 点的矩。

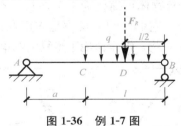

图 1-36　例 1-7 图

【**解**】　（1）求均布荷载的合力 F_R。

$$F_R = ql$$

方向和作用点如图 1-36 所示。

（2）用合力代替线荷载分别对 A、B 两点取矩

$$M_A = M_A(F_R) = -F_R \times \left(a + \frac{l}{2}\right) = -ql\left(a + \frac{l}{2}\right)$$

$$M_B = M_B(F_R) = F_R \times \frac{l}{2} = \frac{ql^2}{2}$$

1.5 约束与约束反力

■ 1.5.1 约束与约束反力的概念

自由体：在空间的位移不受预加限制的物体称为自由体。例如，在空中飞行的飞机、卫星等。

约束：对物体运动施加限制的周围物体。约束总是通过物体间的直接接触而形成。这种限制本身与物体运动要遵循力学规律无关，如房屋中的柱是梁的约束，地基是基础的约束等。

约束反力（反力）：约束既然限制了物体的运动，那么约束与被约束物体之间必然存在力的相互作用，这种力称为约束反力或约束力，简称反力。约束反力的方向总是与物体的运动或运动趋势的方向相反，约束反力的作用点是约束与物体的接触点；约束反力的方向总是与被约束物体的运动（或运动趋势）方向相反。运用这个准则，可确定约束反力的方向和作用点的位置。

主动力：能使物体运动或有运动趋势的力，称为主动力。例如，物体受到的风力、重力、推力等。作用在工程结构上的主动力又称为荷载。在一般情况下，主动力的大小和方向是已知的，约束反力是由于主动力的作用所引起的，所以，约束反力也称为被动力，它随主动力的改变而改变，因此，约束反力是未知的。

■ 1.5.2 工程中常见的约束及其约束反力

1. 柔索

工程中的绳索、链条、皮带等物体可简化为不可伸长，不计自重，且完全不能抵抗弯曲的约束。绳索类只能受拉，所以，它们的约束反力是作用在接触点，方向沿绳索背离物体。如图 1-37 所示，两根绳索悬吊一重物，绳索作用于重物的约束力是沿绳向的拉力 F_1 和 F_2。

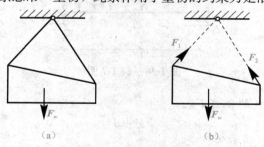

图 1-37　柔索的约束力
(a)重物；(b)物体受力分析

2. 光滑接触面

当两物体的接触面上摩擦力很小而可忽略不计时，就可简化为光滑接触面。这类约束只能阻碍物体沿接触处的公法线方向往约束内部运动，而不能阻碍它在切线方向的运动，也不能阻碍它脱离约束。因此，光滑接触面的约束力沿接触处的公法线方向，作用于接触点，且为压力，如图 1-38 所示。

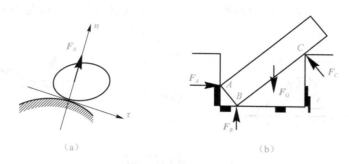

图 1-38　光滑接触面约束

（a）曲面；（b）接触面

3. 光滑圆柱铰链

如图 1-39（a）所示，用圆柱销钉将两个具有相同圆孔的零件 1 和零件 2 连接在一起，并假设接触面是光滑的，这样构成的约束称为光滑圆柱铰链，简称铰链。被连接的两个构件可绕销钉轴作相对转动，但在垂直于销钉轴线平面内的相对移动则被限制，即销钉不能限制物体绕销钉转动，只能限制物体在垂直于销钉轴线平面内沿任意方向的移动。由于销钉与圆柱孔是光滑曲面接触，故约束力应在垂直于销钉轴线平面内沿接触处的公法线方向，即在接触点与圆柱中心的连线方向上，如图 1-39（b）所示。但因为接触点的位置不可预知，约束力的方向也就无法预先确定，因此，光滑圆柱铰链的约束力是一个大小和方向都未知的二维矢量 F_N。在受力分析时，为了方便起见，我们常常用两个大小未知的正交分力 F_x 和 F_y 来表示它。

连接两个构件的铰链如图 1-39（c）表示，其约束力如图 1-39（d）和（e）所示。

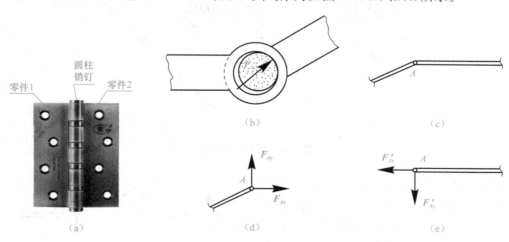

图 1-39　光滑圆柱铰链

4. 固定铰链支座

当铰链连接的两个构件之一与地面或机架固接，则构成固定铰链支座，如图 1-40（a）所示，其简图和约束力如图 1-40（b）所示。构件与支座用光滑的圆柱铰链连接，构件不能产生沿任何方向的移动，但可以绕销钉转动，建筑结构中这种理想的支座是不多见的。

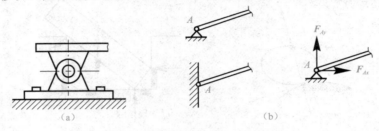

图 1-40 固定铰链支座

5. 可动铰链支座

在铰链支座与支撑面之间装上辊轴，就构成可动铰链支座或辊轴铰链支座，如图 1-41（a）所示。这种支座不限制物体沿支撑面的运动，而只阻碍垂直于支撑面方向的运动。它的约束反力通过销钉中心，垂直于支撑面，指向未定。可动铰链支座的简图和约束力如图 1-41（b）所示。

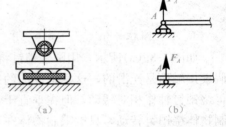

图 1-41 可动铰链支座

6. 链杆

两端用光滑铰链与其他构件连接，且中间不受力的刚性轻杆（自重可忽略不计）称为链杆。工程中常见的拉杆或撑杆多为链杆约束，如图 1-42（a）中的 AB 杆。链杆处于平衡状态时是二力杆，根据二力平衡定理，链杆的约束力必然沿其两端铰链中心的连线，且大小相等、方向相反，如图 1-42（b）所示。

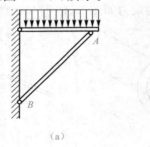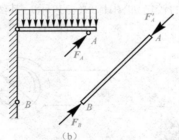

图 1-42 链杆（二力杆）

固定铰链支座可用两根相互不平行的链杆来代替，如图 1-43（a）所示；而可动铰链支座可用一根垂直于支承面的链杆来代替，如图 1-43（b）所示。它们是这两种支座在图中的另一种表示方法。

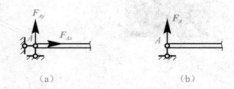

图 1-43 固定铰链支座与可动铰链支座受力简图

7. 固定端

物体的一部分固嵌于另一物体的约束称为固定端约束。例如，夹紧在车床刀架上的车刀[图 1-44(a)]，固定在车床卡盘上的工件[图 1-44(b)]，放置在杯形基础中杯口周围用细石混凝土填实的预制混凝土柱[图 1-44(c)]，深埋的电线杆等。固定端约束的特点是既限制物体的移动又限制物体的转动，即约束与被约束物体之间被认为是完全刚性连接。

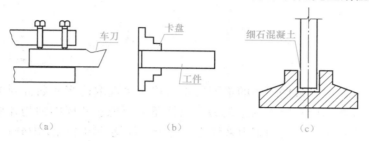

（a）　　　　　　　　（b）　　　　　　　　（c）

图 1-44　工程结构中的固定端约束

在平面载荷作用下，受平面固定端约束的物体[图 1-45(a)]，既不能在平面内移动，也不能绕垂直于该平面的轴转动，因此，平面固定端约束的约束力，可用两个正交分力和一个力偶矩表示，如图 1-45(b)所示。与铰链约束相比较，正是固定端多了一个约束力偶，才限制了约束和被约束物体之间的相对转动。

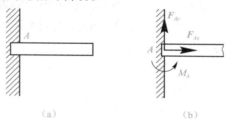

（a）　　　　　　　　（b）

图 1-45　平面固定端约束

对于空间固定端约束，如图 1-46(a)所示，由于沿空间三个方向的移动和绕三个坐标轴的转动均被限制，故其约束力可用三个正交分力和三个正交分力偶矩矢来表示，如图 1-46(b)所示。

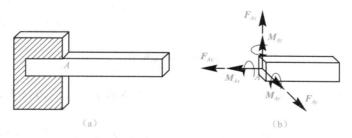

（a）　　　　　　　　（b）

图 1-46　空间固定端约束

约束是对物体运动的限制，约束力阻止物体运动是通过约束与被约束物体之间的接触来实现的。判断每种约束的约束力未知量个数的基本方法是：观察被约束物体在空间可能的各种独立位移中，有哪几种位移被约束所阻碍。阻碍相对移动的是约束力，阻碍相对转动的是约束力偶。对于任何形式的约束，都可用上述基本方法来确定它究竟存在哪些约束力的分量及约束力偶矩的分量。

1.6 受力图

在研究力学问题时，根据问题的不同要求，首先要选取适当的研究对象。为了弄清它的受力情况，不仅要明确它所受的主动力，而且还必须把它从周围的物体中分离出来，将周围物体对它的作用用相应的约束力来代替，这个过程就是物体的受力分析。

在力学计算中，首先要了解物体的全部受力情况，即对物体进行受力分析。为了便于分析，并尽量清晰地表示物体的受力情况，我们把所研究的物体（称为研究对象）从与它相联系的周围物体中分离出来，单独画出。这种从周围物体中单独分离出来的研究对象，称为分离体。取出分离体后，将周围物体对它的作用力在图中表示出来，这样得到的图形即为物体的受力图。

选取合适的研究对象并正确画出物体受力图是解决力学问题的前提和依据，是进行力学计算首要的一步，如有失误将导致整个计算结果错误。画受力图的步骤如下：

第一步，根据问题的要求选取研究对象。

第二步，画出研究对象的分离体结构简图。

第三步，画出分离体所受的全部主动力。

第四步，根据约束的类型逐一画出约束力。

第五步，检查（力的名称与指向）。

【例 1-8】 试画出图 1-47(a)所示简支梁 AB 的受力图。

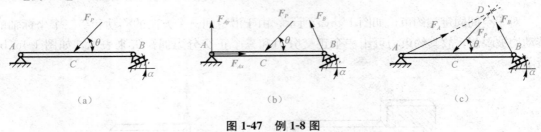

(a)   (b)   (c)

图 1-47 例 1-8 图

【解】 当梁的一端用固定铰链支座，而另一端用辊轴支承时称为简支梁，如图 1-47(a)所示。

简支梁 AB 受的主动力只有 F_P，在 A 端和 B 端解除约束。A 为固定铰链支座，约束力用两个正交分力 F_{Ax} 和 F_{Ay} 表示。B 为可动铰链支座，约束力过铰链中心且垂直于支撑面。梁 AB 的受力图如图 1-47(b)所示。其中，正交分力 F_{Ax} 和 F_{Ay} 的指向可以任意假定，今后如果某个计算值为负，则表明它的实际方向与假定方向相反。

我们也可用三力平衡汇交定理来确定未知约束力的方向。梁 AB 受三力作用而平衡，

固定铰链支座 A 的约束力 $\boldsymbol{F}_A$ 的作用线必然要通过 $\boldsymbol{F}_P$ 和 $\boldsymbol{F}_B$ 作用线的交点 D，即 $\boldsymbol{F}_A$ 沿 AD 的连线，如图 1-47(c) 所示。

【例 1-9】 图 1-48(a) 所示结构为一提升重物的悬臂梁，试画出 AB 梁和整体的受力图。

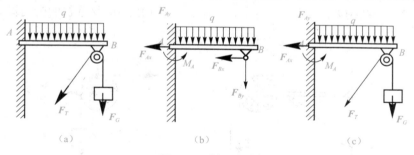

图 1-48　例 1-9 图

【解】 (1) AB 梁的受力图。主动力只有均布载荷 q，注意：不要将其简化为一个集中力。在 A 端和 B 端解除约束，A 为平面固定端约束，B 为光滑圆柱铰链。分别按其约束的特征画出约束力，如图 1-48(b) 所示。其中，正交分力 $\boldsymbol{F}_{Ax}$、$\boldsymbol{F}_{Ay}$ 和 $\boldsymbol{F}_{Bx}$、$\boldsymbol{F}_{By}$ 的指向，以及力偶矩 M_A 的转向可以任意假定。今后如果某个计算值为负，则表明它的实际方向与假定方向相反。但应注意，这种假定在同一问题的几个不同受力图中必须是一致的。

(2) 整体的受力图。主动力有 q、$\boldsymbol{F}_T$ 和 $\boldsymbol{F}_G$，仅在固定端 A 解除约束，受力图如图 1-48(c) 所示。

【例 1-10】 三铰拱结构简图如图 1-49(a) 所示，不计拱的自重。试分别画出右半拱、左半拱和整体的受力图。

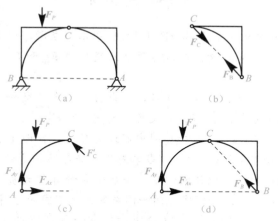

图 1-49　例 1-10 图

【解】 (1) 右半拱的受力图如图 1-49(b) 所示。由于拱的自重不计，右半拱仅在铰链 B 和 C 各受一集中力的作用，因此，BC 拱为二力构件。根据二力平衡定理，约束力 $\boldsymbol{F}_B$ 和 $\boldsymbol{F}_C$ 沿连线 BC，且等值、反向、共线，如图 1-49(b) 所示。

(2) 左半拱的受力图如图 1-49(c) 所示。主动力只有荷载 $\boldsymbol{F}_P$。在铰链 C 处作用有 $\boldsymbol{F}_C$ 的反作用力 $\boldsymbol{F}'_C$，根据作用和反作用定律，$\boldsymbol{F}_C$ 和 $\boldsymbol{F}'_C$ 等值、反向、共线。固定铰链支座 A 的

约束力用两个正交分力 F_{Ax} 和 F_{Ay} 表示。

（3）整体的受力图如图 1-49(d) 所示。此时，在铰链 C 处两个半拱之间的相互作用力 F_C 和 F_C' 为内力，对整个系统的作用效果相互抵消，因此，不必在受力图中画出。

【例 1-11】　一结构如图 1-50(a) 所示，试画出：（1）滑轮 B 及重物的受力图；（2）AB 杆的受力图。

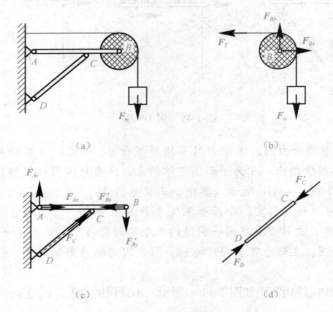

图 1-50　例 1-11 图

【解】　（1）滑轮 B 及重物的受力图如图 1-50(b) 所示。在滑轮中心铰链 B 与 AB 杆相连接，解除约束后，按铰链约束的特征表示为两个正交分力 F_{Bx} 和 F_{By}，而 F_T 为作用于滑轮上沿绳的拉力。

（2）AB 杆的受力图。A 为固定铰链支座，约束力为两个正交分力 F_{Ax}、F_{Ay}。B 为连接滑轮的铰链，作用有正交分力 F_{Bx}、F_{By} 的反作用力 F_{Bx}' 和 F_{By}'。注意到撑杆 CD 是二力杆，故铰链 C 处的约束力 F_C 应沿 CD 杆方向[图中假设为压力，如图 1-50(d) 所示]，而不是用两个正交分力来表示，如图 1-50(c) 所示。当事先不能确定链杆是受拉或是受压时，即二力杆的约束力指向不能确定时，可以任意假定。今后如果计算值为负，则表明它的实际方向与假定方向相反。但应注意，这种假定在同一问题的几个不同受力图中必须一致。

【例 1-12】　曲柄冲床机构如图 1-51(a) 所示，试分别画出冲头 B、轮 O 和整体的受力图。

【解】　冲头 B、轮 O 和整体的受力图分别如图 1-51(b)、(c) 和 (d) 所示。这里要注意到连杆 AB 是二力杆，解除约束后，两端铰链的约束力 F_{AB} 和 F_{AB}' 应沿杆向。另外，冲头 B 被约束在滑槽中运动，接触面是光滑的，约束力是沿接触处公法线方向的压力。但滑槽左右两侧到底是哪一侧接触，可能事先无法确定，此时，约束力 F_N 的指向可任意假定，今后如果计算值为负，则表明它是在另一侧接触，实际方向与假定方向相反。

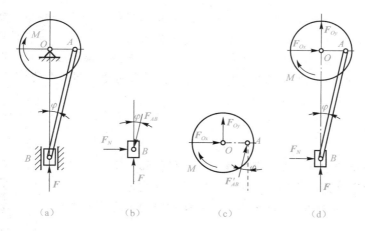

图 1-51　例 1-12 图

【例 1-13】　构架如图 1-52(a)所示，试分别画出 AB、CE、滑轮和整体的受力图。

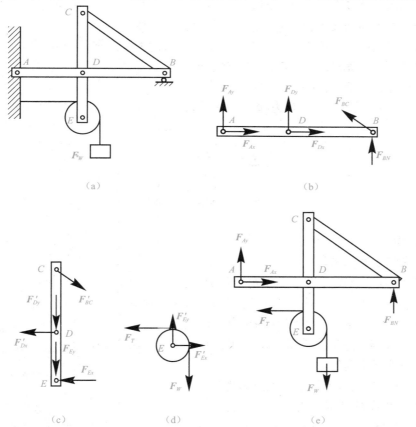

图 1-52　例 1-13 图

【解】　AB、CE、滑轮和整体的受力图分别如图 1-52(b)、(c)、(d)和(e)所示。

在对分离体进行受力分析时，首先要注意约束力与解除约束的地方是一一对应的。而约束力的特征完全取决于约束的类型。我们只需要正确判断约束的类型，然后严格按照约束的类型去决定约束力，一定不要凭主观感觉根据主动力去进行臆断。此外，要正确判断二力杆和二力构件，注意作用力和反作用力要配对，内力不要画出。有时也可用三力平衡汇交定理来确定未知约束力的方向。但这并不是在所有问题中都必需的。

习 题

一、判断题

1. 外力偶作用的刚结点处，各杆端弯矩的代数和为零。　　　（　　）
2. 刚体是指在外力的作用下大小和形状不变的物体。　　　（　　）
3. 在刚体上加（或减）一个任意力，对刚体的作用效应不会改变。

　　　（　　）
4. 一对等值、反向、作用线平行且不共线的力组成的力称为力偶。

　　　（　　）

第 1 章　参考答案

5. 固定端约束的反力为一个力和一个力偶。　　　　　　　　　（　　）
6. 力的可传性原理和加减平衡力系公理只适用于刚体。　　　（　　）
7. 在同一平面内作用线汇交于一点的三个力构成的力系必定平衡。（　　）
8. 力偶只能使刚体转动，而不能使刚体移动。　　　　　　　　（　　）
9. 表示物体受力情况全貌的简图叫作受力图。　　　　　　　　（　　）
10. 图 1-53 中 F 对 O 点之矩为 $M_O(\boldsymbol{F})=FL$。　　　　　（　　）

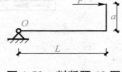

图 1-53　判断题 10 图

二、选择题

1. 下列说法正确的是（　　）。

　　A. 工程力学中我们把所有的物体都抽象化为变形体

　　B. 在工程力学中我们把所有的物体都抽象化为刚体

　　C. 稳定性是指结构或构件保持原有平衡状态

　　D. 工程力学是在塑性范围内，大变形情况下研究其承载能力

2. 下列说法不正确的是（　　）。

　　A. 力偶在任何坐标轴上的投形恒为零

　　B. 力可以平移到刚体内的任意一点

　　C. 力使物体绕某一点转动的效应取决于力的大小和力作用线到该点的垂直距离

　　D. 力系的合力在某一轴上的投影等于各分力在同一轴上投影的代数和

3. 依据力的可传性原理，下列说法正确的是（　　）。

　　A. 力可以沿作用线移动到物体内的任意一点

　　B. 力可以沿作用线移动到任何一点

C. 力不可以沿作用线移动

D. 力可以沿作用线移动到刚体内的任意一点

4. 两直角刚杆 AC、CB 支撑如图 1-54 所示，在铰 C 处受力 F 作用，则 A、B 两处约束力与 x 轴正向所成的夹角 α、β 分别为 $\alpha = ($ $)$，$\beta = ($ $)$。

    A. $30°$ B. $45°$

    C. $90°$ D. $135°$

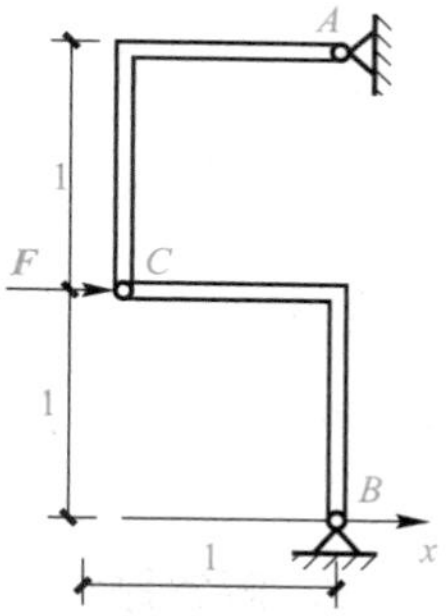

5. 下列说法正确的是( )。

    A. 工程力学中，将物体抽象为刚体

    B. 工程力学中，将物体抽象为变形体

    C. 工程力学中，研究外效应时，将物体抽象为刚体；而研究内效应时，则抽象为变形体

    D. 以上说法都不正确

图 1-54　选择题 4 图

6. 关于约束的说法正确是( )。

    A. 柔体约束，沿柔体轴线背离物体

    B. 光滑接触面约束，约束反力沿接触面公法线，指向物体

    C. 固定端支座，反力可以正交分解为两个力方向假设

    D. A、B 正确

7. 关于力偶的特点，下列说法正确的是( )。

    A. 力偶可以用力来维持平衡

    B. 力偶的合成结果仍为一力偶

    C. 力偶矩大小相等、方向相反的二力偶，互为等效力偶

    D. 力偶不可以任意搬动

8. 如图 1-55 所示，已知 $F = 20$ kN，则 F 对 O 点的力矩为( )kN·m。

    A. -20 B. 40 C. 20 D. -40

9. 如图 1-56 所示，AC 和 BC 是绳索，在 C 点加一向下的力 P，当 α 增大时，AC 和 BC 受的力将( )。

    A. 增大   B. 不变   C. 减小   D. 以上都不对

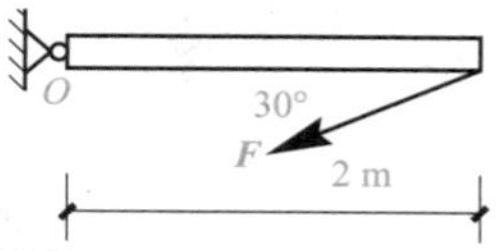

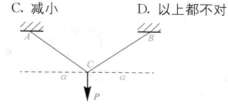

图 1-55　选择题 8 图　　　　**图 1-56　选择题 9 图**

10. 如图 1-57 所示，中平面汇交力系处于平衡状态，计算 P_1 和 P_2 的值，下面正确的是( )。

    A. $P_1 = 8.66$ kN，$P_2 = 8.66$ kN   B. $P_1 = 5$ kN，$P_2 = 8.66$ kN

    C. $P_1 = 8.66$ kN，$P_2 = -5$ kN   D. $P_1 = 5$ kN，$P_2 = -8.66$ kN

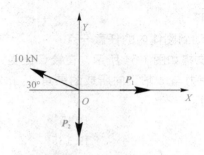

图 1-57 选择题 10 图

三、解答题

1. 分析图 1-58 中各物体的受力图画得是否正确，若不正确请改正错误之处。

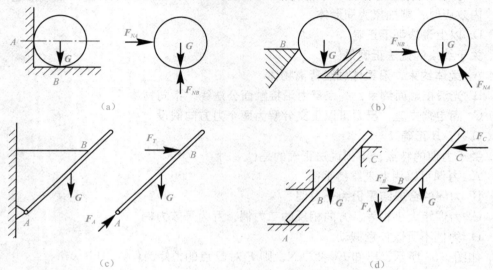

图 1-58 解答题 1 图

2. 画出图 1-59 所示各结构中 AB 构件的受力图。

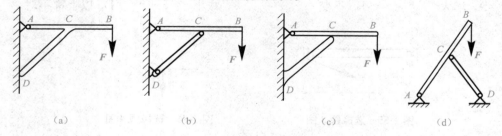

图 1-59 解答题 2 图

第2章　平面力系的合成与平衡

学习目标

1. 了解平面汇交力系合成的图解法的应用。
2. 掌握平面汇交力系合成的解析法的应用。
3. 理解力线的平移定理。
4. 掌握平面一般力系的合成方法。
5. 掌握平面一般力系的平衡方程和应用。
6. 掌握并能够应用平衡方程分析求解简单构件的约束力。

在工程实践中，经常会遇到所有的外力都作用在一个平面内的情况，这样的力系称为平面力系。在平面力系中，各力的作用线都汇交于一点的力系，称为平面汇交力系；各力作用线互相平行的力系，称为平面平行力系；各力的作用线既不完全平行又不完全汇交的力系，我们称为平面一般力系。

2.1　平面汇交力系的合成与平衡

第 1 章已介绍了两个汇交于一点的力 F_1、F_2 可用平行四边形公理与三角形法则求它们的合力 R，这种方法我们称之为图解法。这种平面汇交力系的几何法具有直观、简捷的优点，但其精确度较差。在力学中应用得较多的还是解析法，这种方法是以力在坐标轴上投影的计算为基础。

2.1.1　图解法(几何法)

1. 两个共点力的合成

合力 F 的作用线通过两个分力的汇交点用矢量等式表示为 $F = F_1 + F_2$，如图 2-1 所示。

合力 F 的大小和方向不仅与两个力的大小有关，而且还与两分力的夹角有关，如图 2-2 所示。

（1）当两个分力的夹角减小时：合力增大。

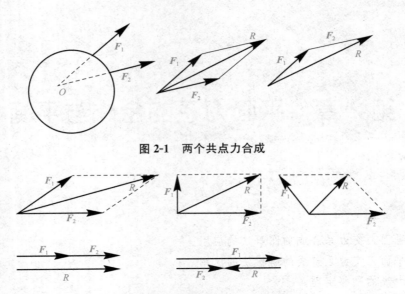

图 2-1　两个共点力合成

图 2-2　合力与分力之间的关系

(2)当两个分力的夹角增大时：合力减小。

(3)当两个力方向相同，两个分力的夹角为 0°时，合力最大，值为两分力大小之和。

(4)当两个力方向相反，两个分力的夹角为 180°时，合力最小，值为两分力大小之差，方向与较大分力同向。

2. 多个共点力的合成

设物体受平面汇交力系 F_1、F_2、F_3、F_4 作用，求力系的合力 F，如图 2-3 所示。

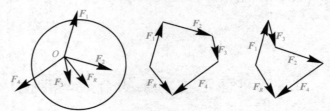

图 2-3　多个共点力的合成

将各已知力首尾相连，其中，首尾两点相连的折线即为合力 F，这种求合力的方法称为力多边形法则。合力的作用线通过力系的汇交点。

画力多边形时，改变各分力相连的次序，将得到形状不同的力多边形，但最后求得的合力不变。

3. 平衡的几何条件

作用在物体上的一个平面汇交力系可以成为一个合力，如果合力等于零，此平面汇交力系为一个平衡力系，物体处于平衡状态。由此得出结论：平面汇交力系平衡的条件是力系的合力等于零。其可以表示为

$$F_R = F_1 + F_2 + \cdots + F_n = 0 \tag{2-1}$$

由几何作图可知，如果平面汇交力系是一个平衡力系，那么按力多边形法则将力系中

各力依次首尾相接所得到一个封闭的力多边形，这就是平面汇交力系平衡的几何条件。

2.1.2 解析法

解析法是以力在坐标轴上的投影为基础。

1. 力在平面直角坐标系上的投影

在力学计算中常常通过力在直角坐标轴上的投影将矢量运算转化为代数运算。

如图 2-4 所示，在力 F 作用的平面内建立直角坐标系 xoy。由力 F 的起点 A 和终点 B 分别向 x 轴引垂线，垂足分别为 x 轴上的两点 A'、B'，则线段 $A'B'$ 称为力 F 在 x 轴上的投影，用 F_x 表示，同样，力 F 在 y 轴上的投影为 F_y，即

$$F_x = \pm A'B' \tag{2-2}$$
$$F_y = \pm A''B'' \tag{2-3}$$

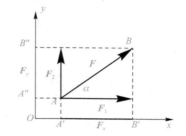

图 2-4　力在直角坐标系上的投影

投影的正负号规定如下：若从 A' 到 B' 的方向与轴正向一致，投影取正号；反之，取负号，力在坐标轴上的投影是代数量。

由图 2-4 可得：

$$\begin{cases} F_x = \pm F\cos\alpha \\ F_y = \pm F\sin\alpha \end{cases} \tag{2-4}$$

式中，α 为力 F 与 x 轴所夹的锐角。图 2-4 中 F_1、F_2 是力 F 沿直角坐标轴方向的两个分力，是矢量，它们的大小和力 F 在轴上投影的绝对值相等，即

$$F_1 = |F_x|$$
$$F_2 = |F_y| \tag{2-5}$$

投影的正号代表分力的指向和坐标轴的指向一致；相反，则为负号。这样，投影就将分力大小和方向表示出来了，从而将矢量运算转化成了代数运算。

利用投影和沿直角坐标轴方向两力的关系确定这两力的大小，即将一个力分解成两个相互垂直的分力，称为力的**正交分解**。这是运算中常采用的方法，根据力与某轴所夹的锐角来计算力在该轴上投影的绝对值，再由观察来确定投影的正负号。

【例 2-1】　试分别求出图 2-5 中各力在 x 轴和 y 轴上的投影。已知 $F_1 = 100$ N、$F_2 = 150$ N、$F_3 = F_4 = 200$ N，各力方向如图 2-5 所示。

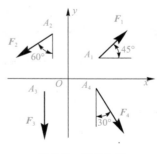

图 2-5　例 2-1 图

【解】　由式(2-1)可得出各力在 x、y 轴上的投影为

$$F_{1x} = F_1\cos45° = 100 \times 0.707 = 70.7\,(\text{N})$$
$$F_{1y} = F_1\sin45° = 100 \times 0.707 = 70.7\,(\text{N})$$
$$F_{2x} = -F_2\cos30° = -150 \times 0.866 = -129.9\,(\text{N})$$
$$F_{2y} = -F_2\sin30° = -150 \times 0.5 = -75\,(\text{N})$$
$$F_{3x} = F_3\cos90° = 0$$
$$F_{3y} = -F_3\sin90° = -200 \times 1 = -200\,(\text{N})$$

$$F_{4x} = F_4\cos 60° = 200 \times 0.5 = 100(\text{N})$$
$$F_{4y} = -F_4\sin 60° = -200 \times 0.866 = -173.2(\text{N})$$

2. 合力投影定理

由于力的投影是代数量，所以，各力在同一轴上的投影可以进行代数运算。由图 2-6 可以看出由 $\boldsymbol{F}_1$ 和 $\boldsymbol{F}_2$ 组成力系的合力 $\boldsymbol{F}$ 在任一坐标轴（x 轴）上的投影：

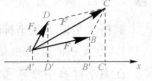

$$F_x = A'C' = A'B' + B'C' = A'B' + A'D' = F_{1x} + F_{2x} \quad (2\text{-}6)$$

图 2-6 合力投影定理

对于多个力组成的力系以此类推，可得合力投影定理：合力在坐标轴上的投影等于各分力在同一轴上投影的代数和，即

$$\begin{cases} F_{Rx} = F_{1x} + F_{2x} + \cdots + F_{nx} = \sum_{i=1}^{n} F_{ix} = \sum F_x \\ F_{Ry} = F_{1y} + F_{2y} + \cdots + F_{ny} = \sum_{i=1}^{n} F_{iy} = \sum F_y \end{cases} \quad (2\text{-}7)$$

如果将各个分力沿坐标轴方向进行分解，再对平行于同一坐标轴的分力进行合成（方向相同的相加，方向相反的相减），可以得到合力在该坐标轴方向上的分力。不难证明，合力在直角坐标系坐标轴上的投影和合力在该坐标轴方向上的分力大小相等，而投影的正（负）号代表分力的指向和坐标轴的指向一致（相反）。

【例 2-2】 试分别求出图 2-7 中各力的合力在 x 轴和 y 轴上的投影。已知 $F_1 = 20\ \text{kN}$、$F_2 = 40\ \text{kN}$、$F_3 = 50\ \text{kN}$，各力方向如图所示。

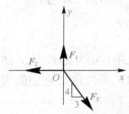

【解】 由式（2-7）可得出各力的合力在 x、y 轴上的投影为

$$F_{Rx} = \sum F_x = F_1\cos 90° - F_2\cos 0° + F_3 \times \frac{3}{\sqrt{3^2 + 4^2}}$$

图 2-7 例 2-2 图

$$= 0 - 40 + 50 \times \frac{3}{5} = -10(\text{kN})$$

$$F_{Ry} = \sum F_y = F_1\sin 90° + F_2\sin 0° - F_3 \times \frac{4}{\sqrt{3^2 + 4^2}}$$

$$= 20 + 0 - 50 \times \frac{4}{5} = -20(\text{kN})$$

■ 2.1.3 平面汇交力系的合成 ···

如已知力系各力在所选定的直角坐标上的投影，则合力的大小和方向余弦分别由下式确定：

$$\text{大小：} F_R = \sqrt{F_{Rx}^2 + F_{Ry}^2} = \sqrt{\left(\sum F_x\right)^2 + \left(\sum F_y\right)^2} \quad (2\text{-}8)$$

$$\text{方向：} \tan\alpha = \left| \frac{F_{Ry}}{F_{Rx}} \right| = \left| \frac{\sum F_y}{\sum F_x} \right| \quad (2\text{-}9)$$

其中，取 $0 \leqslant \alpha \leqslant \pi/2$，$\alpha$ 代表力 $\boldsymbol{F}$ 与 x 轴的夹角，具体力的指向可通过投影的正负值来判定，如图 2-8 所示。

汇交力系简化结果是一个力，这个力对物体的作用与原汇交力系等效。

【例 2-3】 求如图 2-9 所示平面汇交力系的合力。

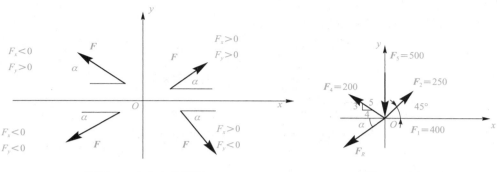

图 2-8 力方向的判断   图 2-9 例 2-3 图

【解】 取直角坐标系如图 2-9 所示，合力 F_R 在坐标轴上的投影为

$$F_{Rx} = \sum F_x = -400 + 250\cos45° - 200 \times 4/5 = -383.2(\text{N})$$

$$F_{Ry} = \sum F_y = 250\sin45° - 500 + 200 \times 3/5 = -203.2(\text{N})$$

$$F_R = \sqrt{F_{Rx}^2 + F_{Ry}^2} = 433.7(\text{N})$$

$$\alpha = \arctan(203.2/383.2) = 27.9°$$

因 F_{Rx}、F_{Ry} 均为负值，所以，F_R 在第三象限。

■ **2.1.4 平面汇交力系的平衡** ···

平面汇交力系平衡的充要条件：汇交力系的合力等于零，解析式表达为

$$F_R = \sqrt{F_{Rx}^2 + F_{Ry}^2} = \sqrt{\left(\sum F_x\right)^2 + \left(\sum F_y\right)^2} = 0 \tag{2-10}$$

式中，F_{Rx}^2 和 F_{Ry}^2 恒为正数，因此，要使 $F_R = 0$，则

$$\begin{cases} \sum F_x = 0 \\ \sum F_y = 0 \end{cases} \tag{2-11}$$

两个独立的平衡方程力系可求解出两个未知量。

由合力投影定理，平面汇交力系的平衡的充要条件也可以是：力系中所有各力在两个坐标轴上投影的代数和分别为零。这也是平面汇交力系的解析条件。

【例 2-4】 求图 2-10(a)所示三角支架中杆 AC 和杆 BC 所受的力。

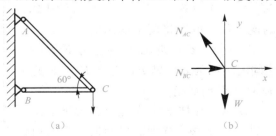

(a)   (b)

图 2-10 例 2-4 图

【解】 (1)取 C 点为研究对象，画受力图如图 2-10(b)所示。

(2)建立直角坐标系。

(3)列平衡方程，求解未知力。

由
$$\sum F_y = 0 \qquad N_{AC}\sin 60° - W = 0$$

得
$$N_{AC} = \frac{W}{\sin 60°} = \frac{10}{0.866} = 11.55(\text{kN})$$

由
$$\sum F_x = 0 \qquad N_{BC} - N_{AC}\cos 60° = 0$$

得
$$N_{BC} = N_{AC}\cos 60° = 11.55 \times 0.5 = 5.78(\text{kN})$$

2.2 力线的平移定理

如果一个力大小、方向均不变，只是将力的作用线平行移动到某一点，称为力向一点平移。

对刚体而言，根据力的可传性原理，力的三要素为力的大小、方向、作用线。无论改变力的三要素中哪一个，力的作用效应都将发生变化。如果保持力的大小、方向不变，而将力的作用线平行移动到同一刚体的任意一点，则力对刚体的作用效应必定要发生变化；若要保持力对刚体的作用效应不变，则必须要有附加条件。

作用在刚体 A 点处的力 F 可以平行移动到刚体上任一指定点 B，但必须附加一力偶，其力偶矩等于原力 F 对指定点 B 之矩 $M_B(\boldsymbol{F})$，上述结论称为力线的平移定理。这个定理可直接运用力系等效原理加以证明。如图 2-11 所示，力 F 由 A 点移动到 B 点，平移前后的二力系的主矢以及对点 O 的主矩均相等，因此，二力系等效。

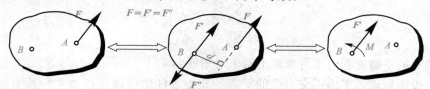

图 2-11　力的平移规律

$$M = Fd = M_B(\boldsymbol{F}) \qquad\qquad (2\text{-}12)$$

根据力向一点平移的逆过程，可以将同平面内的一个力 F 和力偶矩为 M 的力偶简化为一个力 F'，此力 F' 与原力 F 大小相等、方向相同、作用线间的距离为 $d = M/F$，至于 F' 在 F 的哪一侧，则视 F 的方向和 M 的转向而定。

【例 2-5】 如图 2-12(a)所示，在柱子的 A 点受有吊车梁传来的荷载 $F_P = 100$ kN。求将 F_P 平移到柱轴上 O 点时所应附加的力偶矩，其中 $e = 0.4$ m。

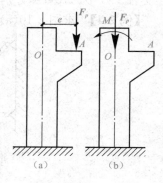

图 2-12　例 2-5 图

【解】 根据力的平移定理，力 F_P 由 A 点平移到 O 点，必须附加一力偶，如图 2-12(b) 所示，它的力偶矩 M 等于力 F_P 对 O 点的矩，即

$$M = M_O(F_P) = -F_P e = -100 \times 0.4 = -40(\text{kN} \cdot \text{m})$$

负号表示该附加力偶的转向是顺时针转向的。

2.3 平面一般力系的合成

如图 2-13 所示，作用于刚体上的平面一般力系（F_1，F_2，$\cdots$，F_n），各力的作用点分别为（A_1，A_2，$\cdots$，A_n）。在刚体上任取一点 O，将力系中各力平移至 O 点，则根据力线平移定理需各附加一力偶。这样就得到一个汇交于点 O 的汇交力系（F_1'，F_2'，$\cdots$，F_n'）和一个由全部附加力偶组成的力偶系（M_1，M_2，$\cdots$，M_n），这两个力系的组合与原力系等效，即

$$(F_1, F_2, \cdots, F_n) \Leftrightarrow (F_1', F_2', \cdots, F_n', M_1, M_2, \cdots, M_n) \tag{2-13}$$

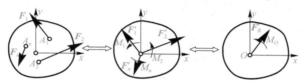

图 2-13 平面一般力系的合成

根据合力投影定理，交于 O 点的力系可合成为一个合力 F_R'，这个交于 O 点的力系的合力称为主矢。附加平面力偶系可根据平面力偶系的合成合成为一个合力偶 M_O，称为主矩。

主矢 F_R' 在坐标轴上的投影等于原力系的各个分力在坐标轴上投影的代数和。主矩 M_O 等于原力系的各个分力对简化中心力矩的代数和。即

$$F_R' = \sum F_i' = \sum F_i \tag{2-14}$$

$$M_O = \sum M_i = \sum M_O(F_i) \tag{2-15}$$

平面一般力系的合成所得到的主矢和主矩，并不是该力系简化的最终结果。因力的投影与坐标原点位置无关，则主矢的投影与简化中心位置无关。由式(2-15)可知，力系中各力对不同的简化中心的矩是不同的，力系的主矩一般与简化中心的位置有关。

【例 2-6】 将图 2-14 所示平面任意力系向 O 点简化，求其所得的主矢及主矩，并求力系合力的大小、方向及合力与 O 点的距离 d，在图上画出合力之作用线。图中方格每格边长为 5 mm，$F_1 = 5$ N，$F_2 = 25$ N，$F_3 = 25$ N，$F_4 = 20$ N，$F_5 = 10\sqrt{2}$ N，$F_6 = 25$ N。

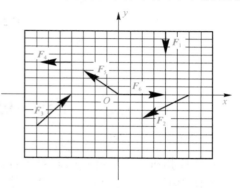

图 2-14 例 2-6 图

【解】 （1）向 O 点简化

$$\sum F_x = F_{1x} + F_{2x} + \cdots + F_{6x}$$

$$= 0 - 25 \times \frac{4}{5} + 25 \times \frac{3}{5} - 20 - 10\sqrt{2} \times \frac{\sqrt{2}}{2} + 25 = -10(\text{N})$$

$$\sum F_y = F_{1y} + F_{2y} + \cdots + F_{6y}$$

$$= -5 - 25 \times \frac{3}{5} + 25 \times \frac{4}{5} + 0 + 10\sqrt{2} \times \frac{\sqrt{2}}{2} + 0 = 10(\text{N})$$

$$F'_R = \sqrt{\left(\sum F_x\right)^2 + \left(\sum F_y\right)^2} = \sqrt{(-10)^2 + (10)^2} = 10\sqrt{2} \ (\text{N}) = 14.14 \ \text{N}$$

$$\tan\alpha = \left|\frac{\sum F_y}{\sum F_x}\right| = 1 \qquad \text{主矢与 } x \text{ 轴的夹角为 } 45°（第二象限）$$

$$M_O = \sum M_O(\boldsymbol{F})$$

$$= -5 \times 20 - 15 \times 30 - 20 \times 20 + 20 \times 20$$

$$= -550(\text{N} \cdot \text{mm})$$

（2）力系的合力，如图 2-15 所示。力系的合力大小与主矢的大小相等，方向与主矢平行。合力的作用点至 O 点的距离为

$$d = \left|\frac{M_O}{F'_R}\right| = \frac{550}{10\sqrt{2}}$$

$$= 27.5\sqrt{2} \ (\text{mm}) = 38.89 \ \text{mm}$$

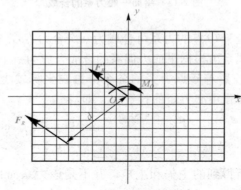

图 2-15 力系的合力

2.4 平面一般力系的平衡方程和应用

若物体相对于地球静止或做匀速直线运动，则称物体是处于平衡状态。也就是说，在力系的作用下，平衡的物体，既没有移动效应，也没有转动效应，这就表明作用在平衡物体上的力系合力为零，合力矩为零。

■ 2.4.1 平衡条件 ··

平面力系可以合成为一个力和一个力偶。因此，平面力系平衡的必要和充分条件是这个力（主矢）和力偶（主矩）均等于零。即

$$
\begin{cases}
F'_{Rx}=0 \\
F'_{Ry}=0 \\
M_O=0
\end{cases}
\tag{2-16}
$$

■ 2.4.2 平衡方程 ··

$$
\begin{cases}
\sum F_x = 0 \\
\sum F_y = 0 \\
\sum M_O(\boldsymbol{F}) = 0
\end{cases}
\tag{2-17}
$$

式(2-17)称为平面力系基本形式的平衡方程。其中，前两式称为投影方程，它表示力系中所有各力在两个坐标轴上投影的代数和分别等于零；后式称为力矩方程，它表示力系中所有各力对任一点的矩代数和等于零。

平面力系的平衡方程除式(2-17)的基本形式外，还有二力矩形式和三力矩形式。

二力矩形式如下：

$$
\begin{cases}
\sum F_x = 0 \\
\sum M_A(\boldsymbol{F}) = 0 \\
\sum M_B(\boldsymbol{F}) = 0
\end{cases}
\tag{2-18}
$$

其中，A、B 两点的连线不与 x 轴垂直。

三力矩形式如下：

$$
\begin{cases}
\sum M_A(\boldsymbol{F}) = 0 \\
\sum M_B(\boldsymbol{F}) = 0 \\
\sum M_C(\boldsymbol{F}) = 0
\end{cases}
\tag{2-19}
$$

其中，A、B、C 三点不共线。

平面力系的平衡方程虽有上述的三种不同形式，但必须强调的是，一个在平面力系作用下而处于平衡状态的刚体，只能有三个独立的平衡方程式，任何第四个平衡方程都只能是前三个方程的组合，而不是独立的。

■ 2.4.3 平衡方程的应用 ···

力系的平衡方程主要用于求解单个刚体或刚体系平衡时的未知约束力，也可用于求解刚体的平衡位置和确定主动力之间的关系。

在实际问题中应用平衡方程进行分析时，应根据具体情况，恰当选取矩心和投影轴，尽可能使一个方程中只包含一个未知量，避免解联立方程。另外，利用平衡方程求解平衡

问题时，受力图中未知力的指向可以任意假设，若计算结果为正值，则表示假设的指向就是实际的指向；若计算结果为负值，则表示假设的指向与实际指向相反。

应用平衡方程解题的步骤如下：

(1)选择适当的研究对象；

(2)对研究对象进行受力分析，画出受力图；

(3)建立坐标系，选取合适的平衡方程，尽量用1个方程解1个未知量；

(4)求解方程(组)。

【例 2-7】 刚架受荷载 $F_P = 2qa$，q 作用及约束情况如图 2-16(a)所示。刚架自重不计，试求固定端约束 A 处的约束力。

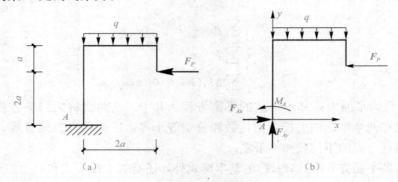

图 2-16 例 2-7 图

【解】 (1)选取研究对象，取刚架为研究对象。

(2)画受力图，画出刚架受力图，A 处约束力有三个，如图 2-16(b)所示。

(3)建立坐标系，列平衡方程并解之。

由
$$\sum F_x = 0, F_{Ax} - F_P = 0$$

得
$$F_{Ax} = F_P = 2qa$$

由
$$\sum F_y = 0, F_{Ay} - q \times 2a = 0$$

得
$$F_{Ay} = 2qa$$

由
$$\sum M_A = 0, M_A - q \times 2a \times a + F_P \times 2a = 0$$

得
$$M_A = 2qa^2 - 2F_P a = -2qa^2$$

正值表示实际的力与受力图中假定的指向一致，负值则相反。

【例 2-8】 刚架受荷载作用及约束情况如图 2-17(a)所示。$F_P = 20$ kN，$M = 20$ kN·m，$q = 15$ kN/m，刚架自重不计，试求 A、B 处的支座约束力。

【解】 (1)选取研究对象，取刚架为研究对象。

(2)画受力图，画出刚架受力图，A 处约束力有两个，B 处约束力有一个，如图 2-17(b)所示。

(3)建立坐标系，列平衡方程并解之。

由
$$\sum F_x = 0, F_{Ax} - F_P = 0$$

得
$$F_{Ax} = F_P = 20 \text{ kN}$$

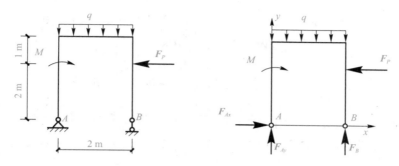

图 2-17 例 2-8 图

由 $\qquad \sum M_A = 0, F_B \times 2 + F_P \times 2 - M - q \times 2 \times 1 = 0$

得 $\qquad F_B = q \times 1 + M/2 - F_P = 15 \times 1 + 20/2 - 20 = 5 \text{(kN)}$

由 $\qquad \sum M_B = 0, -F_{Ay} \times 2 + F_P \times 2 - M + q \times 2 \times 1 = 0$

得 $\qquad F_{Ay} = q \times 1 - M/2 + F_P = 15 \times 1 - 20/2 + 20 = 25 \text{(kN)}$

本题是应用平面力系平衡方程的二力矩形式，其中，A、B 两点的连线不与 x 轴垂直。

【例 2-9】 如图 2-18(a)所示为一悬臂式起重机，A、B、C 处都是铰链连接。梁 AB 自重 $W=1 \text{ kN}$，作用在梁的中点，提升重量 $F_P=8 \text{ kN}$，杆 BC 自重不计，求支座 A 的约束力和杆 BC 所受的力。

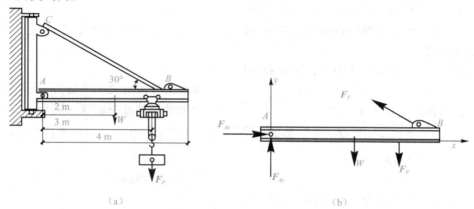

(a)　　　　　　　　　　　(b)

图 2-18 例 2-9 图

【解】 (1)取梁 AB 为研究对象。

(2)画受力图，A 处有两个约束力，B 处为二力杆约束，只有一个约束力，如图 2-18(b) 所示。

(3)建立坐标系，列平衡方程并解之。

$$\sum M_A(\boldsymbol{F}) = 0$$

$$F_T \sin 30° \times 4 - W \times 2 - F_P \times 3 = 0$$

$$F_T = \frac{2W + 3F_P}{4 \times \sin 30°} = \frac{2 \times 1 + 3 \times 8}{4 \times 0.5} = 13 \text{(kN)}$$

$$\sum M_B(\pmb{F}) = 0 \qquad -F_{Ay} \times 4 + W \times 2 + F_P \times 1 = 0$$

$$F_{Ay} = \frac{2W + F_P}{4} = \frac{2 \times 1 + 8}{4} = 2.5 (\text{kN})$$

$$\sum M_C(\pmb{F}) = 0 \qquad F_{Ax} \times 4\tan30° - W \times 2 - F_P \times 3 = 0$$

$$F_{Ax} = \frac{2W + 3F_P}{4\tan30°} = \frac{2 \times 1 + 3 \times 8}{4 \times 0.577} = 11.27 (\text{kN})$$

本题是应用平面力系平衡方程的三力矩形式，其中 A、B、C 三点不共线。

习 题

一、填空题

1. 平面汇交力系平衡的必要和充分的几何条件是力多边形_____。

2. 平面汇交力系合成的结果是一个_____。合力的大小和方向等于原力系中各力的_____。

3. $\sum F_x = 0$ 表示力系中所有的力在_____轴上的投影的_____为零。

第 2 章　参考答案

4. 合力在任一轴上的投影，等于各分力在_____代数和，这就是_____。

5. 力的作用线都汇交于一点的力系称为_____力系。

6. 某力在直角坐标系的投影为：$F_x = 3$ kN，$F_y = 4$ kN，此力的大小是_____。

二、选择题

1. 构件在外力作用下平衡时，可以利用(　　　)。
   A. 平衡条件求出所有未知力　　　　　B. 平衡条件求出某些未知力
   C. 力系的简化求未知力　　　　　　　D. 力系的合成或分解求未知力

2. 一个不平衡的平面汇交力系，若满足 $\sum x = 0$ 的条件，则其合力的方位应是(　　　)。
   A. 与 x 轴垂直　　　　　　　　　　B. 与 x 轴平行
   C. 与 y 轴垂直　　　　　　　　　　D. 通过坐标原点 O

3. 力的作用线都汇交于一点的力系称为(　　　)力系。
   A. 空间汇交　　　B. 空间一般　　　C. 平面汇交　　　D. 平面一般

4. 平面汇交力系平衡的必要和充分条件是该力系的(　　　)为零。
   A. 合力　　　　　B. 合力偶　　　　C. 主矢　　　　　D. 主矢和主矩

5. 平面一般力系平衡的充分和必要条件是力系的主矢和主矩必(　　　)。
   A. 同时为零　　　B. 有一个为零　　C. 不为零　　　　D. 以上都不对

6. 当力系中所有各力在两个坐标轴上的投影的代数和分别为零，则保证刚体(　　　)。
   A. 不移动　　　　　　　　　　　　　B. 既不移动也不转动
   C. 不转动　　　　　　　　　　　　　D. 以上都不对

7. 下面属于平面力系的是(　　　)。
   A. 起重机吊钩上所受的力　　　　　　B. 屋架上所受的力
   C. 单层厂房横向排架上所受的力　　　D. 房屋上所受的力

8. 下列关于平面汇交力系的说法正确的是(　　)。

    A. 所有力的作用线在同一平面内　　　　B. 所有力的作用线平行

    C. 所有力的作用线汇交于一点　　　　D. 平面汇交力系平衡时，其合力必为零

9. 下列(　　)是平面一般力系合成的结果。

    A. 合力为零，合力矩为零　　　　　　B. 合力不为零，合力矩为零

    C. 合力为零，合力矩不为零　　　　　D. 合力不为零，合力矩不为零

10. 平面一般力系的平衡条件是(　　)。

    A. $\sum Fx = 0$　　　　B. $\sum Fy = 0$　　　　C. $\sum M_O(\boldsymbol{F}) = 0$　　　D. $\sum M = 0$

三、简答题

1. 简述投影与分力的区别。

2. 平面力系的平衡方程有哪几种形式？应用这些方程时要注意什么？

3. 平行力系的平衡条件中，如果坐标轴不选取与力平行或垂直，则独立的方程式有几个？平衡方程的形式是否改变？

4. 平面力系的平衡方程能不能全部采用投影方程？为什么？

四、计算题

1. 如图 2-19 所示，已知 $F_1 = F_2 = F_3 = F_4 = F_5 = F_6$，$\alpha = 30°$，试分别求各力在坐标轴上的投影。

2. 如图 2-20 所示，$F_1 = 10$ N，$F_2 = 6$ N，$F_3 = 8$ N，$F_4 = 12$ N，试求其合力。

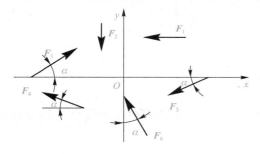

图 2-19　计算题 1 图

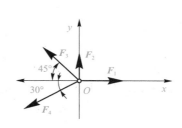

图 2-20　计算题 2 图

3. 求图 2-21 中各力对 O 点之矩。

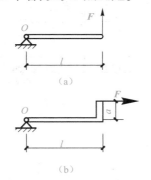

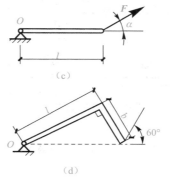

图 2-21　计算题 3 图

4. 支架由杆 AB、AC 构成，A、B、C 处都是铰接，在 A 点处有铅垂重力 F_W，求图 2-22 所示三种情况下杆 AB、AC 的受力。

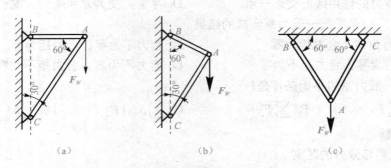

(a)　　　　　　　(b)　　　　　　　(c)

图 2-22　计算题 4 图

5. 试求图 2-23 所示支架中各支撑点的约束反力。已知物重 $F_W = 5$ kN，支架自重不计。

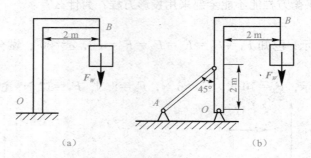

(a)　　　　　　　(b)

图 2-23　计算题 5 图

6. 已知：$F = 400$ N，$a = 1$ m，$M = 100$ N·m，$q = 1\ 000$ N/m，求图 2-24 所示各梁的支座反力。

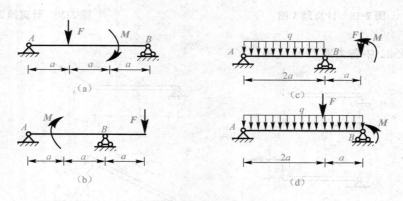

(a)

(b)

(c)

(d)

图 2-24　计算题 6 图

7. 求图 2-25 所示刚架的支座反力。

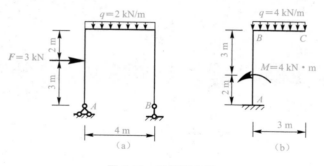

图 2-25　计算题 7 图

第3章 静定结构的内力分析

学习目标

1. 理解轴向拉（压）杆横截面上的内力分析方法，熟练绘制轴力图。
2. 掌握梁的内力计算，能够绘制内力图。
3. 掌握刚架和桁架的内力计算。
4. 理解刚架、桁架、拱的受力特征。
5. 了解拱的内力计算。

工程构件的形状多种多样，如果构件的长度尺寸比横向尺寸大很多时，这样的构件称为**杆件**。其各横截面形心的连线称为**杆的轴线**。本书主要研究等直杆。

作用在杆上的外力有多种，杆件的变形也有多样，通常归纳为以下四种基本变形形式。

1. 轴向压缩或拉伸

在一对大小相等、方向相反、作用线与杆轴线重合的外力作用下，杆件将产生轴向伸长或缩短变形，这种变形称为**轴向拉伸**[图 3-1(a)]或**轴向压缩**[图 3-1(b)]。

2. 剪切

在一对相距很近、大小相等、方向相反、作用线垂直于杆轴的外力作用下，杆件的横截面将沿外力作用方向发生错动。这种变形形式称为**剪切**，如图 3-1(c)所示。

3. 扭转

在一对大小相等、方向相反、位于垂直于杆轴线的两平面内的外力偶作用下，杆的任意横截面将绕轴线发生相对转动，而轴线仍维持直线，这种变形形式称为**扭转**，如图 3-1(d)所示。

4. 弯曲

在一对大小相等、方向相反、位于杆的纵向平面内的外力偶作用下，杆件的轴线由直线变成曲线，这种变形形式称为**弯曲**，如图 3-1(e)所示。

在工程实际中，杆件可能同时承受不同形式的荷载而发生复杂的变形，但都可看作是上述基本变形的组合。由两种或两种以上基本变形组成的变形称为**组合变形**。

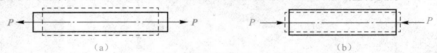

图 3-1 杆件的基本变形
(a)轴向拉伸；(b)轴向压缩

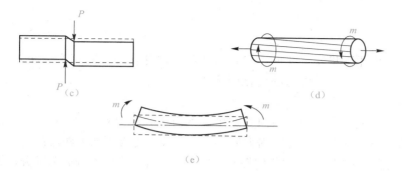

图 3-1　杆件的基本变形(续)

(c)剪切；(d)扭转；(e)弯曲

3.1　轴向拉伸与压缩杆件

　　轴向拉伸或压缩变形是杆件基本变形之一。轴向拉伸或压缩变形的受力特点是：杆件受一对平衡力 P 的作用，它们的方向沿杆件的轴线方向。若在力 P 作用下杆件被拉长，如图 3-1(a)虚线所示，则称为轴向拉伸；若在力 P 作用下杆件缩短，如图 3-1(b)虚线所示，则称为轴向压缩。

■ 3.1.1　轴向拉伸与压缩杆件的内力——轴力 ···

　　在工程实例中，经常遇到拉杆或压杆。如图 3-2(a)所示屋架的弦、腹杆，图 3-2(b)所示房屋的砖柱，图 3-2(c)所示起重架的杆 AC、BC 等，它们在工程中都承受拉伸或压缩。

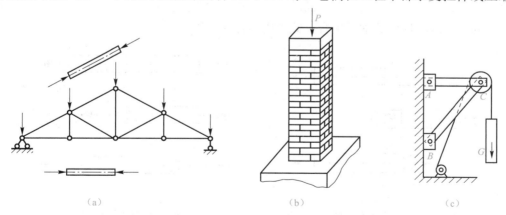

图 3-2　轴向拉压杆的实例

(a)屋架的弦、腹杆；(b)砖柱；(c)起重架

　　在一对方向相反、作用线与杆轴重合的拉力或压力作用下，杆件沿着轴线伸长或缩短，这个外力称为轴力。轴力单位为 N 或 kN。

杆件在外力作用下将发生变形，与此同时杆件内部各部分间将产生相互作用力，此相互作用力称为内力。内力随外力的变化而变化。外力增大，内力也增大；外力去掉后，内力将随之消失。

杆件的强度、刚度等问题均与内力这个因素有关，在分析这些问题时，经常需要知道杆件在外力作用下某一横截面上的内力值。研究杆件内力常用的方法是截面法。

截面法是指假想地用一平面将杆件在所求内力处截开，将杆件分成两部分，如图 3-3(a)所示。取其中一部分为研究对象，利用平衡条件，求解截面内力的方法，如图 3-3(b)、(c)所示。

用截面法求内力，分为以下四个步骤。

(1)截开：在需要求内力处，用一假想截面将杆件截开，分成两部分，将截面上的内力暴露出来。

(2)取脱离体：取假想截面任一侧的一部分为脱离体，最好取外力较少的一侧为脱离体。

(3)画受力图：画出所取脱离体部分的受力图，截面上的内力方向最好按正方向假设。

(4)列平衡方程：根据脱离体的受力图，建立平衡方程，由脱离体上的已知外力来计算截面上的未知内力。

如图 3-4(a)所示，杆受轴向拉力 F 作用，求某横截面 $m-m$ 上的内力，其步骤如下：

(1)先假想用一平面在 $m-m$ 处将杆截开，使其成为两部分。

(2)在这两部分中，取一部分为分离体进行分析，将截面的内力暴露出来，分布在横截面 $m-m$ 上各分力的合力为 F_N，如图 3-4(b)、(c)所示，此合力 F_N 即为横截面 $m-m$ 的内力。

(3)剩余一段杆在原有的外力及内力 F_N（此时已处于外力的地位）共同作用下处于平衡，根据平衡条件：

$$\sum F_x = 0, F_N = F \tag{3-1}$$

F_N 的作用线与杆件的轴线重合，此种内力称为轴力。

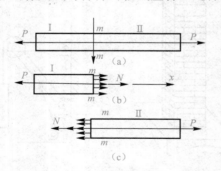

图 3-3 截面法研究杆件内力

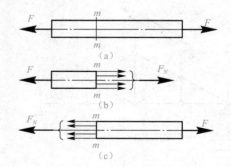

图 3-4 轴向受拉杆

为了区分拉伸和压缩，对轴力的正负号作如下规定：引起杆件拉伸时轴力为正，即 F_N 与其所在横截面的外法线方向同向，为拉力；引起杆件压缩时的轴力为负，即 F_N 与其所在横截面外法线反向，为压力。

轴力图是表示轴力沿杆件轴线变化的图形。

在多个外力作用时，由于各段杆轴力的大小及正负号各异，所以，为了形象地表明各横截面上轴力的变化情况，通常将其绘成轴力图。

轴力图作法，以杆件的左端为坐标原点，取杆件轴线为 x 轴，其值代表横截面位置；取 F_N 为纵坐标轴，其值代表对应横截面的轴力值，正值绘在 x 轴线上方，负值绘在 x 轴线下方。

绘制轴力图的方法与步骤如下：

第一，确定作用在杆件上的外载荷与约束力[图 3-5(a)]；

第二，根据杆件上作用的载荷以及约束力，确定轴力图的分段点，在有集中力作用处为轴力图的分段点；

第三，应用截面法，用假想截面从控制面处将杆件截开，在截开的截面上，画出未知轴力，并假设为正方向；对截开的部分杆件建立平衡方程，确定轴力的大小与正负[图 3-5(b)、(c)]；产生拉伸变形的轴力为正，产生压缩变形的轴力为负；

第四，建立 $F_N - x$ 坐标系，用平行于杆轴线的直线表示基线，垂直于基线的直线表示该截面的内力值，将正的轴力绘在基线的上方，负值绘在基线的下方，并在图中标出正负号⊕或⊖，如图 3-5(d)所示。

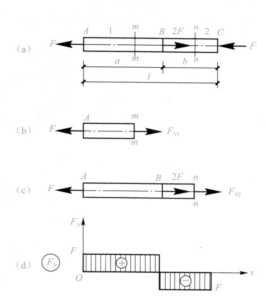

图 3-5　等截面直杆轴力图

【例 3-1】　试求图 3-6(a)所示杆件各段内横截面上的轴力，并画出轴力图。

【解】　此杆需分三段求轴力及画轴力图。在第 1 段范围内的任一横截面处将杆截断，取左段为分离体，如图 3-6(b)所示，由平衡条件

$$\sum F_x = 0, 4 + F_{N1} = 0$$

得到 $F_{N1} = -4$ kN(压)

在第 2 段范围内的任一横截面处将杆截断，取左段为分离体，如图 3-6(c)所示，由平衡条件

$$\sum F_x = 0, \ 4 - 6 + F_{N2} = 0$$

得到 $F_{N2} = 2$ kN(拉)

在第 3 段范围内的任一横截面处将杆截断，取右段为分离体，如图 3-6(d)所示，由平衡条件

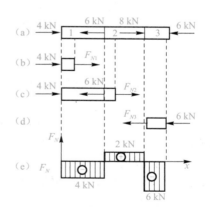

图 3-6　轴力图

$$\sum F_x = 0, F_{N3} + 6 = 0$$

得到 $F_{N3} = -6$ kN(压)

各段内的轴力均为常数，故轴力图为三条水平线。由各横截面上 F_N 的大小及正负号绘出轴力图，如图 3-6(e)所示。

■ 3.1.4 应力 ···

在用截面法求杆件内力时，杆件的内力只与作用在杆件上的外力有关，与截面尺寸大小和形状无关，与杆件所用的材料也无关。例如，有同一材料的两根直杆，一粗一细，在相同的拉力作用下，细杆比粗杆先被拉断。这是因为两根杆件的截面面积不等，在相同的内力作用下，单位面积上的分布内力的大小却不相同。由此可见，杆件的强度与材料的性质及杆件截面的几何性质有着密切的关系。

通常将内力在一点处的分布集度称为应力，它反映内力在截面面积上的分布密集程度。

通常应力与截面既不垂直也不相切，工程中常将它分解为垂直于截面和相切于截面的两个分量，与截面垂直的应力称为正应力，用符号 σ 表示；与截面相切的应力称为剪应力，用符号 τ 表示。

应力的单位是帕斯卡，简称为帕，用符号"Pa"表示。

$$1 \text{ Pa} = 1 \text{ N/m}^2 \qquad (1\text{帕}=1\text{牛/平方米})$$

工程实际中应力数值较大时，常用千帕(kPa)、兆帕(MPa)及吉帕(GPa)作为单位。

$$1 \text{ kPa} = 10^3 \text{ Pa} = 1 \text{ kN/mm}^2$$
$$1 \text{ MPa} = 10^6 \text{ Pa} = 1 \text{ N/mm}^2$$
$$1 \text{ GPa} = 10^9 \text{ Pa}$$

工程图纸上，长度尺寸常以 mm 为单位，则

$$1 \text{ MPa} = 10^6 \text{ N/m}^2 = 1 \text{ N/mm}^2$$

3.2 扭转杆件的内力

工程中受扭杆件很多，如机械中的各类传动轴、钻井用的钻杆等，它们工作时都会发生扭转变形。

扭转变形是杆件的基本变形之一，如图 3-8 中杆 AB 受一对等值反向的外力偶作用，外力偶位于垂直杆件轴线的平面内，此时，杆件的各横截面将绕杆件轴线发生相对转动，此种变形称为扭转。

轴扭转时，特别是传动轴，其外力偶的力偶矩往往不是直接给出，而是给出轴所传递的功率和轴的转速，外力偶矩与功率的换算公式如下：

$$M_e = 9\ 550 \frac{P}{n} \tag{3-2}$$

式中 M_e——作用在轴上的外力偶矩(N·m);

P——轴所传递的功率(kW)；

n——轴的转速(圈数/min)。

确定轴的外力偶矩之后，就可应用截面法求横截面上的内力。根据力偶只能与力偶平衡的原理，横截面上的内力就是内力偶矩，简称扭矩，用 T 表示。

扭矩的计算与轴向拉(压)杆的内力计算步骤相同。

例如，图 3-7(a)所示传动轴简图，为求横截面 a—a 上的扭矩，假想地将轴沿该横截面截开，用 T 代替两段间相互作用的扭矩，取左段为分离体，如图 3-7(b)所示，由平衡条件

$$\sum F_x = 0, T - M_e = 0$$

得到

$$T = M_e \qquad (3\text{-}3)$$

若取右段为分离体，如图 3-7(c)所示，由平衡条件也能求得横截面上的扭矩，但与取左段时的扭矩转向相反。

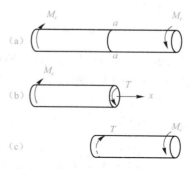

图 3-7　传动轴简图

对扭矩的符号作如下规定：根据右手螺旋法则，如果右手四指指向与扭矩转向一致，拇指伸出的方向与横截面外法线方向一致，扭矩为正，反之为负。

按此规定，图 3-7(b)、(c)中的扭矩 T 均为正值。解题时，通常都假定扭矩为正，若求得的结果为负值，则表示扭矩实际的转向与假设相反。

各横截面上的扭矩求出后，可依照轴力图的作法作出扭矩图。

【例 3-2】　试求图 3-8(a)所示杆横截面 1—1、2—2、3—3 的扭矩，并画出杆的扭矩图。

【解】　在求横截面 1—1、2—2 上的扭矩时，用截面法将杆截开后都取左侧为分离体，并把扭矩按正负号规定的正向标出，其受力图如图 3-8(b)、(c)所示，由平衡方程 $\sum M_x = 0$，分别得

$$T_1 - 2M_e = 0, \quad T_1 = 2M_e$$
$$T_2 + 6M_e - 2M_e = 0, \quad T_2 = -4M_e$$

在横截面 3—3 处将杆截开，取右侧为分离体，扭矩仍按正向画出，如图 3-8(d)所示，由 $\sum M_x = 0$，得 $T_3 - 4M_e = 0, T_3 = 4M_e$。

作杆件的扭矩图，如图 3-8(e)所示。

总结上面各段内求扭矩的方法和结果可得出结论：受扭杆件任一横截面上的扭矩等于该横截面一侧(左侧或右侧)所有外力偶矩的代数和。

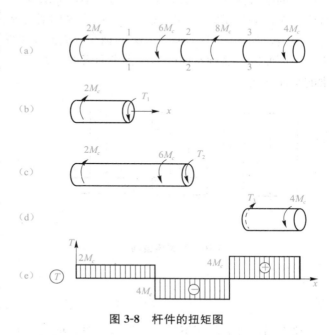

图 3-8　杆件的扭矩图

3.3　平面弯曲梁

■ **3.3.1　平面弯曲的概念** ....

　　弯曲是工程实际中最常见的一种基本变形。如图 3-9(a)所示的楼板梁，如图 3-9(b)所示，在车厢荷载作用下的火车轮轴等都是受弯构件。这些构件的共同受力特点是：在通过杆轴线的平面内，受到力偶或垂直于轴线的外力作用时，杆件由直线变成曲线，这种变形称为弯曲变形。

　　在外力作用下产生弯曲变形或以弯曲变形为主的杆件，习惯上称为梁。

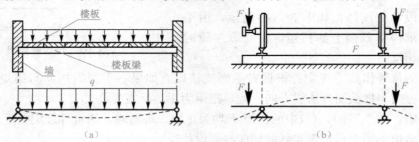

图 3-9　楼板梁

　　梁的横截面一般具有一个竖向对称轴，如图 3-10 所示的矩形、工字形及 T 形等。由横截面的对称轴与梁的轴线组成的平面称为纵向对称平面。当外力作用线都位于梁的纵向对称平面内，如图 3-11(a)所示，梁的轴线弯成曲线仍保持在该纵向对称平面内，即梁的轴线为一平面曲线，这种弯曲变形称为平面弯曲，如图 3-11(b)所示。下面讨论的内容将限于直梁的平面弯曲。

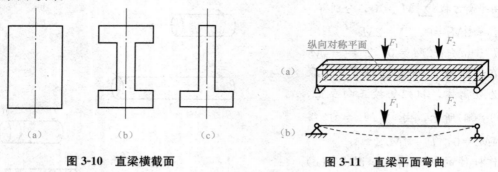

图 3-10　直梁横截面　　　　　　　图 3-11　直梁平面弯曲

■ **3.3.2　梁的内力——剪力和弯矩** ....

　　梁在横向外力作用下发生平面弯曲时，横截面上会产生两种内力，即剪力和弯矩。

　　为了计算梁的强度和刚度，首先应确定梁在外力作用下任一横截面上的内力，求解梁内力的基本方法是截面法。现以图 3-12(a)所示简支梁为例，用截面法求梁任一横截面上的内力。

由梁的平衡条件，求出梁在荷载作用下的支座反力 F_{Ay} 和 F_{By}，再用截面法计算其内力。由图 3-12(b)可见，为使左段梁平衡，在横截面 $n-n$ 上必然存在一个平行于横截面方向的内力 F_s，由平衡方程

$$\sum F_y = 0, F_{Ay} - F_s = 0$$

得
$$F_s = F_{Ay} \tag{3-4}$$

F_s 是横截面上切向分布内力分量的合力，称为剪力。因剪力 F_s 与支座反力 F_{Ay} 组成一个力偶，故在横截面 $n-n$ 上必然存在一个内力偶与之平衡，如图 3-12(b)所示中 M。设此内力偶矩为 M，由平衡方程

$$\sum M_O = 0, M - F_{Ay}x = 0$$

得
$$M = F_{Ay}x \tag{3-5}$$

这里的矩心 O 是横截面 $n-n$ 的形心。M 是横截面上法向分布内力分量的合力偶，称为弯矩。横截面上的内力也可以通过取右段梁为分离体，如图 3-12(c)所示，求得其结果与取左段梁为分离体求得的结果大小相等、方向相反。

与横截面相切的内力，叫作剪力。单位是牛顿或千牛顿。

外力作用平面(纵向对称平面)内的力偶，叫作弯矩。单位是牛顿·米(N·m)或千牛顿·米(kN·m)。

对内力符号作如下规定。

(1)剪力：当横截面上的剪力对所取的分离体内部任一点产生顺时针转向的力矩时，为正剪力；反之为负剪力，如图 3-13(a)所示。

(2)弯矩：当横截面上的弯矩使所取梁段下边受拉、上边受压时，为正弯矩；反之为负弯矩，如图 3-13(b)所示。

上述结论可归结为一个口诀"左上右下，剪力为正；左顺右逆，弯矩为正"。

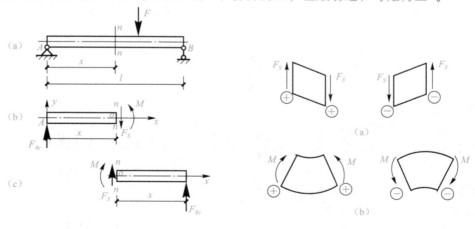

图 3-12　分离体　　　　　　　　图 3-13　梁横截面

■ 3.3.3　剪力和弯矩的计算 ···

1. 截面法

通过用截面法求梁的任一横截面上的内力是以梁一侧分离体平衡求得，可得出下列结论：

(1)梁的任一横截面上的剪力，在数值上等于该横截面左侧或右侧梁段上所有竖向外力(包括支座反力)的代数和。如果外力对该横截面形心产生顺时针转向的力矩，则引起正剪力；反之引起负剪力。

　　(2)梁的任一横截面上的弯矩，在数值上等于该横截面左侧或右侧梁段上所有外力(包括外力偶)对该横截面形心的力矩的代数和。如果外力使得梁段下边受拉，则引起正弯矩；反之引起负弯矩。

　　利用以上结论可计算梁上某指定横截面的内力，只要梁上的外力已知，任意横截面上的内力值都可根据梁上的外力逐项直接写出，然后求其代数和。下面举例说明。

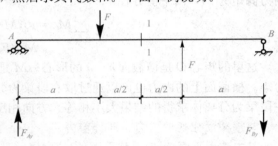

　　【例 3-3】　求图 3-14(a)所示简支梁横截面 1—1 上的剪力和弯矩。

　　【解】　首先求出支座反力。考虑梁的整体平衡，可求得

$$F_{Ay} = \frac{1}{3}F, \quad F_{By} = \frac{1}{3}F$$

　　在横截面 1—1 处将梁截开，取左段梁为分离体，未知内力 F_{S1} 和 M_1 的方向均按正向标出，如图 3-14(b)所示。由分离体平衡方程

$$\sum F_y = 0, F_{S1} + F - \frac{1}{3}F = 0$$

得 $F_{S1} = \frac{1}{3}F - F = -\frac{2}{3}F$

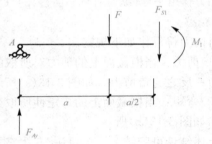

　　求得的 F_{S1} 为负值，表示横截面 1—1 上剪力的实际方向与假定的方向相反。

图 3-14　梁分离体

　　由

$$\sum M_C = 0, M_1 + F \times \frac{a}{2} - \frac{1}{3}F \times \frac{3}{2}a = 0$$

得

$$M_1 = 0$$

　　【例 3-4】　一悬臂梁，其尺寸及梁上荷载，如图 3-15(a)所示。试求横截面 1—1 上的剪力和弯矩。

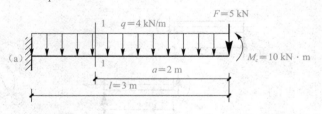

　　【解】　取右段梁为分离体，受力图如图 3-15(b)所示，列平衡方程

$$\sum F_y = 0, F_{S1} - F - qa = 0$$

得　　$F_{S1} = F + qa$

$$= 5 + 4 \times 2$$

$$= 13(\text{kN})$$

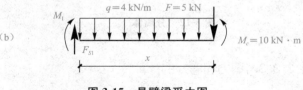

图 3-15　悬臂梁受力图

对被截开截面形心 C 列力矩方程，由

$$\sum M_C = 0, M_e - Fa - qa \cdot \frac{a}{2} - M_1 = 0$$

得 $\qquad M_1 = M_e - Fa - \frac{1}{2}qa^2 = \left(10 - 5 \times 2 - \frac{1}{2} \times 4 \times 2^2\right) = -8(\text{kN} \cdot \text{m})$

求得的 M_1 为负值，表明 M_1 的实际方向与假定方向相反。按弯矩的符号规定，M_1 也是负的。此例题若取左段梁为分离体时，应先求出固定端支座处的反力。

2. 直接法

【例3-5】 一简支梁，梁荷载如图3-16所示，试用直接法求横截面1—1上的剪力和弯矩。

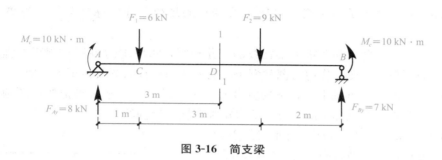

图 3-16　简支梁

【解】 先求出支座反力。由梁的整体平衡可求得

$$F_{Ay} = 8 \text{ kN}, \quad F_{By} = 7 \text{ kN}$$

横截面1—1上的剪力等于该横截面左侧(或右侧)所有竖向外力的代数和，即等于 F_{Ay} 和 F_1 的代数和(若考虑右侧，则为 F_{By} 和 F_2 的代数和)，F_{Ay} 是向上的，它对横截面1—1的形心产生的力矩是顺时针的，从而引起横截面1—1上的剪力是正的；F_1 是向下的，它与 F_{Ay} 是反向的，从而引起横截面1—1上的剪力是负的。所以，横截面1—1上的剪力值为

$$F_{S1} = F_{Ay} - F_1 = 8 - 6 = 2(\text{kN})$$

横截面1—1上的弯矩等于该横截面左侧(或右侧)所有外力对该横截面形心的力矩的代数和，共有三项，即 $F_{Ay} \times 3$、$F_1 \times 2$ 及 M_e(若考虑右侧，则为 $F_{By} \times 3$、$F_2 \times 1$ 及右侧的 M_e)。为判断各项的正负，可假想把横截面1—1固定，向上的 F_{Ay} 和顺时针的 M_e 显然都使横截面1—1的下部受拉，都引起该截面的正弯矩，向下的 F_1 使横截面1—1的上部受拉，引起横截面1—1上的负弯矩。所以，横截面1—1上的弯矩为

$$M_1 = F_{Ay} \times 3 + M_e - F_1 \times 2 = 8 \times 3 + 10 - 6 \times 2 = 22(\text{kN} \cdot \text{m})$$

本例题若考虑横截面1—1右侧，经分析后可直接得

$$F_{S1} = F_2 - F_{By} = 9 - 7 = 2(\text{kN})$$

$$M_1 = F_{By} \times 3 + M_e - F_2 \times 1 = 7 \times 3 + 10 - 9 \times 1 = 22(\text{kN} \cdot \text{m})$$

当取横截面1—1左侧为研究对象时，求得的内力的数值和正负号都是一致的。

快速、准确地求出梁上任一横截面上的内力，对画内力图有很大帮助。建议读者用直接计算法完成【例3-3】、【例3-4】的计算，并与例题中取分离体计算的方法加以比较，从而加深对直接计算法的理解。

3.4 梁的内力图

■ 3.4.1 集中力作用下梁的内力图 ···

一般情况下，剪力和弯矩的值随着横截面的位置不同而改变。如以梁轴线为 x 轴，以坐标 x 表示横截面的位置，则剪力和弯矩可表示为 x 的函数，即

$$F_S = F_S(x), \quad M = M(x) \tag{3-6}$$

以上两函数表达了剪力和弯矩沿梁轴线变化的规律，分别称为梁的剪力方程和弯矩方程。

为了直观地表示剪力和弯矩沿梁轴线的变化规律，可将剪力方程与弯矩方程用图形表示，得到剪力图与弯矩图。作剪力图和弯矩图的方法与作轴力图及扭矩图类似。

将正的剪力图画在 x 轴上方，负的剪力图画在 x 轴下方。通常是把弯矩图画在梁的受拉一侧，即正弯矩画在坐标轴的下方，负弯矩画在横坐标轴的上方。

【例3-6】 试列出图3-17(a)所示梁的剪力方程与弯矩方程，并作剪力图与弯矩图。

【解】 (1)建立剪力方程与弯矩方程。以梁的左端为坐标原点，沿横截面 $n-n$ 将梁截开，取左段梁为分离体，如图3-17(a)所示。应用求内力的直接计算法得

$$F_S(x) = -F \quad (0 < x < l) \tag{a}$$
$$M(x) = -Fx \quad (0 \leqslant x \leqslant l) \tag{b}$$

式(a)与式(b)分别为剪力方程与弯矩方程。

(2)作剪力图与弯矩图。由剪力方程(a)可知，不论 x 为何值，剪力均为 $-F$，各横截面的剪力为一常数，所以，剪力图是一条水平线，剪力图如图3-17(b)所示。

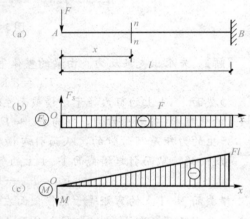

图3-17 剪力图与弯矩图

由弯矩方程(b)可知，弯矩 M 为 x 的一次函数，即弯矩沿 x 轴按直线规律变化，只需确定两个横截面上的弯矩值便可作出弯矩图。在 $x=0$ 处，$M_A = 0$；在 $x=l$ 处；$M_B = -Fl$，弯矩图如图3-17(c)所示。

■ 3.4.2 均布荷载作用下梁的内力图 ···

【例3-7】 试画出图3-18(a)所示梁的剪力图和弯矩图。

【解】 (1)求支座反力。

由 $\sum M_A = 0$ 和 $\sum M_B = 0$，得

$$F_{Ay} = \frac{b}{l}F, \quad F_{By} = \frac{a}{l}F$$

（2）分段建立剪力和弯矩的函数表达式，因横截面 C 处力 F 的存在，AC 段和 CB 段的内力表达式不能再用一个函数表达式，必须以 F 的作用点 C 为界分段列出。

用 x_1 表示左段（AC 段）任一横截面到左端的距离，用 x_2 表示右段（CB 段）任一横截面到左端的距离，用求内力的直接计算法得两段内的剪力和弯矩的表达式分别为 AC 段：

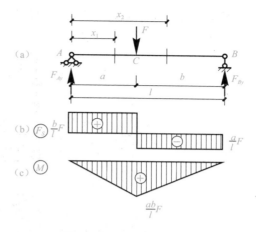

图 3-18　剪力图与弯矩图

$$F_S(x_1)=F_{Ay}=\frac{b}{l}F(0<x_1<a)$$

$$M(x_1)=F_{Ay}x_1=\frac{b}{l}Fx_1(0\leqslant x_1\leqslant a)$$

CB 段：

$$F_S(x_2)=-F_{By}=-\frac{a}{l}F(a<x_2<l)$$

$$M(x_2)=F_{By}(l-x_2)=\frac{a}{l}F_1(l-x_2)(a\leqslant x_2\leqslant l)$$

（3）画剪力图和弯矩图。两段的剪力 F_S 均为常数，所以，剪力图为平行于横坐标轴的两段水平直线，如图 3-18(b)所示。

两段的弯矩 M 均为 x 的一次函数，所以，弯矩图为两段斜直线。当 $x_1=0$ 时，$M_A=0$；$x_1=a$ 时，$M_C=\frac{ab}{l}F$；$x_2=a$ 时，$M_C=\frac{ab}{l}F$；$x_2=l$ 时，$M_B=0$。由此画出如图 3-18(c)所示的弯矩图。

从图 3-18(b)可以看出，在集中力 F 作用的横截面 C 处，剪力图是不连续的，发生了"突变"。该突变的绝对值为 $\frac{b}{l}F+\frac{a}{l}F=F$，即等于梁上该横截面处作用的集中力值。当梁上作用有集中力偶时，集中力偶作用的横截面处弯矩图也发生突变。由此可得如下结论：

（1）在集中力作用的横截面处，剪力图发生突变，突变值等于该集中力值；

（2）在集中力偶作用处，弯矩图发生突变，突变值等于该集中力偶的力偶矩值。

发生突变情况，是由于假定集中力或集中力偶是作用在一个"点"上造成的。在工程实际中，集中力或集中力偶不可能作用在一个"点"上，而是分布在梁的一小段长度上。以集中力 F 为例，若将力 F 按作用在梁上的一小段长度上的均布荷载来考虑，如图 3-19(a)所示，剪力图就不会发生突变了，如图 3-19(b)所示。

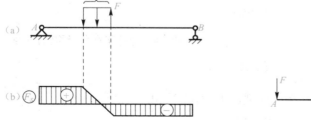

图 3-19　简支梁受力图

【例 3-8】 用列方程法作图 3-20(a)所示梁的剪力图与弯矩图。

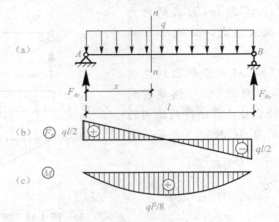

图 3-20　剪力图与弯矩图

【解】 由对称性可知，支座反力 $F_{Ay}=F_{By}=\dfrac{ql}{2}$，取距左端为 x 的任一横截面 $n-n$，此横截面的剪力方程与弯矩方程分别为

$$F_S(x)=F_{Ay}-qx=q\left(\frac{l}{2}-x\right) \qquad (0<x<l)$$

$$M(x)=F_{Ay}x-qx\cdot\frac{2}{x}=\frac{q}{2}x(l-x) \qquad (0\leqslant x\leqslant l)$$

剪力 F_S 是 x 的一次函数，通过 $x=0$ 时 $F_{SA}=\dfrac{ql}{2}$、$x=l$ 时 $F_{SB}=-\dfrac{1}{2}ql$ 画出剪力图，如图 3-20(b)所示。从图中可以看出，梁两端的剪力最大（绝对值），跨中剪力为零。

弯矩 M 是 x 的二次函数，通过 $x=0$ 时 $M_A=0$、$x=l/2$ 时 $M_{l/2}=\dfrac{1}{8}ql^2$、$x=l$ 时 $M_B=0$ 可画出弯矩图的大致图形。弯矩图如图 3-20(c)所示，梁的跨中（$x=l/2$ 处）弯矩最大，其值为 $\dfrac{1}{8}ql^2$。

画剪力图和弯矩图时，一般可不画 F_S 与 M 的坐标方向，其正负用 $\oplus$ 或 $\ominus$ 来表示，而剪力图、弯矩图上的各特征值则必须标明。

以上两个例题的特点是剪力 F_S 与弯矩 M 在全梁范围内都可用一个函数式来表达。若 F_S 与 M 必须分段表达时，就需要分段画出内力图。

■ 3.4.3　荷载集度、剪力和弯矩之间的微分关系 ···

剪力和弯矩是由梁上的荷载引起的，经过推导可知它们之间存在如下微分关系

$$\frac{\mathrm{d}F_S(x)}{\mathrm{d}x}=q(x) \tag{3-7}$$

即剪力对 x 的一阶导数等于梁相应横截面上的荷载集度。

$$\frac{\mathrm{d}F_S(x)}{\mathrm{d}x}=F_S(x) \tag{3-8}$$

即弯矩对 x 的一阶导数等于梁相应横截面上的剪力。

$$\frac{\mathrm{d}^2 M(x)}{\mathrm{d}x^2} = \frac{\mathrm{d}F_S(x)}{\mathrm{d}x} = q(x) \tag{3-9}$$

即弯矩对 x 的二阶导数等于梁相应横截面上的荷载集度。

以上三式就是弯矩 $M(x)$、剪力 $F_S(x)$ 和分布荷载集度 $q(x)$ 之间的微分关系式。

3.4.4 绘制剪力图和弯矩图的规律

利用微分关系画内力图规律如下：

(1)梁的某段无分布荷载，即 $q=0$ 时，该段梁的剪力图为水平线，弯矩图为斜直线。因此，已知该段梁上任意一个横截面的剪力值，就可以画出这条水平线；已知该段梁上任意两个横截面的弯矩值，就可以画出这条斜直线。

(2)梁的某段有均布荷载，即 $q(x)=$常数时，剪力图为斜直线，弯矩图为二次曲线。因此，已知该段梁上任意两个横截面的剪力值，就可以画出这条斜直线。利用式(3-9)还可推知：

1)当 $q<0$（即分布荷载向下）时，弯矩图为上凹曲线（∪）；

2)当 $q>0$（即分布荷载向上）时，弯矩图为下凹曲线（∩）。

在 $F_S(x)=0$ 的横截面，$M(x)$ 具有极值。

将上述剪力图和弯矩图的规律以及上节中对有集中力和集中力偶作用横截面处剪力图和弯矩图的两个结论归纳列于表 3-1 中。表 3-1 中只给出剪力图和弯矩图的大致形状，具体数值、正负号及是否存在极值等还要根据具体数值而定。

表 3-1 常用剪力图和弯矩图

由表 3-1 可见，当梁上的外力已知时，梁在各段内的剪力图和弯矩图的形状及变化规律均已确定。因此，画内力图时只要根据梁上外力情况将梁分为几段，每段只需计算出几个控制截面的内力值，然后根据表 3-1 荷载对应的剪力图和弯矩图连线，就可画出内力图。例如，水平线只需要一个控制截面的内力值，斜直线只需要两个控制截面的内力值，抛物线只需要两端控制截面的内力值和极值所在截面的内力值。这样，绘制剪力图和弯矩图就变成求几个截面的剪力和弯矩的问题，而不需要列剪力方程和弯矩方程。下面结合例题说明。

【例 3-9】 画出图 3-21(a)所示梁的剪力图和弯矩图。

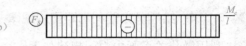

【解】 (1)求支座反力。由平衡方程解得

$$F_{Ay}=F_{By}=\frac{M_e}{l}$$

(2)以集中力偶的作用点 C 为界,将 AB 梁分为 AC 段和 CB 段两段。两段的各截面剪力相等,即 $F_{SA}=F_{SB}=-\frac{M_e}{l}$

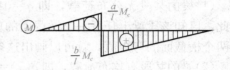

所以,梁的剪力图为一条水平直线,如图 3-21(b)所示。

横截面 C 左侧弯矩为

$$M_{C左}=-F_{Ay}\times a=-\frac{a}{l}M_e(使梁上侧受拉)$$

横截面 C 右侧弯矩为

$$M_{C右}=F_{By}\times b=\frac{b}{l}M_e(使梁下侧受拉)$$

弯矩图如图 3-21(c)所示。

图 3-21 剪力图与弯矩图

【例 3-10】 用简便方法画出图 3-22(a)所示梁的剪力图和弯矩图。

【解】 (1)求支座反力。由平衡方程解得

$$F_{Ay}=F_{By}\frac{1}{3}F,方向如图 3-24(a)$$

所示。

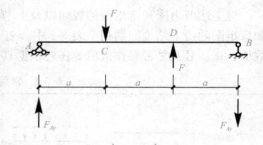

(2)画内力图。将此梁分为三段,各段荷载均为零,所以,剪力图都是水平线,弯矩图都是斜直线。由求剪力的简便方法可得,三段内的剪力分别为

$$F_{S1}=\frac{1}{3}F,\ F_{S2}=-\frac{2}{3}F,\ F_{S3}=\frac{1}{3}F$$

由此画出剪力图如图 3-22(b)所示。

两端铰支座处无集中外力偶,故横截面上弯矩为零;由求弯矩的简便方法可得 C、D 两横截面的弯矩值分别为

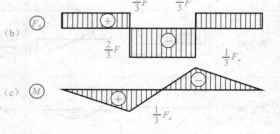

图 3-22 剪力图与弯矩图

$$M_C=\frac{1}{3}Fa,\ M_D=-\frac{1}{3}Fa$$

梁上无集中力偶,所以,弯矩图无突变,各段连成直线后得弯矩图,如图 3-22(c)所示。

【例 3-11】 画出图 3-23(a)所示梁的剪力图和弯矩图。

【解】 (1)计算支座反力

$$F_{Ay}=3\ kN,\ F_{Cy}=9\ kN$$

（2）作剪力图，将梁分为 AB、BC 两段。

AB 段为无荷载段，剪力图为水平线，可通过 $F_{SA右} = F_{Ay} = 3$ kN 画出。

BC 段为均布荷载段，剪力图为斜直线，可通过 $F_{SB} = 3$ kN，$F_{SC左} = -F_{Cy} = -9$ kN 画出。剪力图如图 3-23(b)所示。

（3）作弯矩图。

AB 段为无荷载段，弯矩图为斜直线，可通过 $M_A = 0$，$M_{B左} = F_{Ay} \times 2 = 6$ kN·m 画出。

BC 段为均布荷载段，方向向下，弯矩图为上凹的二次抛物线，有

$$M_{B右} = M_{B左} + M_e = 12 \text{ kN·m}, \quad M_C = 0$$

从剪力图上可知，此段弯矩图中存在

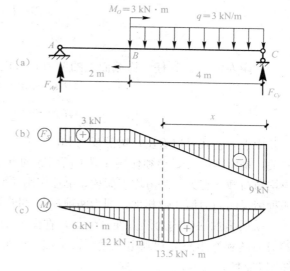

图 3-23 剪力图与弯矩图

着极值。因此，应该找出极值所在位置并算出极值的具体值。设弯矩具有极值的横截面距右端的距离为 x，由该横截面上剪力等于零的条件可求得 x 值，即

$$F_S = F_{Cy} + qx = 0, \quad x = F_{Cy}/q = 3 \text{ m}$$

$$极值为 M_{max} = F_{Cy} x - 0.5qx^2 = 13.5 \text{ kN·m}$$

通过以上三点可以画出该段的弯矩图。最后的弯矩图如图 3-23(c)所示。

■ 3.4.5 用叠加法作剪力图和弯矩图

当梁上有几项荷载共同作用时，梁的反力和内力可以这样计算：先分别计算每项荷载单独作用时的反力和内力，然后把这些相应计算结果代数相加，即得到几项荷载共同作用时的反力和内力。例如，一悬臂梁上作用有均布荷载 q 和集中力 F，如图 3-24(a)所示，梁的固定端处的反力为

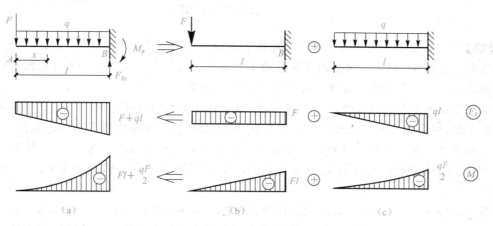

图 3-24 剪力图和弯矩图

$$F_{By} = F + ql$$

$$M_B = F_l + \frac{1}{2}ql^2$$

在距左端为 x 处任一横截面上的剪力和弯矩分别为

$$F_S(x) = -F - qx$$

$$M(x) = -Fx - \frac{1}{2}qx^2$$

由上述各式可以看出，梁的反力和内力都是由两部分组成的。各式中第一项与集中力 F 有关，是由集中力 F 单独作用在梁上所引起的反力和内力，如图 3-24(b)所示；各式中第二项与均布荷载 q 有关，是由均布荷载 q 单独作用在梁上所引起的反力和内力，如图 3-24(c)所示。两种情况的内力值代数相加，即为两项荷载共同作用的内力值。这种方法即为叠加法。

采用叠加法作内力图方便，例如，在图 3-24 中可将集中力 F 和均布荷载 q 单独作用下的剪力图和弯矩图分别画出，然后再叠加，就可得到两项荷载共同作用的剪力图和弯矩图，如图 3-24(a)所示。

值得注意的是，内力图的叠加是指内力图的纵坐标代数相加，而不是内力图图形的简单合并。

【例 3-12】 试用叠加法作出图 3-25(a)所示简支梁的弯矩图。

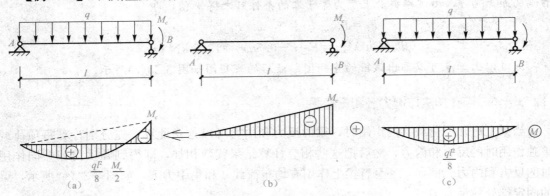

图 3-25　剪力图和弯矩图

【解】 先分别画出力偶 M_e 和均布荷载 q 单独作用时的弯矩图，如图 3-25(b)、(c)所示。其中，力偶 M_e 作用下弯矩图是使梁的上侧受拉，均布荷载 q 作用下的弯矩图是使梁的下侧受拉。弯矩图叠加应是这两个弯矩图的纵坐标相减。

两个弯矩图叠加的作法是：以弯矩图 3-25(b)的斜直线为基线，向下作铅直线，其长度等于图 3-25(c)中相应的纵坐标，即以图 3-25(b)上的斜直线为基线作弯矩图，如图 3-25(c)所示。两图的重叠部分相互抵消，不重叠部分为叠加后的弯矩图，如图 3-25(a)所示。

为给平面刚架的内力计算提供预备知识，下面讨论梁中任意杆段弯矩图的一种绘制方法。

图 3-26(a)所示为一简支梁，欲求杆段 AB 的弯矩图。取杆段 AB 为分离体，受力图如图 3-26(b)所示。显然，杆段上任意横截面的弯矩是由杆段上的荷载 q 及杆段端面的内力共同作用所引起的。但是，轴力 F_{NA} 和 F_{NB} 不产生弯矩。

现取一简支梁 AB，令其跨度等于杆段 AB 的长度，并将杆段 AB 上的荷载以及杆端弯矩 M_A、M_B 作用在简支梁 AB 上，如图 3-26(c)所示。由平衡力方程可知，该简支梁的反力 F_{Ay} 和 F_{By} 分别等于杆段端面的剪力 F_{SA} 和 F_{SB}。于是可断定，简支梁 AB 的弯矩图与杆段 AB 的弯矩图相同。简支梁 AB 的弯矩图可按叠加法作出，如图 3-26(d)所示，其中，M_A 图、M_B 图、M_q 图分别是杆端弯矩 M_A、M_B 及均布荷载 q 所引起的弯矩图。三者均使简支梁 AB 下侧受拉，纵坐标叠加后即为简支梁 AB 的弯矩图。

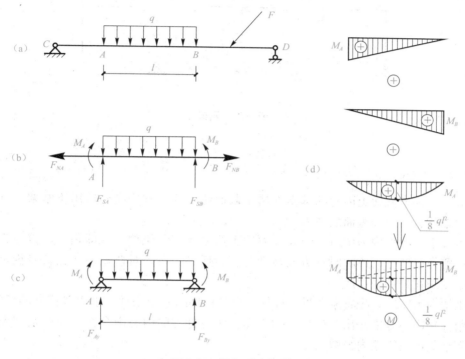

图 3-26　叠加法弯矩图

综上所述，作某杆段的弯矩图时，只需求出该杆段的杆端弯矩，并将杆端弯矩作为荷载，用叠加法作相应的简支梁的弯矩图即可。应用这一方法可以简便地绘制出平面刚架的弯矩图。

3.5　静定平面刚架

平面刚架是由梁和柱用刚结点连接所组成静定平面结构，如图 3-27 所示。梁与柱的连接处为刚结点，当刚架受力而产生变形时，刚结点处各杆端之间的夹角保持不变。由于刚结点能约束杆端的相对转动，故能承担弯矩。与梁相比，刚架具有减小弯矩极值的优点，节省材料，并能有较大的空间。在建筑工程中常采用刚架作为承重结构。

平面刚架可分为静定刚架和超静定刚架。本节研究静定平面刚架的内力计算。

与求梁的内力一样，在静定刚架的内力分析中，通常也是先求支座反力，然后再求横截面的内力，绘制内力图。刚架在外力作用下处于平衡状态，其支座反力可用平衡方程来确定。若刚架由一个构件组成［图 3-27（a）、（b）］，则可列三个平衡方程求出其支座反力。若刚架由两个构件［图 3-27（c）］或多个构件组成，则可按物体体系的平衡问题来处理。

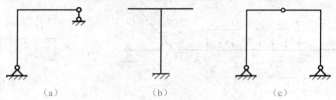

（a）   （b）   （c）

图 3-27 刚架

求解梁任一横截面上内力的基本方法是截面法，这一方法同样适用于刚架。可用截面法求解刚架任意指定横截面的内力。

符号规定：刚架内力中对轴力和剪力的正负号规定与梁相同，即轴力以拉力为正，压力为负；剪力以使分离体顺时针方向转动为正，反之为负。对弯矩不作正负号规定，但总是把弯矩图画在杆件受拉的一侧。

作刚架内力图时，先将刚架拆成杆件，由各杆件的平衡条件，求出各杆件的杆端内力，然后利用杆端内力分别作出各杆件的内力图。将各杆件的内力图合在一起就是刚架的内力图。下面举例说明刚架内力图的作法。

【例 3-13】 试作图 3-28（a）所示刚架的弯矩、剪力、轴力图。

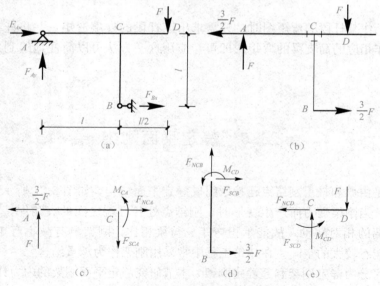

图 3-28 刚架的弯矩图

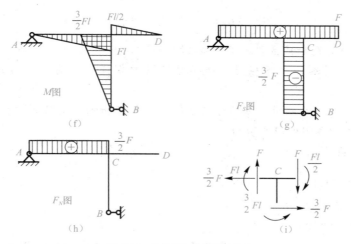

图 3-28　刚架的弯矩图(续)

【解】　(1)求支座反力。取整个刚架为分离体，受力图如图 3-28(a)所示，由

$$\sum M_A = 0, F \cdot \frac{3}{2}l - F_{Bx}l = 0$$

解得

$$F_{Bx} = \frac{3}{2}F$$

由

$$\sum F_x = 0, F_{Ax} + F_{Bx} = 0$$

解得

$$F_{Ax} = -\frac{3}{2}F$$

由

$$\sum F_y = 0, F_{Ay} - F = 0$$

解得

$$F_{Ay} = F$$

反力 F_{Ax} 取负值，说明假定的方向与实际方向相反。将反力按正确方向画出，如图 3-28(b) 所示。

(2)作 M 图。作弯矩图时，应逐次研究各杆，求出杆端弯矩，作出各杆的弯矩图，再合并成刚架的弯矩图。

AC 杆：受力图如图 3-28(c)所示。杆端 C 弯矩记为 M_{CA}，其方向可任意画出，图中假设它使件下侧受拉，轴力 F_{NCA} 和剪力 F_{SCA} 按规定的正向画出；A 端的约束反力按实际的方向画出。由

$$\sum M_C = 0, M_{CA} - Fl = 0$$

得

$$M_{CA} = Fl(下侧受拉)$$

BC 杆：受力图如图 3-28(d)所示。

由

$$\sum M_C = 0, M_{CB} + \frac{3}{2}Fl = 0$$

得

$$M_{CB} = -\frac{3}{2}Fl(左侧受拉)$$

CD 杆：受力图如图 3-28(e)所示。

由

$$\sum M_C = 0, M_{CD} - F \cdot \frac{1}{2}l = 0$$

得
$$M_{CD} = \frac{1}{2}Fl \text{(上侧受拉)}$$

以上三杆上均为无荷载区段，只要标出各杆的两杆端弯矩，并将这两个控制点的弯矩连成直线，即得到各杆的弯矩图。刚架弯矩图由各杆弯矩图合并而成，如图 3-28(f) 所示。

(3) 作 F_S 图。作剪力图时，依然逐杆进行。已暴露出的杆端剪力均按正向画出。对各杆写投影方程，求出各杆的杆端剪力。

由图 3-28(c) 得 $F_{SCA} = F$

由图 3-28(d) 得 $F_{SCB} = -\frac{3}{2}F$

由图 3-28(e) 得 $F_{SCD} = F$

刚架剪力图如图 3-28(g) 所示。

剪力图可画在杆件的任意一侧，但必须将所求剪力的正负号标在剪力图上。

(4) 作 F_N 图。已暴露出的杆端轴力均按正向画出。分别对各杆写投影方程，求得：
$$F_{NCA} = \frac{3}{2}F$$
$$F_{NCD} = F_{NCB} = 0$$

轴力图可画在杆件的任意一侧，但必须将所求轴力的正负号标在轴力图上。

刚架轴力图如图 3-28(h) 所示。

(5) 内力图校核。校核内力图，通常是校核结点是否满足平衡条件。

用与结点 C 无限靠近的横截面[图 3-28(b)]将结点 C 截取，放大示于图 3-28(c)。其上三个杆端的内力值可以从刚架的弯矩图[图 3-28(f)]、剪力[图 3-28(g)]和轴力[图 3-28(h)]上得到。因为剪力图上杆 BC 的剪力取负值，即杆上横截面 C 的剪力指向左(使 BC 杆有逆时针方向转动的趋势)，它的反作用在结点 C 上，指向右，如图 3-28(i) 中所示。

由图 3-28(i) 可知，结点 C 满足平衡方程：
$$\sum F_x = 0, \sum F_y = 0, \sum M_C = 0$$

即计算结果无误。

验算平衡条件 $\sum M_C = 0$ 时应注意，因为截取结点 C 的截面与结点 C 无限靠近，所以，各剪力对结点 C 的力矩为零，方程 $\sum M_C = 0$ 中只包括弯矩项。

由上面的例子，可以将绘制刚架内力图的要点总结如下：

(1) 绘制刚架的内力图就是逐一绘制刚架上各杆件的内力图。

(2) 绘制一杆件的弯矩图，可将该杆件视为简支梁，绘制其杆端弯矩和荷载共同作用所引起的简支梁的弯矩图。求杆端弯矩是关键。

(3) 绘制一杆件的剪力图，就是绘制其杆端剪力和横向荷载共同作用下的剪力图。求杆端剪力是关键。

(4) 绘制杆件的轴力图，在只有横向垂直于杆件轴线荷载的情况下，只需求出杆件一端的轴力，轴力图即可画出。

(5) 必须进行内力图的校核。通常取刚架的一部分或一结点为分离体，按已绘制的内力图画出分离体的受力图，验算该受力图中各内力是否满足平衡方程。

3.6 三铰拱的内力计算

拱结构是工程中最早使用的一种结构形式，在现代工程中仍在广泛地使用。图 3-29(a) 所示即为一常见的三铰拱结构。拱的特点是，在竖向荷载作用下，支座处产生水平推力。水平推力减小了横截面的弯矩，使得拱主要承受轴向压力作用，因而可利用抗压性能好而抗拉性能差的材料(砖、石、混凝土等)建造。另一方面，由于水平推力的存在，故要求有坚固的基础，这给施工带来了困难。为克服这一缺点，常采用带拉杆的三铰拱如图 3-29(b) 所示，水平推力由拉杆来承受。如房屋的屋盖采用图 3-30 所示的带拉杆的拱结构，其在竖向荷载的作用下，只产生竖向支座反力，对墙体不产生水平推力。

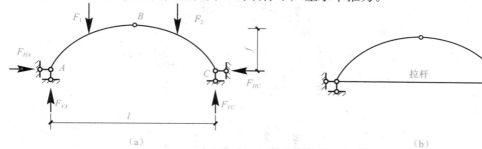

图 3-29 三铰拱

图 3-29(a)中的曲线部分是拱身各横截面形心的连线，称为**拱轴线**。支座 A 和 C 称为**拱趾**。两个支座间的水平距离称为**拱的跨度**。两个支座的连线称为**起拱线**。拱轴线上距起拱线最远的一点称为**拱顶**，图 3-29(a)中的铰 B 通常设置在拱顶处。拱顶到起拱线的距离 f 称为**拱高**。拱高 f 与跨度 l 之比称为**高跨比**。高跨比是拱的基本参数，通常高跨比控制在 $0.1 \sim 1$ 的范围内。

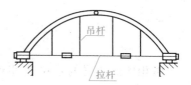

图 3-30 带拉杆的拱结构

■ 3.6.1 三铰拱的内力计算

三铰拱是静定结构。其全部约束反力和内力都可由静力平衡方程求出。

1. 支座反力的计算

图 3-31(a)所示三铰拱的支座反力共有四个。取拱整体为分离体，则由 $\sum M_B = 0$，得 $F_{VA} = \dfrac{\sum F_i b_i}{l}$。

由 $\sum M_B = 0$，得 $F_{VB} = \dfrac{\sum F_i a_i}{l}$。

由 $\sum F_x = 0$，得 $F_{HA} = F_{HB} = F_H$。

再取左半部分为离体，由 $\sum M_C = 0$，得 $F_{HA} = \dfrac{F_{VA}\dfrac{l}{2} - F_1\left(\dfrac{l}{2} - a_1\right) - F_2\left(\dfrac{l}{2} - a_2\right)}{f}$。

现将拱的支座反力与梁的支座反力加以对比。取一与拱跨度相同、荷载相同的简支梁，如图 3-31(b)所示，其支座反力分别以 F_{VA}^0、F_{VB}^0 表示。由梁的平衡方程可解得：

$$F_{VB}^0 = F_{VB} \tag{3-10}$$

$$F_{VA}^0 = F_{VA} \tag{3-11}$$

从式(3-10)、式(3-11)可见，在竖向荷载作用下，三铰拱的竖向支座反力与相应简支梁的支座反力相同。

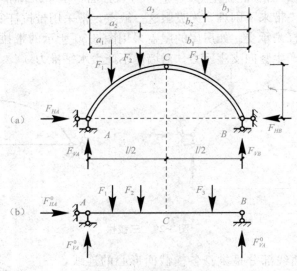

图 3-31 三铰拱支座反力

由相应简支梁的水平支座反力 $F_{HA}^0 = 0$ 可知，拱的水平支座反力不能由相应简支梁求得。

分析拱的水平支座反力 F_{HA} 的表达式可知，其分式的分子项恰好是与铰 C 对应的相应简支梁横截面 C 处的弯矩，以 M_C^0 表示相应简支梁横截面 C 处的弯矩，则

$$F_{HA} = F_{HB} = F_H = \frac{M_C^0}{f} \tag{3-12}$$

式(3-12)表明，拱的水平支座反力等于相应简支梁横截面 C 处的弯矩除以拱高 f。因为在竖向荷载作用下梁的弯矩 M_C^0 常是正的(梁下部受拉)，所以，水平支座反力 F_H 也常取正值。这说明拱对支座的作用力是水平向外的推力，故 F_H 又称为水平推力。当跨度不变时，水平支座反力与 f 成反比，即拱越扁平则水平推力就越大。

2. 内力的计算

在外力的作用下拱中任一横截面的内力有弯矩、剪力和轴力，其中，弯矩以使拱内侧受拉为正；剪力以使分离体顺时针转动为正；轴力以使分离体受拉为正。

如图 3-32(a)所示的拱中，在 K 处用一横截面将拱截开，该截面形心坐标为(x_K，y_K)，拱轴切线倾角为 φ_K，其内力为 M_K、F_{SK} 和 F_{NK}，如图 3-32(b)所示。以 AK 段为分离体，

求横截面 K 的内力。

（1）弯矩计算。

由 $\sum M_K = 0, F_{VA}x_K - F_1(x_K - a_1) - F_H y_K - M_K = 0$

得 $M_K = F_{VA}x_K - F_1(x_K - a_1) - F_H y_K$

因为 $F_{VA} = F_{VA}^0$，可见，上式中前两项的值恰好等于相应简支梁横截面 K 的弯矩 M_K^0，如图 3-32（c）所示，故上式可写为

$$M_K = M_K^0 - F_H y_K \qquad (3\text{-}13)$$

即拱内任一横截面的弯矩等于相应简支梁对应横截面处的弯矩减去拱的水平支座反力引起的弯矩 $F_H y_K$。

（2）剪力计算。由横截面 K 以左侧各力沿该点拱轴法线方向投影的代数和等于零，可得：

$$\begin{aligned}F_{SK} &= F_{VA}\cos\varphi_K - F_1\cos\varphi_K - F_H\sin\varphi_K \\ &= (F_{VA} - F_1)\cos\varphi_K - F_H\sin\varphi_K\end{aligned}$$

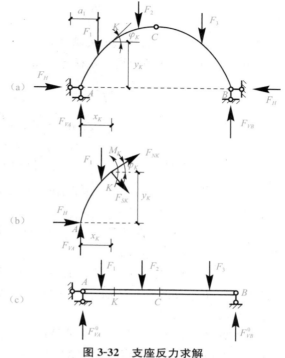

图 3-32 支座反力求解

式中，$(F_{VA} - F_1)$ 为相应简支梁对应横截面 K 处的剪力 F_{SK}^0，如图 3-32（c）所示。

故上式可写为

$$F_{SK} = F_{SK}^0\cos\varphi_K - F_H\sin\varphi_K \qquad (3\text{-}14)$$

（3）轴力计算。由横截面 K 以左各力沿该点拱轴切线方向投影的代数和等于零，可得

$$F_{NK} = -(F_{VA} - F_1)\sin\varphi_K - F_H\cos\varphi_K$$

即

$$F_{NK} = -F_{SK}^0\sin\varphi_K - F_H\cos\varphi_K \qquad (3\text{-}15)$$

上述内力计算公式中，φ_K 在左半部分取正值，在右半部分取负值。所得结果表明，由于水平推力的存在，拱中各横截面的弯矩要比相应简支梁的弯矩小，拱的横截面所受的轴向压力较大。

【例 3-14】 试求图 3-33 所示三铰拱，距左支座为 4 m 的 K 点处横截面的内力。拱的轴线方程为 $y = \dfrac{4f}{l^2}x(l-x)$。

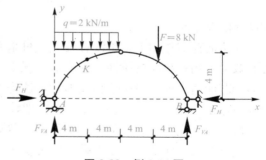

图 3-33 例 3-14 图

【解】 先求支座反力，由式（3-10）、式（3-11）、式（3-12）可得：

$$F_{VB} = \frac{\sum F_i a_i}{l} = \frac{2\times 8\times 4 + 8\times 12}{16} = 10(\text{kN})$$

$$F_{VA} = \frac{\sum F_i b_i}{l} = \frac{2\times 8\times 12 + 8\times 4}{16} = 14(\text{kN})$$

$$F_H = \frac{M_C^0}{f} = \frac{14 \times 8 - 2 \times 8 \times 4}{4} = 12(\text{kN})$$

在距左支座为 4 m 的横截面处截开，其内力计算如下：

已知 $x_K = 4$，根据拱轴线的方程得

$$y_K = \frac{4f}{l^2} x(l - x) = \frac{4 \times 4}{16^2} \times 4 \times (16 - 4) = 3$$

$$\tan\varphi = \frac{\mathrm{d}y}{\mathrm{d}x} = \frac{4f}{l^2}(l - 2x)$$

$$\tan\varphi_K = \frac{4 \times 4}{16^2} \times (16 - 2 \times 4) = 0.5$$

$$\varphi_K = 26°34', \quad \sin\varphi_K = 0.447, \quad \cos\varphi_K = 0.894$$

由式(3-13)得

$$M_K = M_K^0 - F_H y_K = 14 \times 4 - 2 \times 4 \times 2 - 12 \times 3 = 4(\text{kN} \cdot \text{m})$$

由式(3-14)及式(3-10)得

$$F_{SK} = F_{SK}^0 \cos\varphi_K - F_H \sin\varphi_K = (14 - 2 \times 4) \times 0.894 - 12 \times 0.447 = 0$$

$$F_{NK} = -F_{SK}^0 \sin\varphi_K - F_H \cos\varphi_K = -(14 - 2 \times 4) \times 0.447 - 12 \times 0.894 = -13.41(\text{kN})$$

拱的内力计算步骤如下：

(1)先将拱沿水平方向分成若干等份；

(2)求出相应简支梁各横截面的 M^0 及 F_S^0；

(3)由给定的拱轴方程求出拱各横截面的倾角 φ；

(4)求出各横截面的弯矩 M、剪力 F_S 和轴力 F_N；

(5)按各横截面的弯矩 M、剪力 F_S 和轴力 F_N 值绘制内力图。

■ 3.6.2　拱的合理轴线 ··

在竖向荷载作用下，拱的轴力为主要内力。拱任一横截面 K 的弯矩为 $M_K = M_K^0 - F_H y_K$，其中，水平推力 $F_H = \frac{M_C^0}{f}$。由于水平推力的存在，三铰拱的弯矩比同跨简支梁相应横截面的弯矩小。

在竖向荷载作用下，梁没有轴力，只承受弯矩和剪力，其受力不如拱合理，拱比梁能更有效地利用材料的抗压性。在一般情况下，三铰拱的任一横截面上作用有弯矩、剪力和轴力。若能适当地选择拱的轴线形状，使得在给定的荷载作用下，拱上各横截面只承受轴力，而弯矩为零，这样的拱轴线称为合理轴线。

按式(3-13)，三铰拱任一横截面 K 的弯矩为：$M_K = M_K^0 - F_H y_K$。

将拱上任一横截面形心处纵坐标用 $y(x)$ 表示；该横截面弯矩用 $M(x)$ 表示；相应简支梁上对应横截面的弯矩用 $M^0(x)$ 表示。要使拱的各横截而弯矩都为零，则应有：

$$M(x) = M^0(x) - F_H y(x) = 0$$

$$y(x) = \frac{M^0(x)}{F_H} \tag{3-16}$$

式(3-16)即为拱的合理轴线方程。可见，在竖向荷载作用下，三铰拱的合理轴线的纵坐标与相应简支梁弯矩图的纵坐标成正比。了解合理轴线的概念，有助于在设计中选择合

理的拱轴曲线形式。

结果表明，在满跨均布荷载作用下，三铰拱的合理轴线是抛物线。房屋建筑中拱轴线是常用抛物线。

3.7 静定平面桁架

■ 3.7.1 概述 ··

静定平面桁架是指没有多余约束的平面结构，是由若干直杆用铰连接而成的几何不变体系，桁架结构在工程中有着广泛的应用，多用于屋面结构，桥梁结构，塔、架等结构体系中，其特点是：

（1）所有各结点都是光滑铰结点。

（2）各杆的轴线都是直线并通过铰链中心。

（3）荷载均作用在结点上。

由于上述特点，桁架的各杆都是二力杆，只受轴力作用，使材料得到充分利用。桁架结构的优点是重量轻，受力合理，能承受较大荷载，可做成较大跨度。

图 3-34 所示为静定平面桁架，桁架中各杆轴线处在同一平面内。

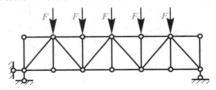

图 3-34 静定平面桁架

常见的桁架是按下列两种方式组成：

（1）由基础或一个铰接三角形开始，逐次增加二杆结点，组成一个桁架，如图 3-35(a)、(b)所示。用这种方式组成的桁架称为简单桁架。

（2）由几个简单桁架联合组成的几何不变体系，称为联合桁架。如图 3-36 所示桁架即为联合桁架，它是由 ABC、CDE 两个桁架组成的几何不变体系。

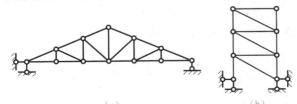

图 3-35 简单桁架

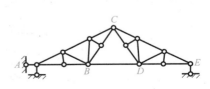

图 3-36 联合桁架

　　结点法是计算桁架内力的基本方法之一，是以桁架的结点为分离体，根据结点平衡条件来计算各杆的内力。因桁架各杆只承受轴力，每个结点都作用在一个平面汇交力系，因此，对每个结点可以列出两个平衡方程，求解出两个未知力。用结点法计算简单桁架时，可先由整体平衡求出支座反力，然后从两个杆件相交的结点开始，依次应用结点法，即可求出桁架各杆的内力。

　　【例 3-15】　试计算图 3-37(a)所示桁架各杆内力。

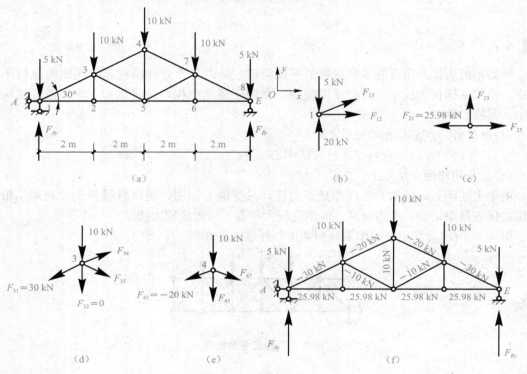

图 3-37　桁架

　　【解】　先计算支座反力，以桁架整体为分离体，求得：
$$F_{Ay} = 20 \text{ kN}, \quad F_{By} = 20 \text{ kN}$$

　　求出支座反力后，从包含两根杆的结点开始，逐次截取各结点求出各杆的内力。画结点受力图时，一律假定杆件受拉，即杆件对结点的作用力背离结点。

　　结点 1：只有 F_{12}、F_{13} 是未知的，其分离体如图 3-37(b)所示。由

$$\sum F_y = 0, \quad 20 - 5 + F_{13}\sin30°$$

得
$$F_{13} = -30 \text{ kN}$$

由
$$\sum F_x = 0, \quad F_{13}\cos30° + F_{12} = 0$$

得
$$F_{12} = 25.98 \text{ kN}$$

　　结点 2：只有 F_{23}、F_{25} 是未知的，其分离体如图 3-37(c)所示。

由 $$\sum F_y = 0$$

得 $$F_{23} = 0$$

由 $$\sum F_x = 0, F_{25} - F_{21} = 0$$

得 $$F_{25} = F_{21} = 25.98 \text{ kN}$$

结点 3：只有 F_{34}、F_{35} 是未知的，其分离体如图 3-37(d)所示。

由 $$\sum F_x = 0, F_{43} \cos 30° - F_{47} \cos 30° = 0$$

得 $$F_{47} = F_{43} = -20 \text{ kN}$$

由 $$\sum F_y = 0, -F_{45} - 10 - 2 F_{43} \sin 30° = 0$$

得 $$F_{45} = 10 \text{ kN}$$

因为结构及荷载是对称的，故只需计算一半桁架，处于对称位置的杆件具有相同的轴力，整个桁架的轴力如图 3-37(f)所示。

值得注意的是，在桁架内力计算中有时会遇到某些杆件的内力为零（如【例 3-15】中 $F_{23} = 0$、$F_{67} = 0$）的情况。这些内力为零的杆件称为零杆。

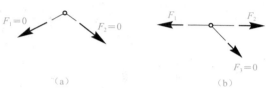

在图 3-38(a)、(b)所示两种情况下，零杆可以直接判断出来。

图 3-38 二杆结点

（1）二杆结点上无外力作用，如果两杆不共线，则此两杆都是零杆[图 3-38(a)]。

（2）三杆结点上无外力作用，如果其中任意两杆共线，则第三杆是零杆[图 3-38(b)]。

上述结论是由结点平衡条件得出，在计算桁架内力时，可以先判断出零杆，以简化计算。

■ 3.7.3 截面法

在分析桁架内力时，有时只需要计算某几根杆的内力，这时采用截面法较为方便。截面法是用一适当的截面将桁架截为两部分，选取其中一部分为隔离体，其上作用的力系一般为平面任意力系，用平面任意力系平衡方程求解被截杆件的内力。由于平面任意力系平衡方程只有三个，可以求出未知力。计算时为了方便，可以选取荷载和反力比较简单的一侧作为分离体。

【例 3-16】 求图 3-39(a)所示桁架中指定杆件 1、2、3 的内力。

【解】 先求出桁架的支座反力。以桁架整体为分离体，求得：

$$F_{Ay} = 2.5F, \quad F_{By} = 2.5F, \quad F_{Ar} = 0$$

用截面 I—I 将桁架截开，取截面左半部分为分离体，如图 3-39(b)所示，列平衡方程：

$$\sum F_y = 0, 2.5 F - F_1 - F - F = 0$$

得 $$F_1 = 0.5F$$

为求 2、3 杆内力，用截面 II—II 将桁架截开，取截面右半部分为分离体，如图 3-39(c)所示，列平衡方程：

$$\sum M_C = 0, F_2 l + 2.5 Fl - Fl = 0$$

$$\sum F_y = 0, F_3 \cos 45° + 2.5F - F - F = 0$$

解得：

$$F_3=\frac{\sqrt{2}}{2}F, \quad F_2=-1.5F$$

结点法和截面法是计算桁架的两种基本方法，各有其优缺点。结点法适用于求解桁架全部杆件的内力，但求指定杆件内力时，一般来说比较烦琐。截面法适用于求指定杆件的内力，但用它来求全部杆件内力时，工作量要比结点法大得多。应用时，要根据题目的要求适当选择计算方法。

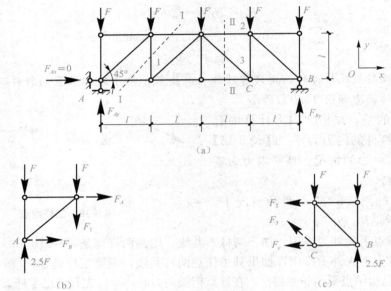

图 3-39 桁架的受力图

3.7.4 几种梁式桁架受力性能的比较 ···

桁架中各杆的内力与桁架的形状、杆件布置、外荷载作用位置等因素有关。

在工程实际中为合理地选择桁架形式，现对常用的平行弦桁架、三角形桁架、抛物线形桁架的内力分布进行对比。

图 3-40 给出三种桁架在相同荷载、相同跨度、相同高度条件下各杆的内力值。

通过分析可知，所有桁架的上弦杆受压，下弦杆受拉。由桁架内力分布图，可以得到如下结论：

（1）如图 3-40(a)所示，平行弦桁架的内力分布不均匀。上、下弦杆的内力，随其位置向跨中靠近而递增，腹杆的内力随其位置向跨中靠近而递减，内力变化较大。如果随内力变化采用不同截面的杆件，会造成杆件在结点处连接困难而且需选用的杆件种类过多。如果采用相同截面的杆件，则要浪费一些材料，但杆件在结点连接方便，杆件统一，制作方便。所以，这类桁架在工程上一般采用相同截面的弦杆，并将其广泛用于轻型桁架中，而不会造成较大的浪费。

（2）如图 3-40(b)所示，三角形桁架的内力分布也不均匀。上、下弦杆的内力，随其位置向支座靠近而递增，支座处最大。腹杆的内力随其位置向支座靠近而递减。支座端结点处弦杆间夹角很小，构造复杂。但它有较大的坡度，便于排水，适合屋顶结构的要求，广泛用于屋架结构中且木屋架应用得最多。

（3）如图 3-40（c）所示，桁架的上弦杆各结点位于抛物线上。抛物线形桁架的内力分布均匀，受力比较合理。桁架外形十分接近均布荷载作用下简支梁弯矩图的形状。但上弦杆转折较多，制作较困难。因为能节约较多材料，所以，其多用于大跨度屋架、桥梁结构或其他组合结构中。

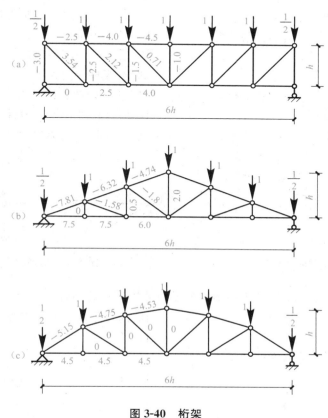

图 3-40　桁架

习　题

一、选择题

1. 桁架中的每个节点都受一个（　　）的作用。

 A. 平面汇交力系 B. 平面任意力系 C. 平面平行力系

2. 当结构对称，荷载也对称时，反力与内力（　　）。

 A. 不对称   B. 对称   C. 不一定对称

3. 悬式桁架在垂直向下的竖向荷载作用下，受力特点是（　　）。

 A. 上弦杆受拉，下弦杆受压

 B. 上弦杆受压，下弦杆受拉

 C. 上弦杆受拉，下弦杆受弯

第 3 章　参考答案

4. 梁式桁架在垂直向下的竖向荷载作用下，受力特点是(　　)。

    A. 上弦杆受拉，下弦杆受压

    B. 上弦杆受压，下弦杆受拉

    C. 上弦杆受拉，下弦杆受弯

5. 对桁架结构的假定有(　　)。

    A. 节点都是铰接   B. 每个杆件的轴线是直线，并通过铰心

    C. 杆件受轴力和弯矩作用   D. 荷载及支座反力都作用在节点上

6. 下列关于图 3-41 所示，桁架杆件受力的描述正确的有(　　)。

    A. 上弦杆受拉   B. 所有杆件均为二力杆

    C. 斜腹杆受压   D. 直腹杆受力为零

7. 如图 3-42 所示，下列关于桁架杆件受力的描述正确的有(　　)。

    A. 上弦杆受拉   B. 所有杆件均为二力杆

    C. 斜腹杆受压   D. 直腹杆受力为零

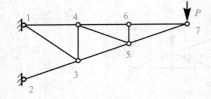 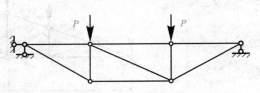

图 3-41　选择题 6 图   图 3-42　选择题 7 图

8. 如图 3-43 所示，下列关于桁架杆件受力的描述正确的有(　　)。

    A. 上弦杆受压   B. 跨度不变，高度增加，杆件受力不变

    C. 腹杆受拉   D. 下弦杆受拉

9. 图 3-44 中，杆件为零杆的是(　　)。

    A. CE 杆   B. AD 杆   C. CD 杆   D. BE 杆

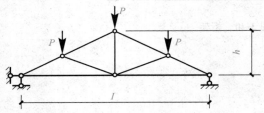 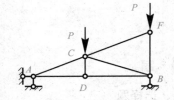

图 3-43　选择题 8 图   图 3-44　选择题 9 图

10. 图 3-45 中，杆件为零杆的是(　　)。

    A. EF 杆

    B. FD 杆

    C. CD 杆

    D. AB 杆

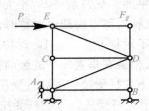

图 3-45　选择题 10 图

二、画出图 3-46 所示各杆的轴力图。

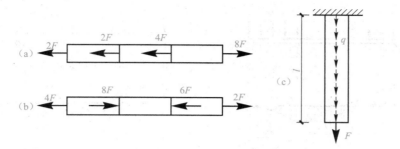

图 3-46　习题二图

三、画出图 3-47 所示各杆的扭矩图。

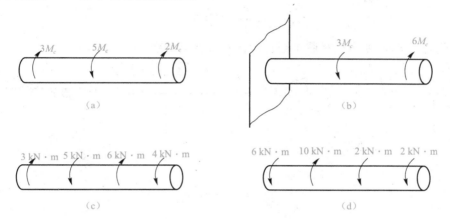

图 3-47　习题三图

四、试用简便方法求图 3-48 所示各梁中横截面 n—n 上的剪力和弯矩。

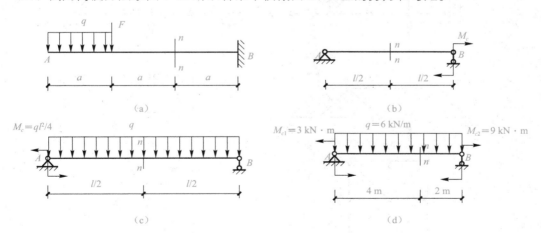

图 3-48　习题四图

五、试根据弯矩图、剪力图的规律指出图 3-49 所示剪力图和弯矩图的错误之处。

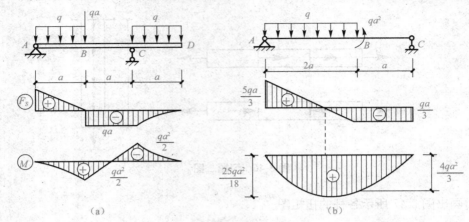

（a）　　　　　　　　　（b）

图 3-49　习题五图

六、验证图 3-50 所示弯矩图是否正确，若有错误请给予改正。

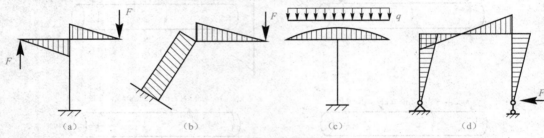

（a）　　　　（b）　　　　（c）　　　　（d）

图 3-50　习题六图

七、试判断图 3-51 所示桁架的零杆。

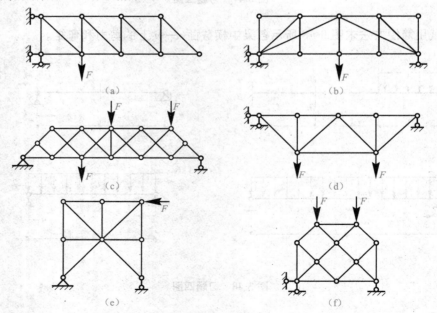

（a）　　　　　　　　　　（b）

（c）　　　　　　　　　　（d）

（e）　　　　　　　　　　（f）

图 3-51　习题七图

八、求图 3-52 所示桁架指定杆的内力

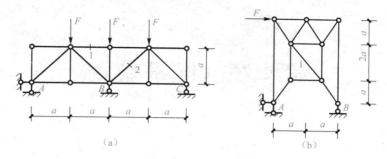

（a）

（b）

图 3-52　习题八图

第4章 压杆稳定

学习目标

1. 理解压杆稳定性的概念。
2. 了解欧拉公式的适用范围，会利用欧拉公式判别压杆的稳定问题。
3. 掌握轴向受压杆临界力和临界应力的计算。
4. 掌握提高压杆稳定性的措施。

4.1 压杆平衡状态的稳定性

4.1.1 压杆稳定的基本概念

工程中经常见到中心受压的杆件，如桁架中的压杆、中心受压的柱等。

构件的承载力包括强度、刚度和稳定性三个方面。工程中有些构件具有足够的强度和刚度，却不一定能安全、可靠地工作。构件除强度和刚度不足而引起失效外，有时由于不能保持其原有的平衡状态而失效，这种失效形式称为丧失稳定性。

如图 4-1 所示等直杆 AB，若 A 端固定，B 端作用有沿轴线方向的载荷 P。实验表明，若外力 P 较小时，杆件保持在直线形状的平衡，微小的外界扰动将使杆件发生轻微的弯曲，干扰力解除后，杆件仍恢复直线形状，即外界的干扰不能改变其原有的铅垂平衡状态，压杆的直线平衡是稳定的；若外力 P 慢慢地增加到某一数值并且超过这一数值时，任何微小的外界扰动将使杆件 AB 发生弯曲。干扰力解除后，杆件处于弯曲状态下的平衡，不能恢复原有的直线平衡状态，杆件原有的直线平衡状态是不稳定的。若外力 P 继续增大，杆件将因过大的弯曲变形而突然折断。

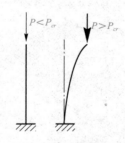

图 4-1 压杆稳定

杆件维持直线稳定平衡时的最大外力称为临界压力，记为 P_{cr}。

除压杆的失稳形式外，一些细长或薄壁的构件也存在静力平衡的稳定性问题。细长圆杆的纯扭转、薄壁矩形截面梁的横力弯曲以及承受均布压力的薄壁圆壳等，都有可能丧失原有的平衡状态而失效。图 4-2 给出了几种构件失稳的示意图，图中虚线分别表示其丧失原有平衡形式后新的平衡状态。

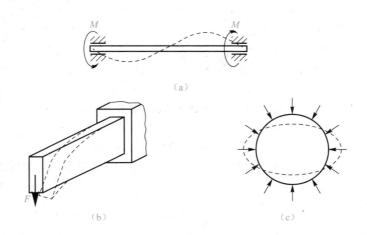

图 4-2   常见构件失稳

(a)细长圆杆的纯扭转；(b)狭长矩形截面梁侧向整体失稳；(c)薄壁圆壳的失稳

承受轴向压力的细长压杆，当丧失其直线形状的平衡而过渡为曲线时，称为丧失稳定，简称"失稳"。把这一类细长压杆所发生的问题称为"稳定问题"。

稳定问题与强度和刚度问题一样，在结构和构件的设计中占有重要的地位。本章将主要讨论细长压杆的稳定性计算，其他构件的稳定性问题可参阅有关专著。

4.2   临界力

压杆失稳是由直线平衡形式转为弯曲平衡形式。临界力是压杆在临界状态下的轴向压力，是压杆在原有的直线状态下保持平衡的最大荷载，也是压杆在微弯状态下保持平衡的最小压力。

设细长压杆的两端为球铰支座，如图 4-3 所示，轴线为直线，压力 P 与轴线重合。当压力达到临界值时，杆件将由直线平衡状态转变为微弯的曲线平衡状态。因此，临界压力 P_{cr} 也可以理解为压杆保持微小弯曲平衡的最小压力。

选取坐标系如图 4-3 所示，取距原点为 x 的任意截面，偏离直线位置的侧向位移为 y，即杆件的挠度为 v，弯矩为 M。则

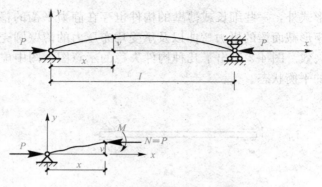

图 4-3　两端铰支压杆的临界力

$$M = -Pv$$

式中，P 为绝对值，M、v 为带符号的量，于是对于微小的弯曲变形，挠曲线的近似微分方程为

$$\frac{\mathrm{d}^2 v}{\mathrm{d}x^2} = \frac{M}{EI}$$

由于两端是球铰，允许杆件在任意纵向平面内发生弯曲变形，因而杆件的微小弯曲变形一定发生于抗弯能力最小的纵向平面内。上式中的 I 应是最小的横截面惯性矩。

$$EI \frac{\mathrm{d}^2 v}{\mathrm{d}t^2} = -Pv$$

$$v'' + \frac{P}{EI} v = 0 \quad 令 \quad k^2 = \frac{P}{EI}，则$$

$$v'' + k^2 v = 0 \quad 或 \quad y'' + k^2 y = 0$$

此方程的通解为：$y = A\cos kx + B\sin kx$

边界条件为：$\begin{cases} x=0，y=0 \\ x=l，y=0 \end{cases}$

得到 $\begin{cases} B=0 \\ A\sin kl + B\cos kl = 0 \end{cases}$

上式表明，$A=0$ 或者 $\sin kl = 0$。但因 B 已经等于 0，A 不可能再等于 0，则由边界条件知 $\sin kl = 0$，$kl = n\pi (n=0、1、2、3\cdots)$。

$$k = \frac{n\pi}{l} (n=0、1、2、3\cdots)$$

$$P = \frac{n^2 \pi^2 EI}{l^2} (n=0、1、2、3\cdots)$$

在上式中，使杆件保持为曲线平衡的压力，理论上是多值的。在这些压力值中，使杆件保持微小弯曲的最小压力，才是临界压力 P_{cr}。于是临界压力为

$$P = \frac{\pi^2 EI}{l^2} \tag{4-1}$$

这是两端铰支的细长压杆临界压力的计算公式，也称为**欧拉公式**。此式表明欧拉临界

压力与抗弯刚度（EI）成正比，与杆长的平方（l^2）成反比。

应用上述公式时，需注意以下两点：

一是欧拉公式只适用于弹性范围，即只适用于弹性稳定问题；

二是公式中的 I 为压杆失稳发生弯曲时，截面对其中性轴的惯性矩。对于各方向具有相同约束条件的情况，$I=I_{min}$；对于不同方向具有不同的约束条件的情况，应根据惯性矩和约束条件，首先判断失稳时的弯曲方向，然后确定相应的中性轴和截面惯性矩。

此外，稳定问题与强度问题有以下几点不同：

（1）研究稳定问题时，是根据压杆变形后的状态建立平衡方程；而研究强度问题时，是忽略小变形，以变形前的状态建立平衡方程。

（2）研究稳定问题主要通过理论分析与计算，确定构件所能承受的力（P_σ）；而研究强度问题中，则是通过理论分析与计算确定构件内部的力（内力与应力），构件所能承受的力（如屈服极限和强度极限）是由实验确定的。

【例 4-1】 柴油机的挺杆是钢制空心圆管，内、外径分别为 10 mm 和 12 mm，杆长 $l=383$ mm，钢材 $E=210$ GPa，可简化为两端铰支的细长压杆，试计算该挺杆的临界压力 P_σ。

【解】 挺杆横截面的惯性矩

$$I=\frac{\pi}{64}(D^4-d^4)=\frac{\pi}{64}\times[(12\times10^{-3})^4-(10\times10^{-3})^4]=5.27\times10^{-10}(\text{m}^4)$$

由式（4-1）即可计算出该挺杆的临界压力为

$$P_\sigma=\frac{\pi^2EI}{l^2}=\frac{\pi^2\times210\times10^9\times5.27\times10^{-10}}{(383\times10^{-3})^2}=7\ 446(\text{N})$$

■ 4.2.2 其他约束条件下压杆的临界力

由于失稳过程伴随着由直线平衡到弯曲平衡的突然转变，因此，影响弯曲变形的因素也必然会影响压杆的临界压力的大小，支座条件便是其中之一。因此，不同的支座条件，压杆的临界压力的公式相应不同。

1. 一端固定、一端自由的压杆

设杆在微弯的形状下保持平衡，见表 4-1 中图（b）。现把变形曲线延伸一倍，如图 4-3 所示，假想线与表 4-1 中图（a）比较，可见一端固定、另一端自由且长为 l 的压杆的挠曲线与两端铰支、长为 $2l$ 的压杆的挠曲线的上半部分相同。因此，对于一端固定、一端自由且长为 l 的压杆，其临界压力应等于两端铰支长为 $2l$ 的压杆的临界压力。即

$$P=\frac{\pi^2EI}{(2l)^2} \tag{4-2}$$

同样，依据表 4-1 中图（a）的变形情况，可得到其他支座情况下的临界压力公式。

2. 两端固定的压杆

$$P=\frac{\pi^2EI}{(0.5l)^2} \tag{4-3}$$

3. 一端固定、一端铰支的压杆

$$P=\frac{\pi^2EI}{(0.7l)^2} \tag{4-4}$$

表 4-1 几种常见约束方式的细长压杆的长度因数

约束方式	两端铰支	一端固定 另一端自由	两端固定	一端铰支 另一端固定
挠曲线形状	图（a）	图（b）	图（c）	图（d）
F_σ	$\dfrac{\pi^2 EI}{l^2}$	$\dfrac{\pi^2 EI}{(2l)^2}$	$\dfrac{\pi^2 EI}{(0.5l)^2}$	$\dfrac{\pi^2 EI}{(0.7l)^2}$
μ	1.0	2.0	0.5	0.7

式(4-1)、式(4-2)、式(4-3)、式(4-4)可以统一写成：

$$P_\sigma = \frac{\pi^2 EI}{(\mu l)^2} \tag{4-5}$$

这是欧拉公式的普遍形式。式中 μl 表示把压杆折算成两端铰支压杆的长度，称为相当长度，μ 称为长度系数。

欧拉临界公式表明，细长压杆的临界压力与杆件的形状、大小、约束条件及所使用的材料有关。

■ **4.2.3 压杆临界应力的欧拉公式** ··

欧拉公式是在线弹性条件下建立的，为了判断压杆失稳时是否处于弹性范围，必须引入临界应力和柔度的概念。当压杆承受压力为临界值 P_σ 时，杆件横截面上的应力称为临界应力，此时，由于杆件仍可处于直线平衡状态，可以认为，杆件横截面上的应力与轴向压缩时一样是均匀分布的，则对于细长压杆，临界应力为

$$\sigma_\sigma = \frac{P_\sigma}{A} = \frac{\pi^2 EI}{(\mu l)^2 A} \tag{4-6}$$

令 $\lambda = \dfrac{\mu l}{i}$，$i = \sqrt{\dfrac{I}{A}}$，则上式化简为

$$\sigma_\sigma = \frac{\pi^2 E}{\lambda^2} \tag{4-7}$$

这是欧拉临界应力公式普遍表达式。

式中　$i=\sqrt{\dfrac{I}{A}}$——称为惯性半径，它表示了杆件横截面的性质；

$\qquad\lambda=\dfrac{\mu l}{i}$——称为杆件的柔度。这是一个无量纲，它集中反映了杆件的端约束、长度、

形状及横截面性质等诸多因素之间的关系，与外界的因素无关。在压杆的稳定计算中有重要的意义。

从式(4-7)可以看出，压杆的临界应力与柔度的平方成反比，即压杆的柔度越大，其临界应力越小，压杆越容易失稳。

【例 4-2】　两端铰支压杆如图 4-4 所示，杆的直径 $d=20$ mm，长度 $l=800$ mm，材料为 Q235 钢，$E=200$ GPa，$\sigma_p=200$ MPa。求压杆的临界荷载 F_{cr} 和临界应力。

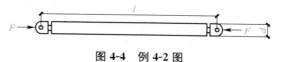

图 4-4　例 4-2 图

【解】　根据欧拉公式

$$F_{cr}=\frac{\pi^2 EI}{(\mu l)^2}=\frac{\pi^3\times 200\times 10^9\times 20^4\times 10^{-12}}{64\times(1\times 0.8)^2}=24.2(\text{kN})$$

临界应力

$$\sigma=\frac{F_{cr}}{A}=\frac{4\times 24.2\times 10^3}{\pi\times 20^2\times 10^{-6}}=77(\text{MPa})\leqslant\sigma_p$$

上式表明压杆处于弹性范围，所以用欧拉公式计算无误。

4.3　压杆的稳定条件和应用

■ 4.3.1　欧拉公式的适用范围 ·······

在推导临界压力公式的过程中，我们应用了微弯曲状态下的挠曲线微分方程，此方程的使用前提是材料在弹性范围内使用，即 $\sigma\leqslant\sigma_p$。因此，只有在临界压力小于比例极限 σ_p 时，上述公式才是正确的。令式(4-7)中的临界应力 σ_{cr} 小于 σ_p，得

$$\frac{\pi^2 E}{\lambda^2}\leqslant\sigma_p\quad\text{或}\quad\lambda\geqslant\sqrt{\frac{\pi^2 E}{\sigma_p}}$$

可见，只有当压杆的柔度 λ 大于或等于极限值 $\sqrt{\dfrac{\pi^2 E}{\sigma_p}}$ 时，欧拉公式才是正确的。用 λ_p 表示这一极限值，即

$$\lambda_p\geqslant\sqrt{\frac{\pi^2 E}{\sigma_p}}\tag{4-8}$$

则欧拉公式的使用条件是：

$$\lambda\geqslant\lambda_p\tag{4-9}$$

λ_p 是反映材料性能的量，材料不同，其值不同。如 Q235 钢，$\lambda_p \approx 100$，铸铁 $\lambda_p \approx 80$。我们把前面所提到的欧拉公式所适用的细长压杆，也称为**大柔度压杆**。

若压杆的柔度 λ 小于 λ_p，则临界应力 σ_{cr} 大于材料的比例极限 σ_p，这时欧拉公式已不能使用，属于超过比例极限的压杆稳定问题。

常见的压杆如内燃机连杆、千斤顶螺杆等，其柔度 λ 就往往小于 λ_p。对于 $\lambda \leqslant \lambda_p$ 的这类压杆的稳定性问题，失稳试验的同时，通过弹塑性理论分析为依据，一般按经验式(4-10)计算。

经验公式计算临界应力为：

$$\sigma_{cr} = a - b\lambda \tag{4-10}$$

式中，λ 是压杆的柔度，a 和 b 是与材料性质有关的常数。例如，Q235 钢制成的压杆，$a = 304$ MPa，$b = 1.12$ MPa。

经验公式的适用范围为：

$$\lambda_s \leqslant \lambda < \lambda_p \tag{4-11}$$

满足上式的压杆，称为中柔度压杆(中长杆)。

若压杆的柔度 $\lambda \leqslant \lambda_s$，则称为**小柔度压杆**(粗短杆)，它的破坏是由强度不足引起的，应按压缩强度计算。

综上所述，可将压杆的临界应力依柔度的不同归结如下：

(1)大柔度压杆(细长杆)：$\lambda \geqslant \lambda_p$，$\sigma_{cr} = \dfrac{\pi^2 E}{\lambda^2}$。

(2)中柔度压杆(中长杆)：$\lambda_s \leqslant \lambda < \lambda_p$，$\sigma_{cr} = a - b\lambda$。

(3)中柔度压杆(粗短杆)：$\lambda < \lambda_s$，$\sigma_{cr} = \sigma_s$。

一些材料的 a、b、λ_p、λ_s 值见表 4-2。

表 4-2　一些材料的 a、b、λ_p、λ_s

材料/MPa		a/MPa	b/MPa	λ_p	λ_s
A3 钢	$\sigma_b = 372$ $\sigma_s = 235$	304	1.12	99	61.4
优质碳钢	$\sigma_b \geqslant 470$ $\sigma_s = 306$	460	2.57	100	60
硅钢	$\sigma_b \geqslant 510$ $\sigma_s = 353$	577	3.74	100	60
硬铅		392	3.26	55	—
铸铁		332	1.42	—	
松木		39.2	0.199	59	

■ 4.3.2　临界应力总图

由上面的讨论可知，压杆的临界应力的计算与压杆的柔度有关。依上述三种情况，我们以柔度 λ 为横坐标，以 σ 为纵坐标作 $\sigma - \lambda$ 图，称为**临界应力总图**，如图 4-5 所示。

稳定计算中，无论是欧拉公式或经验公式，都是以杆件的整体变形为基础的。局部削弱（如螺钉孔等）对杆件的整体变形影响很小，计算临界应力时，可采用未经削弱的横截面面积 A 和惯性矩 I。而在小柔度杆中作压缩强度计算时，自然应该使用削弱后的横截面面积。

【例 4-3】 材料为 Q235 钢的三根轴向受压圆杆，长度 l 分别为 0.25 m、0.5 m 和 1 m，直径分别为 20 mm、30 mm 和 50 mm，$E=210$ GPa。各杆支撑如图 4-6 所示，试求各杆的临界应力。

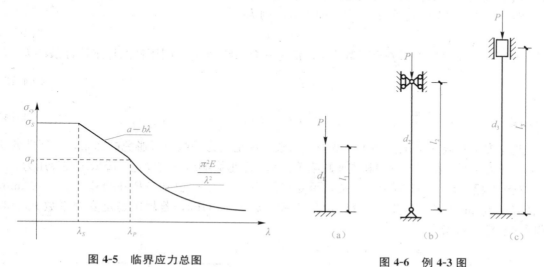

图 4-5 临界应力总图   图 4-6 例 4-3 图

【解】 (1)计算各杆的柔度。

杆(a) $\mu_1=2$，$l_1=0.25$ m，$d_1=20$ mm，则 $i_1=\sqrt{\dfrac{I}{A}}=\dfrac{d_1}{4}=5.0$(mm)

$$\lambda_1=\frac{\mu_1 l_1}{i_1}=\frac{2\times250}{5}=100$$

杆(b) $\mu_2=1$，$l_2=0.5$ m，$d_2=30$ mm，则 $i_2=\sqrt{\dfrac{I}{A}}=\dfrac{d_2}{4}=7.5$(mm)

$$\lambda_2=\frac{\mu_2 l_2}{i_2}=\frac{1\times500}{7.5}=66.7$$

杆(c) $\mu_3=0.5$，$l_3=1$ m，$d_3=50$ mm，则 $i_3=\sqrt{\dfrac{I}{A}}=\dfrac{d_3}{4}=12.5$(mm)

$$\lambda_3=\frac{\mu_3 l_3}{i_3}=\frac{0.5\times1\,000}{12.5}=40$$

(2)计算各杆的临界应力，查表 4-2 得 $\lambda_p=100$，$\lambda_s=61.4$。

杆(a) $\lambda_1>\lambda_p$ 大柔度压杆 $\sigma_{cr}=\dfrac{\pi^2 E}{\lambda^2}=\dfrac{3.14^2\times210\times10^9}{100^2}=207.1\times10^6$(Pa)

杆(b) $\lambda_s<\lambda_2<\lambda_p$ 中柔度压杆 $\sigma_{cr}=a-b\lambda=304-1.12\times66.7=229.3$(MPa)

杆(c) $\lambda_3<\lambda_s$ 小柔度压杆 $\sigma_{cr}=\sigma_s=235$ MPa

工程中的压杆，往往需要根据稳定性的条件校核它是否安全或者设计它安全工作时需要的尺寸或截面形状。这一类问题统称为稳定性设计（stabilitydesign），其要求是：当压杆工作时，工作压力应小于临界压力，即失效准则为

$$P = P_{\sigma} \tag{4-12}$$

若杆件工作时的工作安全系数为 n，稳定安全系数为 n_{st}，则压杆的稳定设计条件为

$$n = \frac{P_{\sigma}}{P} \geqslant n_{st} \tag{4-13}$$

或

$$n = \frac{\sigma_{\sigma}}{\sigma} \geqslant n_{st} \tag{4-14}$$

稳定安全系数 n_{st} 一般要高于强度安全系数。这是因为一些不可避免的因素，如杆件的初弯曲、压力偏心、材料不均匀和支座缺陷等，都严重地影响压杆的稳定，降低了临界压力。

【例 4-4】　如图 4-7 所示的托架，承受载荷 $Q = 10$ kN，已知 AB 杆的外径 $D = 50$ mm，内径 $d = 40$ mm，两端铰支，材料为 Q235 钢，$E = 210$ GPa，若规定稳定安全系数 $n_{st} = 3$，试问 AB 杆是否安全？

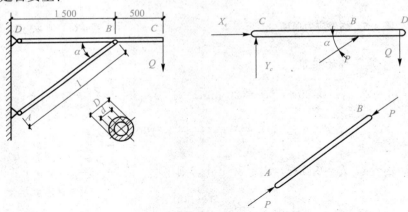

图 4-7　例 4-4 图

【解】　(1)计算 AB 杆件的轴向压力 P。分别取 AB 及 CD 杆为研究对象，受力如图所示，平衡方程为

$$\sum M_C = 0, P \times 1\,500\sin30° - 2\,000 \times Q = 0$$

可得

$$P = \frac{2\,000 \times 10}{1\,500\sin30°} = 26.67\,(\text{kN})$$

(2)计算压杆柔度。

$$i = \sqrt{\frac{I}{A}} = \sqrt{\frac{(\pi/64)(D^4 - d^4)}{(\pi/4)(D^2 - d^2)}} = \frac{\sqrt{D^2 + d^2}}{4} = \frac{\sqrt{50^2 + 40^2}}{4} = 16\,(\text{mm})$$

$$l = \frac{1\,500}{\cos 30°} = 1\,732 (\text{mm}), \quad \mu = 1$$

$$\lambda = \frac{\mu l}{i} = \frac{1 \times 1\,732}{16} = 108.3$$

(3)计算杆件的临界应力。由表 4-2 查得，$\lambda_p = 100$，$\lambda_s = 60$，$\lambda = 108.3 > \lambda_p = 100$ 为细长压杆，故

$$\sigma_{cr} = \frac{\pi^2 E}{\lambda^2} = \frac{3.14^2 \times 200 \times 10^9}{108.3^2} = 168.1 \times 10^6 (\text{Pa})$$

(4)校核稳定性。

压杆工作应力 $\quad \sigma = \dfrac{P}{A} = \dfrac{4 \times 26.67 \times 10^3}{3.14 \times (50^2 - 40^2) \times 10^{-6}} = 37.7 \times 10^6 (\text{Pa})$

稳定安全系数 $\quad\quad n = \dfrac{\sigma_{cr}}{\sigma} = \dfrac{168.1}{37.7} = 4.46 > n_{st} = 3$

因此，压杆满足稳定要求。

4.5　提高压杆稳定性的措施

压杆的临界应力或临界压力的大小，直接反映了压杆稳定性的高低。提高压杆稳定性，就是提高压杆的临界压力或临界应力，而影响压杆临界应力或临界压力的因素有：压杆的截面形状、长度和约束条件、材料的性质等。因而，当讨论如何提高压杆的稳定性时，应从这几方面入手。

1. 改变压杆的约束条件或者增加中间支座

在结构允许的条件下应尽量减少压杆的长度，可以通过减少杆长、改善杆端约束或适当增加约束予以实现。

从 $\lambda = \dfrac{\mu l}{i}$ 可以看出，改变压杆的支座情况及压杆的有效长度 l，都直接影响临界压力的大小。两端约束加强，长度系数 μ 增大。此外，减小长度 l，如使用中间支座等，也可大大增大杆件的临界压力 P_{cr}。如图 4-8 所示，杆件的临界压力变为：

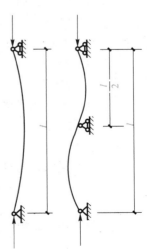

$P_{cr} = \dfrac{\pi^2 EI}{\left(\dfrac{l}{2}\right)^2} = \dfrac{4\pi^2 EI}{l^2}$，即临界压力为原来的四倍。

2. 合理选择截面形状

压杆的柔度与横截面的惯性半径成反比。在一定的截面面积下应设法增大惯性矩，以增大惯性半径从而减小柔度，提高临界应力，增加压杆的稳定性。

空心圆环截面比实心圆截面合理；四根角钢组成的起重臂，其四根角钢分开放置在截面的四个角，较集中放置在截面形心附

图 4-8　增加中间支座

近合理；由槽钢组成的桥梁桁架或建筑物中的柱中，把槽型钢分开放置，槽口相对比槽口相反合理。

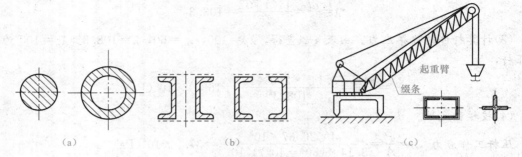

图 4-9　合理选择截面形状

(a)实心圆改成空心圆；(b)四根角钢成方形布置；(c)槽钢口相对布置

3. 合理选择材料

由细长杆的欧拉公式可知，临界载荷或临界应力与材料的弹性模量有关。因此，应选用弹性模量大的材料，以提高压杆的稳定性。

对于细长杆，选用优质钢材和普通钢材在强度方面虽有差异，但在稳定性方面，无多大差异。

对于中长杆，选用高强度材料，有助于提高压杆的稳定性。

对于短粗杆，本身就是强度问题，选择优质钢可以提高承载能力。

习　题

一、选择题

1. 受压直杆突然发生弯曲而导致折断破坏的现象称为(　　)。

A. 倾覆　　　　　　　　B. 失稳　　　　　　　　C. 滑移

2. 临界力是指压杆在(　　)所受到的最大压力。

A. 稳定状态　　　　B. 临界状态　　　　C. 不稳定状态

3. 下列压杆材料和横截面积均相同，其中临界力最小的是(　　)。

A. 两端铰支　　　　　　　　　　B. 一端固定，一端自由

C. 两端固定　　　　　　　　　　D. 一端固定，一端铰支

第 4 章　参考答案

4. 下列压杆材料和横截面积均相同，其中临界力最大的是(　　)。

A. 两端固定　　　　　　　　　　B. 一端固定，一端铰支

C. 两端铰支　　　　　　　　　　D. 一端固定，一端自由

5. 临界力越大，压杆的稳定性越(　　)。

A. 差　　　　　　　　　　　　　B. 不变

C. 好　　　　　　　　　　　　　D. 无法确定

6. 杆端的约束越强，压杆的临界力就(　　)。

A. 越小　　　　　　　　　　　　B. 越大

C. 越不易确定　　　　　　　　　D. 不变

7. 在一端固定，一端自由的情况下，压杆的长度系数为(　　)。

    A. $\mu=0.5$ B. $\mu=0.7$ C. $\mu=1$ D. $\mu=2$

8. 在一端固定，一端铰支的情况下，压杆的长度系数为(　　)。

    A. $\mu=0.5$ B. $\mu=0.7$ C. $\mu=1$ D. $\mu=2$

9. 柔度越大，压杆就越(　　)。

    A. 不易失稳   B. 稳定性不变

    C. 易失稳   D. 稳定性变化

10. 为提高压杆的稳定性，压杆的截面形状不宜采用(　　)。

    A. 正方形   B. 空心圆环

    C. 矩形   D. 实心圆环

二、多选题

1. 下列材料中属于脆性材料的是(　　)。

    A. 混凝土   B. 低碳钢

    C. 铸铁   D. 石材

2. 下列说法正确的是(　　)。

    A. 只有塑性材料在断裂时有明显的塑性变形

    B. 塑性材料抗拉强度极限比脆性材料低

    C. 脆性材料的抗压强度极限比抗拉强度极限大得多

    D. 只有塑性材料适用于胡克定律

3. 塑性材料的强度指标是(　　)。

    A. 弹性极限   B. 屈服极限

    C. 比例极限   D. 强度极限

4. 塑性材料的塑性指标是(　　)。

    A. 强度极限   B. 延伸率

    C. 屈服强度   D. 收缩率

5. 下列说法正确的是(　　)。

    A. 杆件的强度越大，则刚度也越大

    B. 提高杆件材料的强度能提高杆件的承载力

    C. 提高杆件材料的强度能提高杆件的刚度

    D. 提高杆件材料的刚度能提高压杆的稳定性

6. 提高压杆稳定性的关键在于提高(　　)。

    A. 临界力   B. 截面尺寸

    C. 临界应力   D. 压杆强度

7. (　　)能有效地提高压杆的稳定性。

    A. 选择合理截面形状   B. 加强杆端约束

    C. 采用高强度材料   D. 采用高弹性模量的材料

8. 为提高压杆的稳定性，压杆的截面形状宜采用(　　)。

    A. 实心圆   B. 矩形

    C. 正方形   D. 空心圆环

三、计算题

1. 图 4-10 所示各杆材料和截面均相同，试问承受压力最大的杆和最小的杆分别是哪根？ [图 4-10(f)所示杆在中间支撑处不能转动]

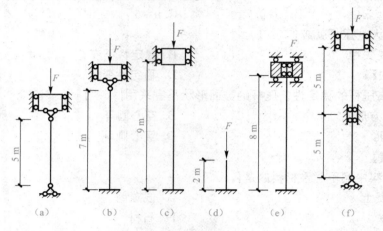

图 4-10　计算题 1 图

2. 试推导两端固定、弯曲刚度为 EI、长度为 l 的等截面中心受压直杆的临界应力 P_{cr} 的欧拉公式。

3. 某发动机的连杆如图 4-11 所示。已知连杆的横截面面积 $A = 552\ \text{mm}^2$，惯性矩 $I_z = 7.42 \times 10^4\ \text{mm}^4$，$I_y = 1.42 \times 10^4\ \text{mm}^4$，材料为优质钢材，所受的最大轴向压力为 30 kN，稳定安全系数为 $n_{st} = 5$，试进行稳定校核。

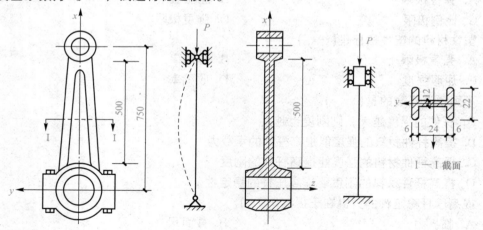

图 4-11　计算题 3 图

第二篇　建筑结构

第5章 建筑结构荷载及设计方法

学习目标

1. 了解建筑结构的基本概念，熟悉建筑结构的分类。
2. 熟悉建筑结构设计年限、安全等级和耐久性规定。
3. 理解建筑荷载的类型。
4. 掌握钢筋材料的力学性能。

5.1 建筑结构的作用

5.1.1 建筑结构的概念、分类

1. 建筑结构的概念

建筑物中用来承受并传递各种作用的骨架称为建筑结构。结构构件是组成建筑结构的基本单元。在房屋建筑中，基本结构构件有板、梁、柱、墙、基础等，如图5-1所示。

板承受楼面或屋面上的荷载并将荷载传给与其接触的梁或墙上，板主要承受弯矩作用。

梁承受板传来的荷载和梁自身的重量，荷载沿梁跨度方向分布，梁主要承受弯矩和剪力作用。

柱承受梁传来的荷载和柱自身的重量，除受轴向力和风力作用外，还可能因竖向力的偏心或梁的约束出现弯矩作用。

墙承受板、梁传来的荷载和自身的重量，其主要承受压力作用。

基础承受墙、柱传来的荷载并将荷载扩散到地基土中。

除此之外，建筑结构构件还有组成平面桁架和空间网架的杆、拱、壳等。

2. 建筑结构的分类

(1)建筑结构按使用材料可划分为以下四类。

1)钢筋混凝土结构。钢筋混凝土结构由混凝土和钢筋两种材料组成，其是工程中应用最广泛的一种形式。可用于民用建筑和工业建筑，如多层与高层住宅、旅馆、办公楼、大

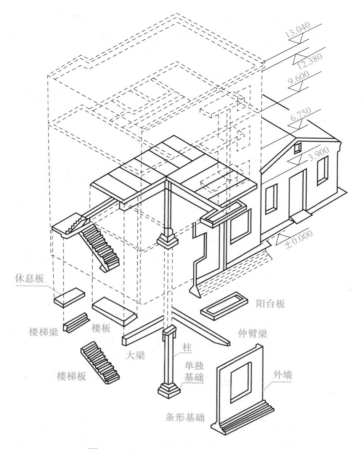

图 5-1　多层房屋透视图及构件组成

跨度的大会堂、剧院、展览馆和工业厂房，也可用于特种结构，如烟囱、水塔、水池等。

钢筋混凝土结构的主要优点有：可以浇筑成各种形状和尺寸的结构；耐火性能好；耐久性好，维修费用小。整体浇筑的钢筋混凝土结构整体性能好，对抵抗地震、风载和爆炸冲击作用有良好性能。

混凝土中用料最多的砂、石等原料可以就地取材，便于运输，工程造价较低。

钢筋混凝土结构也存在着一些缺点，如自重大，抗裂性能差，现浇施工时耗费模板多，工期长等。大跨度结构采用预应力混凝土可提高其抗裂性；采用高强度混凝土，可以改善防渗性能；采用轻质高强度混凝土，可以减轻结构自重，并改善隔热、隔声性能；采用预制钢筋混凝土构件可以克服模板耗费多和工期长等缺点。

2）钢结构。钢结构是由钢板和各种型钢组成的结构，常用于重工业或有动力荷载的厂房（如冶金、重型机械厂房）、大跨房屋（如体育馆、飞机场、车站）、高层建筑等。

钢结构主要特点有：材料强度高自重轻；材质均匀；材料塑性和韧性好；便于工业化生产，机械化加工；钢结构构件一般截面小而薄，易失稳，造成变形过大破坏；耐热不耐火，《钢结构设计规范》（GB 50017—2003）规定钢材表面温度超过 150 ℃后即需加以隔热防护；钢材容易腐蚀，耐腐蚀性差。

3）砌体结构。砌体结构是指用烧结普通砖、承重烧结空心砖、硅酸盐砖、中小型混凝土砌块、中小型粉煤灰砌块或料石和毛石等块材，通过砂浆铺缝砌筑而成的结构。砌体结构可用于单层与多层建筑，也可用于特种结构(如烟囱、水塔、小型水池和挡土墙等)。

砌体结构具有可就地取材、造价低廉、保温隔热性能好、耐火性好、砌筑方便等优点。但其也存在自重大、强度低、抗震性能差等缺点。

4)木结构。木结构是指全部或大部分用木材制成的结构。其具有就地取材、制作简单、便于施工等优点，也具有易燃、易腐蚀和结构变形大等缺点。木结构由于受木材自然生长条件的限制，使用较少。

(2)建筑结构按承重结构类型可划分为五类。

1)混合结构。混合结构是指由砌体结构构件和其他材料制成的构件所组成的结构。如竖向承重结构有砖墙、砖柱，水平承重结构用钢筋混凝土梁、板的结构就属于混合结构。它多用于非抗震地区七层及七层以下的住宅、旅馆、办公楼、教学楼及单层工业厂房中。

混合结构具有可就地取材、施工方便、造价低等特点。

2)框架结构。框架结构是由梁、板和柱组成的结构。框架结构建筑布置灵活，容易满足生产工艺和使用上的要求。在单层和多、高层工业与民用建筑中广泛使用，如办公楼、旅馆、工业厂房和实验室等。由于高层框架侧向位移将随高度的增加而急剧增大。因此，框架结构的高度受到限制，如钢筋混凝土框架结构多用于10层以下建筑。

3)剪力墙结构。剪力墙结构是利用墙体承受竖向和水平荷载，并起着房屋维护与分割作用的结构。剪力墙在抗震结构中也称为抗震墙，其在水平荷载作用下侧向变形很小，适用于建造较高的高层建筑。由于剪力墙的间距不能太大，平面布置不够灵活，因此，其多用于12~30层的住宅、旅馆中。

4)框架-剪力墙结构。框架-剪力墙结构是指在框架结构纵横方向的适当位置、在柱与柱之间设置几道剪力墙所组成的结构。该结构形式充分发挥了框架结构和剪力墙结构的各自特点，在高层建筑中得到了广泛的应用。

5)筒体结构。由剪力墙构成的空间薄壁筒体，称为实腹筒；由密柱、深梁框架围成的体系，称为框筒；如果筒体的四壁是由竖杆和斜杆形成的桁架，称为桁架筒；如果体系是由上述筒体单元组成，称为筒中筒或束筒，一般由实腹的内筒和空腹的外筒构成。筒体结构具有很大的侧向刚度，多用于高层和超高层建筑中，如饭店、银行、通信大楼等。

■ **5.1.2　建筑结构荷载的类型** ···

建筑物是供人们工作生活使用，其建造的过程和建造完成之后需要承受各种作用力。除建筑物的自重外，在建筑物中楼屋面的人群、家具、设备等以及雪风等所产生的作用，都会通过建筑物的结构系统传递到支撑建筑物的地基上去。再加上昼夜温差、基础沉降、材料收缩、地震等，也会引起建筑物的变形、位移甚至破坏。工程上通常将建筑物的自重、各种设施和使用者的重力以及风雪等所产生的作用称为直接作用，而将温度变化、地震等所产生的作用称为间接作用。直接作用也叫作荷载，我国相关的建筑结构设计统一标准将荷载直接等同于直接作用。

(1)永久荷载和可变荷载。按照作用时间的长短，可以将荷载分为永久荷载和可变荷载。

1)永久荷载又称为恒载，即大小和位置都不再发生变化的荷载，如建筑物的自重等。

2)可变荷载又称为活载,即这种荷载有时存在、有时不存在,它们的作用位置及范围可能是固定的,也可能是移动的。如图书馆阅览室,由于存放书籍的多少可能经常变化,读者的人数也不可能为常数,这部分的荷载就属于可变荷载。

(2)集中荷载和分布荷载。按照作用分布的情况可以将荷载分为集中荷载和分布荷载。

1)集中荷载是指分布的范围很小,可近似认为其是作用在一点的荷载,如图 5-2 所示。生活中的钢楼梯其自重以及人行走等可能产生的活荷载都由中间的立柱传递到楼面的结构层上,由于立柱上传来的荷载作用的面积相当小,可以近似认为是作用在一个点上,这样形成的荷载称为集中荷载。

2)分布荷载是指沿直线或曲线、沿平面或曲面以及沿物体内各点分布的荷载,即满布在结构某一表面的荷载。

线分布荷载是沿直线或曲线分布的荷载。面分布荷载是沿平面或曲面分布的荷载。体分布荷载是沿物体内各点分布的荷载。

图 5-2　楼梯中心立柱对楼面形成集中荷载

如图 5-3 所示的建筑物屋顶,屋面板的自重以及上面可能产生的各种活荷载都是沿直线分布在各根平行的梁 A 上,梁 A 上的荷载是分布荷载;而梁 B 由于在多个点上分别受到一组梁 A 传来的荷载,因此,梁 B 受到多个集中荷载。

(3)静荷载和动荷载。按照作用在结构上的荷载性质可以分为静荷载和动荷载。

1)静荷载是指荷载从零慢慢增加至最后确定数值后,其大小、位置和方向就不再随时间的变化而变化的荷载,如建筑物的自重、固定设备等。

2)动荷载是指荷载的大小、位置和方向随时间变化而变化的荷载,可以对结构产生显著的加速度的荷载。如图 5-4 所示,工业厂房里所安装的吊车,是一种动力机械,其起动、运行、刹车时都会对建筑物产生动荷载,再加上吊车轨道一般都安装在建筑物内的高处,这对建筑物的稳定性更容易产生不利的影响。因此,装有吊车的厂房需要采用斜撑等措施来提高其结构的安全性能。

图 5-3　钢梁 A、B 分别承受
分布荷载和集中荷载

图 5-4　工业厂房内的吊车运行时会产生动荷载

建筑结构设计的基本要求：以最经济的方法使结构在正常施工和使用的条件下，在预定使用期内满足安全性、适用性和耐久性三方面的要求。

（1）安全性。安全性是指建筑结构能承受正常施工和使用时可能施加于它的各种作用（如荷载、温度变化、支座沉陷等引起的内力），且在强烈地震、爆炸、撞击等偶然事件发生时和发生后，其结构仍然能保持必要的整体稳定性，即结构不致因局部破坏而发生连续倒塌。

（2）适用性。适用性是指建筑结构在正常使用时具有良好的工作性能，如具有足够的刚度，以避免变形过大而影响正常使用。

（3）耐久性。耐久性是指建筑结构在正常维护条件下具有足够的耐久性能。如在设计规定的使用期间内，钢筋不致因保护层过薄或裂缝过宽而发生锈蚀等。

安全性、适用性、耐久性统称为结构的可靠性。结构能够满足功能要求，称为结构可靠或有效；反之，则称为不可靠或失效。

5.2 建筑结构的设计方法

建筑物的重要性是根据其用途决定的。在建筑结构设计时，应根据建筑结构破坏可能产生的后果（危及人的生命、造成经济损失、产生社会影响等）的严重程度，采用不同的安全等级。建筑结构安全等级的划分应符合表 5-1 的要求。

表 5-1　建筑结构的安全等级

安全等级	破坏后果的影响程度	建筑物类型
一级	很严重	重要建筑物
二级	严重	一般建筑物
三级	不严重	次要建筑物

对于有抗震等级或其他特殊要求的建筑结构，安全等级应符合相应规范的规定。

设计使用年限是指设计规定的结构或结构构件不需要进行大修，就能完成预定功能的使用时期。结构的设计使用年限应按表 5-2 采用。

表 5-2　结构的设计使用年限

类别	设计使用年限/年	示例
一	5	临时性建筑
二	25	易于替换的建筑结构构件
三	50	一般性建筑（普通房屋和构筑物）
四	100	纪念性建筑和特别重要的建筑结构

结构的使用年限与建筑结构的使用寿命有一定的联系，但又有区别；建筑超过设计使用年限并不一定是使用寿命的结束，但其完成预定功能的能力会越来越差。

5.2.2 混凝土结构的耐久性规定

混凝土结构应符合有关耐久性规定，以保证在化学或其他各种侵蚀的作用下结构材料性能达到预期的耐久年限。

结构的使用环境是影响混凝土结构耐久性的重要因素。使用环境类别按表 5-3 划分。影响混凝土结构耐久性的另一重要因素是混凝土的质量。控制水胶比、减小渗透性、提高混凝土的强度等级、增加混凝土的密实性以及控制混凝土中氯离子和碱的含量等对于混凝土的耐久性都起着非常重要的作用。

表 5-3 混凝土结构的使用环境类别

环境类别		说　明
一		室内干燥环境；无侵蚀性静水浸没环境
二	a	室内潮湿环境；非严寒和非寒冷地区的露天环境；非严寒和非寒冷地区与无侵蚀性的水或土壤直接接触的环境；严寒和寒冷地区的冰冻线以下与无侵蚀性的水或土壤直接接触的环境
	b	干湿交替环境；水位频繁变动环境；严寒和寒冷地区的露天环境；严寒和寒冷地区冰冻线以上与无侵蚀性的水或土壤直接接触的环境
三	a	严寒和寒冷地区冬季水位变动区环境；受除冰盐影响环境；海风环境
	b	盐渍土环境；受除冰盐作用环境；海岸环境
四		海水环境
五		受人为或自然的侵蚀性物质影响的环境

注：1. 室内潮湿环境是指构件表面经常处于结露或湿润状态的环境；
　　2. 严寒和寒冷地区的划分应符合现行国家标准《民用建筑热工设计规范》(GB 50176)的有关规定；
　　3. 海岸环境和海风环境宜根据当地情况，考虑主导风向及结构所处迎风、背风部位等因素的影响，由调查研究和工程经验确定；
　　4. 受除冰盐影响环境是指受到除冰盐盐雾影响的环境；受除冰盐作用环境是指被除冰盐溶液溅射的环境以及使用除冰盐地区的洗车房、停车楼等建筑；
　　5. 暴露的环境是指混凝土结构表面所处的环境。

耐久性对混凝土质量的主要要求如下：

(1)设计使用年限为 50 年的一般结构混凝土。对于设计使用年限为 50 年的一般结构混凝土材料应符合表 5-4 的规定。

表 5-4 结构混凝土耐久性的基本规定

环境类别	最大水胶比	最低强度等级	最大氯离子含量/%	最大碱含量/kg·m⁻³
一	0.60	C20	0.30	不限制

环境类别		最大水胶比	最低强度等级	最大氯离子含量/%	最大碱含量/kg·m^{-3}
二	a	0.55	C25	0.20	
	b	0.50(0.55)	C30(C25)	0.15	3.0
三	a	0.45(0.50)	C35(C30)	0.15	
	b	0.40	C40	0.10	

注：1. 氯离子含量是指其占胶凝材料总量的百分比；
2. 预应力混凝土构件中的最大氯离子含量为 0.06%；其最低混凝土强度等级宜按表中的规定提高两个等级；
3. 素混凝土构件的水胶比及最低强度等级的要求可适当放松；
4. 有可靠工程的经验时，二类环境中的最低混凝土强度等级可降低一个等级；
5. 处于严寒和寒冷地区二 b、三 a 类环境中的混凝土应使用引气剂，并可采用括号中的有关参数；
6. 当使用非碱活性骨料时，对混凝土中的碱含量可不作限制。

(2)混凝土结构及构件还应采取下列耐久性技术措施：

1)预应力混凝土结构中的预应力筋应根据具体情况采取表面防护、孔道灌浆、加大混凝土保护层厚度等措施，外露的锚固端应采取封锚和混凝土表面处理等有效措施；

2)有抗渗要求的混凝土结构，混凝土的抗渗等级应符合有关标准的要求；

3)在严寒及寒冷地区的潮湿环境中，结构混凝土应满足抗冻要求，混凝土抗冻等级应符合有关标准的要求；

4)处于二、三类环境中的悬臂构件宜采用悬臂梁－板的结构形式，或在其上表面增设防护层；

5)处于二、三类环境中的结构构件，其表面的预埋件、吊钩、连接件等金属部件应采取可靠的防锈措施，对于后张预应力混凝土外露金属锚具，其防护要求见《混凝土结构设计规范(2015 年版)》(GB 50010—2010)第 10.3.13 条；

6)处在三类环境中的混凝土结构构件，可采用阻锈剂、环氧树脂涂层钢筋或其他具有耐腐蚀性能的钢筋、采取阴极保护措施或采用可更换的构件等措施。

(3)一类环境中，设计使用年限为 100 年的混凝土结构应符合下列规定：

1)钢筋混凝土结构的最低强度等级为 C30；预应力混凝土结构的最低混凝土强度等级为 C40。

2)混凝土中的最大氯离子含量为 0.06%。

3)宜使用非碱活性集料，当使用碱活性集料时，混凝土中的最大碱含量为 3.0 kg/m³。

4)混凝土保护层厚度应符合《混凝土结构设计规范(2015 年版)》(GB 50010—2010)第8.2.1条的规定；当采取有效的表面防护措施时，混凝土保护层厚度可适当减小。

(4)二类、三类环境中，设计使用年限 100 年的混凝土结构应采取专门的有效措施。

(5)耐久性环境类别为四类和五类的混凝土结构，其耐久性要求应符合有关标准的规定。

(6)混凝土结构在设计使用年限内还应遵守下列规定：

1)建立定期检测、维修制度；

2)设计中可更换的混凝土构件应按规定更换；

3)构件表面的防护层，应按规定维护或更换；

4)结构出现可见的耐久性缺陷时，应及时进行处理。

■ 5.2.3 结构的极限状态设计

整个结构或结构的一部分超过某一特定状态就不能满足设计规定的某一功能要求，此特定状态称为该功能的极限状态。极限状态可分为以下两类。

(1)承载能力极限状态。当结构或构件达到最大承载力时，将会出现疲劳破坏或不适合继续承载的过大变形的情况。当结构或构件出现下列情况之一时，即认为超过了其承载能力极限状态：

1)结构或构件之间的连接因材料超过其强度而破坏，包括疲劳破坏；

2)结构丧失承载能力转变为几何可变体系；

3)结构或构件丧失稳定；

4)结构或构件发生滑移或倾覆，从而丧失位置平衡。

承载能力极限状态主要考虑结构的安全性，结构一旦超过这种极限状态，即丧失了安全性能力，从而造成人身伤亡和重大经济损失。因此，设计中应把出现这种情况的概率控制得非常小。

(2)正常使用极限状态。结构或构件达到正常使用或耐久性能的某项规定限值。当结构或构件出现下列状态之一时，即认为超过了正常使用极限状态：

1)影响正常使用或外观的变形；

2)影响正常使用或耐久性能的局部损坏，包括裂缝宽度达到了规定限值；

3)影响正常使用的振动；

4)影响正常使用的其他特定状态。

正常使用极限状态主要考虑结构的适用性和耐久性。当结构或构件超过这种极限状态时，一般不会造成人身伤亡和重大经济损失。因此，结构设计中，可以把出现这种情况的概率控制得略宽一些。

建筑结构设计时，为保证结构的安全、可靠，对一切结构和构件均应进行承载能力极限状态的计算，而正常使用极限状态的验算应根据具体使用要求进行。

5.3　混凝土和钢筋的力学性能

■ 5.3.1 混凝土

混凝土是由水泥、水和集料(细集料—砂、粗集料—石子)按一定配合比搅拌后，入模、振捣、养护硬化形成的人造石材，简称"砼"。水泥和水在凝结硬化过程中将水泥、砂、石等集料粘结在一起，水泥结晶体和砂石集料组成混凝土的骨架，共同承受外力的作用。由于混凝土的内部结构复杂，因此，其力学性能也极为复杂。

1. 混凝土的强度

混凝土的强度指标主要有立方体抗压强度标准值、轴心抗压强度标准值和轴心抗拉强度标准值。

(1)立方体抗压强度标准值 $f_{cu,k}$。混凝土在结构中主要承受压力，抗压强度是混凝土的重要力学指标。由于混凝土受众多因素影响，因此，必须有一个标准的强度测定方法和相应的强度评定标准。

用边长为 150 mm 的立方体试件，在标准条件下[温度为(20±3)℃，相对湿度≥90%]养护 28 d，用标准试验方法(加荷速度为每秒 0.15～0.25 N/mm²，试件表面不涂润滑剂、全截面受力)测得具有 95% 保证率的抗压强度称为立方体抗压强度标准值，用符号 $f_{cu,k}$ 表示。

混凝土的强度等级按混凝土立方体抗压强度标准值 $f_{cu,k}$ 确定，用符号 C 表示，单位为 N/mm²。工程中常用的混凝土强度等级分为 10 级，即 C15、C20、C25、C30、C35、C40、C45、C50、C55、C60。其中 C 表示混凝土，后面的数字表示混凝土立方体抗压强度标准值的大小。如 C20 表示混凝土立方体抗压强度的标准值为 20 N/mm²(即 20 MPa)。

素混凝土结构的混凝土强度等级不应低于 C15；钢筋混凝土结构的混凝土强度等级不应等于 C20；采用强度等级 400 MPa 及以上的钢筋时，混凝土强度等级不应低于 C25。

预应力混凝土结构的混凝土强度等级不宜低于 C40，且不应低于 C30。

承受重复荷载的钢筋混凝土构件，混凝土强度等级不应低于 C30。

(2)轴心抗压强度标准值 f_{ck}。在实际工程中，钢筋混凝土受压构件大多数是棱柱体而不是立方体，工作条件与立方体试块的工作条件有很大差别，采用棱柱体试件比立方体试件更能反映混凝土的实际抗压能力。

我国采用 150 mm×150 mm×300 mm 的棱柱体试件作为标准试件，测得的混凝土棱柱体抗压强度即为混凝土的轴心抗压强度。随着试件高宽比 h/b 增大，端部摩擦力对中间截面约束减弱，混凝土抗压强度降低。

经测试，轴心抗压强度数值的确要小于立方体抗压强度数值，它们的比值大致在 0.70～0.92 范围内变化，强度大的比值大些。考虑到实际结构构件制作、养护和受力情况，实际构件强度与试件强度之间存在的差异。《混凝土结构设计规范(2015 年版)》(GB 50010—2010)基于安全取偏低值，轴心抗压强度标准值 f_{ck} 与立方体抗压强度标准值 $f_{cu,k}$ 的关系按公式(5-1)确定：

$$f_{ck} = 0.88\alpha_1\alpha_2 f_{cu,k} \tag{5-1}$$

式中　α_1——由试验分析可得，对混凝土等级为 C50 及以下的取 0.76，对 C80 混凝土取 0.82，在 C50～C80 之间按插值法取值；

　　　α_2——高强度混凝土的脆性折减系数，对 C40 混凝土取 1.0，对 C80 混凝土取 0.87，在 C40～C80 之间按插值法取值；

　　　0.88——考虑实际构件与试件之间的差异而取用的折减系数。

轴心抗压强度标准值 f_{ck} 除以混凝土材料分项系数得到轴心抗压强度设计值 f_c。

轴心抗压强度标准值 f_{ck}、轴心抗压强度设计值 f_c 取值分别见表 5-5、表 5-6。

表 5-5　混凝土强度标准值 f_{ck}　　　　　　　　　　　　　　N/mm²

强度种类	混凝土强度等级												
	C15	C20	C25	C30	C35	C40	C45	C50	C55	C60	C65	C70	C75	C80
f_{ck}	10.0	13.4	16.7	20.1	23.4	26.8	29.6	32.4	35.5	38.5	41.5	44.5	47.4	50.2
f_{tk}	1.27	1.54	1.78	2.01	2.20	2.39	2.51	2.64	2.74	2.85	2.93	2.99	3.05	3.11

表 5-6　混凝土强度设计值 f_c　　　　　　　　　　　　　　N/mm²

强度种类	混凝土强度等级												
	C15	C20	C25	C30	C35	C40	C45	C50	C55	C60	C65	C70	C75	C80
f_c	7.2	9.6	11.9	14.3	16.7	19.1	21.1	23.1	25.3	27.5	29.7	31.8	33.8	35.9
f_t	0.91	1.10	1.27	1.43	1.57	1.71	1.80	1.89	1.96	2.04	2.09	2.14	2.18	2.22

（3）**轴心抗拉强度标准值 f_{tk}。** 混凝土的轴心抗拉强度是确定混凝土抗裂度的重要指标，用 f_{tk} 表示。常用轴心抗拉试验或劈裂试验来测得混凝土的轴心抗拉强度，其值远小于混凝的抗压强度，一般为其抗压强度的 1/9～1/18，且不与抗压强度成正比。

轴心抗拉强度标准值 f_{tk} 除以混凝土材料分项系数得到轴心抗拉强度设计值 f_t。

2. 混凝土的变形

（1）弹性模量。由工程力学可知，材料的应力与应变关系是通过弹性模量反映的，**弹性材料的弹性模量为常数**。试验表明，混凝土的应力与应变的比值随着应力的变化而变化，即应力与应变的比值不是常数，混凝土强度越高，其弹性模量越大，见表 5-7。

表 5-7　混凝土弹性模量 E_c　　　　　　　　　　　　　　N/mm²

混凝土强度等级	C15	C20	C25	C30	C35	C40	C45	C50	C55	C60
E_c	2.20	2.55	2.80	3.00	3.15	3.25	3.35	3.45	3.55	3.60

（2）徐变。混凝土在长期荷载作用下，应力不变，应变随时间的增加而增长的现象，称为混凝土的徐变。

影响徐变的因素很多，其与受力大小、外部环境、内在因素等都有关。荷载持续作用的时间越长，徐变越大；混凝土的加载龄期越长，徐变增长越小；水胶比越大，徐变越大；在水胶比不变的情况下，水泥用量越多，徐变也越大。混凝土中的集料越坚硬，弹性模量越大，级配越好，徐变就越小。混凝土的制作、养护也都对徐变有影响。养护环境湿度越大，温度越高，徐变就越小；在使用期处于高温、干燥条件下，则构件的徐变将增大。构件的体积与其表面积之比越大，则徐变就越小。另外，在同等条件下，高强度混凝土的徐变要比普通混凝土的徐变要小。

混凝土的徐变对钢筋混凝土构件的内力分布及其受力性能都有影响。徐变会使钢筋与混凝土间产生应力重分布。例如，钢筋混凝土柱的徐变会使混凝土的应力减小，钢筋的应力增加；徐变会使受弯构件的受压区变形加大，挠度增加；徐变会使偏心受压构件的附加偏心距加大；对于预应力混凝土构件，徐变会产生预应力损失。以上是徐变的不利影响，但徐变也会缓和应力集中现象，降低温度应力，减少支座不均匀沉降引起的结构内力，延续收缩裂缝在受拉构件中的出现，这些是对结构有利的影响。

混凝土的徐变开始增长较快，以后逐渐减慢。通常在最初 6 个月内可完成最终徐变量的 70%～80%，第一年内可完成 90%左右，其余徐变在以后几年内逐渐完成，经过 2～5 年可以认为徐变基本结束。

（3）混凝土的收缩、膨胀和温度变形。混凝土在空气中凝结硬化时体积减小的现象称为收缩。混凝土在水中凝结时体积略有增大的现象称为膨胀，但是膨胀值要比收缩值小很多，而且膨胀往往对结构受力有利，所以，一般对膨胀可不予考虑。收缩和膨胀是混凝土在凝结过程中本身体积的变形，与荷载无关。

影响混凝土收缩的因素很多。在高温高湿蒸汽养护条件下其收缩减少；当混凝土在较高气温下浇筑时，其表面水分容易蒸发而出现过大的收缩变形和过早的开裂，因此，应注意混凝土的早期养护。构件的体表比直接涉及混凝土中水分蒸发的速度，体表比比值大，水分蒸发慢，收缩小。

混凝土的制作方法和组成也是影响收缩的重要因素。水泥强度高、水泥用量多、水胶比大，则收缩大；集料的弹性模量高、粒径大、所占体积比大，则收缩小；混凝土越密实，收缩越小。

当混凝土在构件中受到各种制约不能自由收缩时，将在混凝土中产生收缩拉应力，导致混凝土产生收缩裂缝，影响构件的耐久性、疲劳强度和外观，还会使预应力混凝土产生预应力损失。为了减少结构中的收缩应力，可设置伸缩缝，必要时也可使用膨胀水泥。在构件中设置构造钢筋，使收缩应力分布均匀，可避免发生集中的大裂缝。

■ 5.3.2　钢筋的强度

钢筋混凝土中的钢筋，按其应力-应变曲线特性的不同分为两类：一类是有明显屈服点的钢筋；另一类是无明显屈服点的钢筋。有明显屈服点的钢筋习惯上称为软钢，如热轧钢筋；无明显屈服点的钢筋习惯上称为硬钢，如热处理钢筋、钢丝及钢绞线等。

1. 钢筋的力学性能

（1）有明显屈服点的钢筋。有明显屈服点的钢筋在单向拉伸时应力-应变曲线如图 5-5 所示。a 点以前应力与应变成直线关系，符合胡克定律，Oa 段属于弹性阶段。

a 点以后应变比应力增加要快，应力与应变不成正比；到达 b 点后，钢筋进入屈服阶段，产生很大的塑性变形，在应力-应变曲线中呈现一水平段 bc，称为屈服阶段或流幅。b 点的应力称为屈服强度。

过 c 点后，应力与应变继续增加，应力-应变曲线为上升的曲线，进入强化阶段，曲线到达最高点 d，对应于 d 点的应力称为抗拉极限强度。

过了 d 点以后，试件内部某一薄弱部位应变急剧增加，应力下降，应力-应变曲线为下降曲线，产生"颈缩"现象，到达 e 点钢筋被拉断，此阶段称为破坏阶段。

由图 5-5 可知，有明显屈服点的钢筋应力-应变曲线可分为四个阶段：弹性阶段、屈服阶段、强化阶段和破坏阶段。

有明显屈服点的钢筋有两个强度指标：一是 b 点的屈服强度，它是钢筋混凝土构件设计时钢筋强度取值的依据。因为钢筋屈服后要产生较大的塑性变形，这将使构件的变形和裂缝宽度大大增加，以致影响构件的正常使用，故设计中采用屈服强度作为钢筋的强度限值。另一个强度指标是 d 点的极限强度，其一般用做钢筋的实际破坏强度。钢材中含碳量越高，屈服强度和抗拉强度就越高，延伸率就越小，流幅也相应缩短。

（2）无明显屈服点的钢筋。无明显屈服点的钢筋应力-应变曲线如图 5-6 所示。由图可看出，从加载到拉断无明显的屈服点，没有屈服阶段，钢筋的抗拉强度较高，但变形很小。通常取相应于残余应变为 0.2% 的应力 $\sigma_{0.2}$ 作为假定屈服点，称为条件屈服强度，其值约为 0.85 倍的抗拉极限强度。

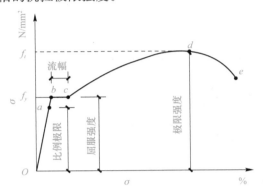

图 5-5　有明显屈服点的钢筋应力-应变曲线

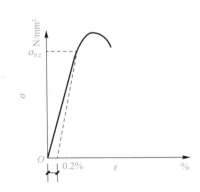

图 5-6　无明显屈服点的
钢筋应力-应变曲线

无明显屈服点的钢筋塑性差，伸长率小，采用其配筋的钢筋混凝土构件，受拉破坏时，突然断裂，在破坏前无明显的预兆。

普通钢筋强度标准值和普通钢筋强度设计值见表 5-8 和表 5-9。

表 5-8　普通钢筋强度标准值　　　　　　　　　　　　　　　　　　N/mm²

种类	符号	d/mm	f_{yk}
HPB300	Φ	6～14	300
HRB335	Φ	6～14	335
HRB400	Φ		
HRBF400	Φ^F	6～50	400
RRB400	Φ^R		
HRB500	Φ	6～50	500
HRBF500	Φ^F		

表 5-9　普通钢筋强度设计值　　　　　　　　　　　　　　　　　　N/mm²

种类	抗拉强度设计值 f_y	抗压强度设计值 f_y'
HPB300	270	270
HRB335	300	300
HRB400、HRBF400、RRB400	360	360
HRB500、HRBF500	435	435

（3）钢筋的弹性模量。钢筋弹性阶段的应力与应变的比值称为钢筋的弹性模量，用符号 E_s 表示。由于钢筋在弹性阶段的受压性能与受拉性能类同，所以，同一种钢筋的受拉和受

压弹性模量相同，各类钢筋的弹性模量见表 5-10。

表 5-10　钢筋的弹性模量 E_s 　　　　　　　　　　　　N/mm²

钢筋种类	E_s
HPB300	2.10×10^5
HRB335、HRB400、HRB500、HRBF400、HRBF500、RRB400 预应力螺纹钢筋	2.00×10^5
消除应力钢丝、中强度预应力钢丝	2.05×10^5
钢绞线	1.95×10^5

注：必要时可采用实测的弹性模量。

2. 钢筋的塑性

钢筋除需要足够的强度外，还应具有一定的塑性变形能力。伸长率和冷弯性能是反映钢筋塑性的基本指标。

伸长率是钢筋拉断后的伸长值与原长的比率，即

$$\delta=\frac{l_2-l_1}{l_1}\times100\%　　　　　　　　　　　　　(5-2)$$

式中　δ——伸长率(%)；

$\quad\quad l_1$——试件拉伸前的标距长度，短试件 $l_1=5d$，长试件 $l_1=10d$，d 为试件的直径；

$\quad\quad l_2$——试件拉断后的标距长度。

伸长率越大的钢筋塑性越好，拉断前有较大的变形，使构件的破坏有明显预兆；反之，伸长率越小的钢筋塑性越差，其破坏具有突发性，呈脆性的特征。

冷弯是在常温下将钢筋绕某一规定直径的辊轴进行弯曲，如图 5-7 所示。在达到规定的冷弯角度时，钢筋不发生裂纹、分层或断裂，则钢筋的冷弯性能符合要求。常用冷弯角度 α 和弯心直径 D 反映冷弯性能。弯心直径越小，冷弯角度越大，钢筋的冷弯性能越好。

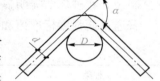

图 5-7　钢筋的冷弯

3. 钢筋的冷加工

对热轧钢筋进行机械冷加工后，可提高钢筋的屈服强度，达到节约钢材的目的。常用的冷加工方法有冷拉、冷拔和冷轧。

(1)钢筋的冷拉。冷拉是指在常温下，用张拉设备(如卷扬机)将钢筋拉伸超过它的屈服强度，然后卸载为零，经过一段时间后再拉伸，钢筋就会获得比原来屈服强度更高的新的屈服强度。冷拉只提高了钢筋的抗拉强度，不能提高其抗压强度，计算时仍取原抗压强度。

(2)钢筋的冷拔。冷拔是指将直径 6～8 mm 的热轧钢筋用强力拔过比其直径小的硬质合金拔丝模。在纵向拉力和横向挤压力的共同作用下，钢筋截面变小而长度增加，其内部组织结构发生变化，钢筋强度提高，塑性降低。冷拔后，钢筋的抗拉强度和抗压强度都得到提高。

(3)钢筋的冷轧。冷轧钢筋分为冷轧带肋钢筋和冷轧扭钢筋。冷轧带肋钢筋是由热轧圆盘条在常温下冷轧成带有斜肋的月牙肋变形钢筋，其屈服强度明显提高，粘结锚固性能也得到了改善。

由于冷加工钢筋的质量不易严格控制，且性质较脆，粘结力较小，延性较差，因此，在使用时应符合规定，并逐渐由强度高且性能好的预应力钢筋(钢丝、钢绞线)取代。

4. 钢筋混凝土结构对钢筋性能的要求

(1) 钢筋应具有一定的强度(屈服强度和抗拉极限强度)。采用强度较高的钢筋可以节约钢材，获得很好的经济效益。

(2) 钢筋应具有足够的塑性(伸长率和冷弯性能)。要求钢筋在断裂前有足够的变形，能给人以破坏的预兆。

(3) 钢筋与混凝土应具有较大的粘结力。粘结力是保证钢筋和混凝土能够共同工作的基础。钢筋表面形状及表面积对粘结力很重要。

(4) 钢筋应具有良好的焊接性能。要求焊接后钢筋在接头处不产生裂纹及过大变形。

综上所述，钢筋混凝土结构中的纵向受力普通钢筋可采用 HRB400、HRB500、HRBF400、HRBF500、HRB335、RRB400、HPB300；梁、柱和斜撑构件的纵向受力普通钢筋宜采用 HRB400、HRB500、HRBF400、HRBF500。箍筋宜采用 HRB400、HRBF400、HRB335、HPB300、HRB500、HRBF500。预应力钢筋宜采用预应力钢丝、钢绞线和预应力螺纹钢筋。

习 题

一、填空题

1. 在房屋建筑中，基本结构构件有_____、_____、_____、_____、_____等。

2. 建筑结构按使用材料可划分为_____、_____和_____等。

3. 建筑结构按承重结构类型可划分为_____、_____、_____、_____、_____。

4. 按照作用时间的长短，可以将荷载分为_____和_____。

5. 按照作用分布的情况可以将荷载分为_____和_____。

6. 按照作用在结构上的性质可以将荷载分为_____和_____。

7. 钢筋混凝土楼板按施工方式不同可分为_____、_____、_____。

8. 钢筋混凝土楼板按平面形状分为_____、_____、_____。

9. 钢筋混凝土楼板按结构的受力作用方式分为_____、_____。

10. 板中通常配制两种钢筋_____、_____。

二、名词解释

1. 安全性

2. 适用性

3. 耐久性

三、简答题

1. 建筑结构按使用材料可划分为哪几种? 论述其优缺点。

2. 建筑结构按承重结构类型可划分哪几类，适用于哪些建筑?

3. 建筑结构的荷载的类型有哪些? 请举例说明。

4. 何谓建筑结构的极限状态设计，其包括哪些内容?

5. 简述有明显屈服点的钢筋，在单向拉伸时的应力-应变曲线有几个阶段。

第4章　参考答案

第6章　钢筋混凝土构件

1. 掌握单筋矩形正截面承载力计算原理，能进行截面设计和复核。
2. 掌握双筋矩形截面和 T 形正截面承载力计算方法。
3. 理解轴心受压构件受力全过程及其破坏特征。
4. 掌握受压构件的构造要求，能够计算轴压构件承载力。
5. 掌握施加预应力的方法及预应力混凝土构件的构造要求。

在房屋建筑构件中，依据受力不同，可分为受弯构件、受压构件、受拉构件和受扭构件。

只承受弯矩或同时承受弯矩和剪力的构件称为受弯构件，其是应用最为广泛的一类构件。如建筑物中的梁、板是典型的受弯构件。

受弯构件在荷载等因素作用下，可能发生两种主要的破坏，如图 6-1 所示。一种是沿弯矩发生最大截面破坏；另一种是沿剪力最大或弯矩和剪力都发生较大的截面破坏。当受弯构件沿弯矩发生最大的截面破坏时，破坏截面与构件的轴线垂直，称为正截面破坏。当受弯构件沿剪力最大或弯矩和剪力都发生较大的截面破坏时，破坏截面与构件的轴线斜交，称为斜截面破坏。进行受弯构件设计时，既要保证构件不得沿正截面破坏，又要保证构件不得发生斜截面破坏。

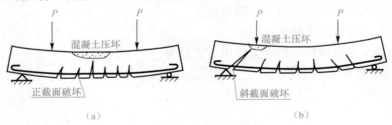

图 6-1　受弯构件的两种破坏形式

(a)正截面破坏；(b)斜截面破坏

受压构件是另一种应用广泛的构件，如房屋结构中的柱、桥梁结构中的桥墩、桁架中的受压弦杆等。受压构件在结构中具有很重要的作用，其一旦产生破坏，将导致整个结构的严重损坏，甚至倒塌。

钢筋混凝土桁架中的下弦杆、圆形水池的环形池壁等，承受拉力的作用，称为受拉构件；建筑结构中的雨篷梁、挑檐梁等，同时承受弯矩、剪力和扭矩的作用，称为受扭构件。

6.1.1　钢筋混凝土受弯构件的一般规定

梁和板是常见的受弯构件，其区别仅在于截面的高宽比 h/b 不同。

1.梁的构造规定

(1)截面形式及尺寸。梁的截面形状有矩形、T形、十字形、工字形、倒T形等，如图6-2所示。现浇整体式结构，为了便于施工，常采用矩形或T形截面；而在预制装配式楼盖中，为了搁置预制板可采用矩形，为了不使室内净高降低太多，也可采用十字形截面；薄腹梁则可采用工字形截面。

图6-2　梁的截面形式
(a)矩形；(b)T形；(c)十字形；(d)工字形；(e)倒T形

梁的截面尺寸应满足刚度、强度和经济尺寸等要求，通常沿梁全长保持不变，既要考虑模板尺寸(通常钢模以50 mm为模数)，也要使构件的截面尺寸统一，方便施工。

对于一般荷载作用下的梁的截面高度可按钢筋混凝土受弯构件不进行刚度验算来确定，可参照表6-1初定梁的最小截面高度。

表6-1　梁的最小截面高度

项次	构件种类		简支梁	两端连续梁	悬臂梁
1	整体肋形梁	次梁	$l_0/15$	$l_0/20$	$l_0/8$
		主梁	$l_0/12$	$l_0/15$	$l_0/6$
2	独立梁		$l_0/12$	$l_0/15$	$l_0/6$

注：1. l_0 为梁的计算跨度；
　　2. 梁的计算跨度 $l_0 \geq 9$ m时，表中数值应乘以1.2的系数。常用梁高 h，取 $h=250$、300、350……750、800、900、1 000(mm)等；截面高度 $h \leq 800$ mm时，以50 mm为模数；$h > 800$ mm时，以100 mm为模数；梁宽 b 一般为150、200、250、300(mm)，若宽度 $b > 200$，一般级差取50 mm。梁宽与梁的跨度有关，梁高 $h = (1/16 \sim 1/10)L$，梁宽 $b = (1/3 \sim 1/2)h$。

(2)混凝土保护层厚度。混凝土保护层厚度是指从钢筋的外边缘至混凝土外边缘的垂直距离，用 c 表示，如图6-3所示。

混凝土保护层的作用是保护纵向钢筋不被锈蚀；在火灾等情况下，使钢筋的温度上升缓慢；使纵向钢筋与混凝土有较好的粘结。

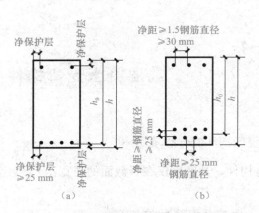

图 6-3 钢筋混凝土梁保护层示意图

(a)梁纵筋设一排；(b)梁纵筋设两排

当混凝土强度等级大于或等于 C25 时，梁中钢筋直径平均取 20 mm。

(3)截面的有效高度。在进行受弯构件承载力计算时，由于混凝土抗拉强度较低，受拉区混凝土早已开裂退出工作，截面的抵抗弯矩主要由受拉钢筋承担的拉力与受压区混凝土承担的压力形成，因此，在计算截面弯矩时，截面高度只能采用有效高度。

截面的有效高度是指受拉钢筋的合力作用点至混凝土受压边缘的距离，用 h_0 表示。室内正常环境下梁的有效高度 h_0 与梁高 h 之间的关系如下：

$$h_0 = h - a_s \qquad (6\text{-}1)$$

式中　a_s——受拉钢筋合力点至截面受拉边缘的垂直距离。

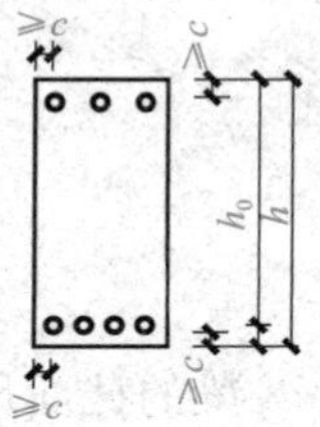

为了便于浇筑混凝土以保证钢筋周围混凝土的密实性，纵筋的净间距应满足图 6-4 所示的要求。

图 6-4 梁钢筋间距及有效高度

(4)混凝土强度等级。梁常用的混凝土强度等级是 C20、C25、C30、C35、C40、C45 和 C50。通常提高混凝土强度等级对增大受弯构件的正截面受弯承载力的作用不明显，多是通过加大梁截面高度来提高其受弯承载力。

(5)钢筋。在一般的钢筋混凝土梁中，通常配置有纵向受力钢筋、箍筋和纵向构造钢筋，如图 6-5 所示。

1)纵向受力钢筋。纵向受力钢筋的作用主要是承受弯矩产生的拉力，通常设置在受拉区，通过计算来确定。一般采用 HRB400、HRB500 级钢筋，直径取 12～28 mm，根数不少于 2 根。同一构件中钢筋直径的种类一般不宜超过两种，为了施工时易于

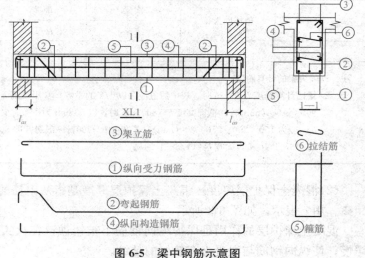

图 6-5 梁中钢筋示意图

识别其直径，一般钢筋直径相差也不小于 2 mm。当梁高大于 300 mm 时，钢筋混凝土梁内纵向受力钢筋的直径，不应小于 10 mm。

当梁内纵向受力钢筋的根数较多，一排不能满足钢筋净距、混凝土保护层厚度时，应将钢筋排成两排。为了保证钢筋周围混凝土的密实性，以及保证钢筋能与混凝土粘结在一起，梁上部纵向受力钢筋的净距，不应小于 30 mm，也不应小 1.5d（为受力钢筋的最大直径）；梁下部纵向受力钢筋的净距，不应小于 25 mm，也不应小于 d，如图 6-6 所示。

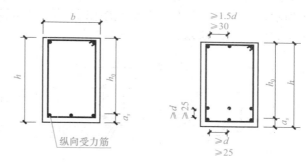

图 6-6　梁钢筋间距及有效高度

2）弯起钢筋。弯起钢筋由纵向受力钢筋弯起而成，其作用是在跨中承受正弯矩产生的拉力，在靠近支座的弯起段承受弯矩和剪力共同产生的主拉应力。从受力角度看，尤其是采用绑扎骨架的钢筋混凝土梁承受剪力应优先采用箍筋。但为施工方便，工程中很少设置纵向受力弯起钢筋。

3）箍筋。箍筋主要承受梁中剪力的作用，同时箍筋还兼有固定纵向受力钢筋位置并和其他钢筋一起形成钢筋骨架以及限制斜裂缝宽度等作用。在钢筋混凝土梁中，宜采用箍筋作为承受剪力的钢筋。箍筋的直径与梁高有关。当梁高大于 800 mm 时，箍筋直径不小于 8 mm；当梁高小于或等于 800 mm 时，箍筋直径不小于 6。

4）架立钢筋。架立钢筋的作用是固定箍筋的位置，与纵向受力钢筋构成钢筋骨架，并承受混凝土因温度变化、混凝土收缩引起的拉应力，改善混凝土的延性。

当梁的跨度小于 4 m，架立钢筋直径 d≥8 mm；当跨度为 4～6 m，d≥10 mm；当跨度大于 6 m，d≥12 mm。架立钢筋至少为两根，布置在梁箍筋转角处的角部。

5）梁侧纵向构造钢筋。由于混凝土收缩，在梁的侧面产生收缩裂缝的现象时有发生。裂缝一般呈枣核状，两头尖而中间宽，向上伸至板底，向下至于梁底纵筋处，如图 6-7（a）所示。

当梁的腹板高度≥450 mm 时，在梁的两个侧面应沿梁的高度方向配置纵向构造钢筋，如图 6-7（b）所示，又称为腰筋，设置在梁的侧面，承受因温度变化及混凝土收缩在梁的侧面引起的应力，并抑制裂缝的开展。

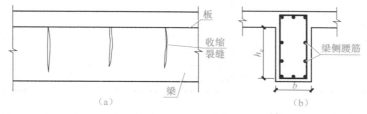

（a）　　　　　　　　　　　　（b）

图 6-7　梁侧防裂的纵向构造钢筋

（a）梁的侧面产生收缩裂缝；（b）梁侧纵向构造钢筋

每侧纵向构造钢筋的截面面积不应小于腹板截面面积的0.1%，且其间距不宜大于200 mm。

在受弯构件中，仅在截面的受拉区按计算配置受力钢筋的截面称为单筋截面，如图 6-8(a)、(b)所示。同时在截面的受拉区和受压区都按计算配置纵向受力钢筋的截面，称为双筋截面，如图 6-8(c)、(d)所示。

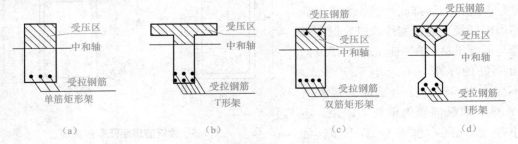

图 6-8 单筋与双筋截面梁
(a)矩形单筋；(b)T 形单筋；(c)矩形双筋；(d)工字形双筋

2. 板的构造规定

(1)板的厚度。板的厚度应满足承载力、刚度、抗裂等要求。现浇板的宽度一般较大，设计时可取单位宽度($b=1\ 000$ mm)进行计算。其厚度满足上述要求，即不需作挠度验算。现浇钢筋混凝土板的最小厚度，见表 6-2。

表 6-2 现浇钢筋混凝土板的最小厚度　　　　　　　　　　　　　mm

板的类别		厚度
单向板	屋面板	60
	民用建筑楼板	60
	工业建筑楼板	70
	行车道下的楼板	80
双向板		80
密肋楼盖	面板	50
	肋高	250
悬臂板	悬臂长度不大于500	60
	悬臂长度 1 200	100
无梁楼板		150
现浇空心楼盖		200

(2)板的支撑长度。现浇板搁置在砖墙上时，其支撑长度 a 应满足 $a \geqslant 100$ mm；搁置在钢筋混凝土屋架或钢筋混凝土梁上时，$a \geqslant 80$ mm；搁置在钢屋架或钢梁上时，$a \geqslant 60$ mm。

(3)板中受力钢筋。单向板中一般配置有受力钢筋和分布钢筋两种钢筋，双向板中两个方向均为受力钢筋。

板的纵向受力钢筋通常采用 HPB300、HRB335、HRB400 钢筋级，其直径为 8～14 mm，间距一般为 70～200 mm，如图 6-9 所示。当板厚≤150 mm 时，钢筋不宜大于 200 mm；当板厚大于 150 mm 时，间距不宜大于 1.5h，且不宜大于 250 mm。

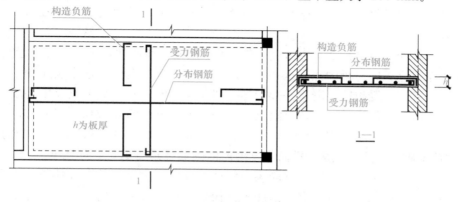

图 6-9　板中钢筋

（4）板中分布钢筋。垂直于板的受力钢筋方向上布置的构造钢筋称为分布钢筋，且配置在受力钢筋的内侧。

分布钢筋的作用是将板面承受的荷载更均匀地传给受力钢筋，并用来抵抗温度、收缩应力沿分布钢筋方向产生的拉应力，同时在施工时可固定受力钢筋的位置。

分布钢筋可按构造配置。《混凝土结构设计规范（2015 年版）》（GB 50010—2010）规定：应在垂直于受力的方向布置钢筋，单位宽度上的配筋不宜小于单位宽度上的受力钢筋的 15%，且配筋率不宜小于 0.15%；分布钢筋直径不宜小于 6 mm 间距不宜大于 250 mm；当集中荷载较大时，分布钢筋的面积尚应增加，且间距大宜小于 200 mm。

在温度收缩应力较大的现浇板区域内，钢筋间距宜适当减小，并应在板端表面配置温度和收缩钢筋，其配筋率不宜小于 0.1%。

■ 6.1.2　受弯构件正截面承载力计算的一般规定···

1. 受弯构件正截面破坏形态

受弯构件正截面破坏特征主要由纵向受拉钢筋配筋率 ρ 的大小确定。受弯构件的配筋率 ρ 是指纵向受力钢筋的截面面积与正截面的有效面积的比值。但在验算最小配筋率时，有效面积应改为全面积。

$$\rho = \frac{A_s}{bh_0} \tag{6-2}$$

式中　A_s——纵向受力钢筋的截面面积（mm^2）；

　　　　b——截面的宽度（mm）；

　　　　h_0——截面的有效高度（mm）。

由 ρ 的表达式可以看出，ρ 越大，表示 A_s 越大，即纵向受力钢筋的数量越多。

由于配筋率 ρ 的不同，钢筋混凝土受弯构件将产生不同的破坏情况，根据其正截面的破坏特征可分为少筋梁破坏、适筋梁破坏和超筋梁破坏三种破坏情况，如图 6-10 所示。

（1）**少筋梁破坏。**纵向受力钢筋的配筋率过小的梁称为少筋梁，如图 6-10（a）所示。

少筋梁在受拉区的混凝土开裂前，截面的拉力由受拉区的混凝土和受拉钢筋共同承担。当受拉区的混凝土一旦开裂，截面的拉力几乎全部由钢筋承受。由于受拉钢筋过少，钢筋的应力迅速达到受拉钢筋的屈服强度，并且进入强化阶段。若钢筋的数量很少，钢筋甚至可能被拉断。

少筋梁破坏时，裂缝往往集中出现一条，不仅裂缝发展速度很快，而且裂缝宽度很大，几乎贯穿整个梁高，同时梁的挠度也很大，即使此时受压区混凝土还未被压碎，也可以认为梁已经被破坏了。受拉区混凝土一裂即坏，即少筋梁的极限承载力取决于混凝土的抗拉强度，因此，其是不经济的。破坏时缺乏必要的预兆，属于脆性破坏，因而其也是不安全的。故在建筑结构中不得采用少筋梁，并以最小配筋率 $\rho_{\min}$ 取 0.2% 和 $45 f_t / f_y$ 中的较大值。

（2）**适筋梁破坏。**适筋梁是指纵向受力钢筋的配筋量适当的梁，如图 6-10（b）所示。其破坏特点是：受拉钢筋首先屈服，钢筋应力保持不变而产生显著的塑性伸长，受压区边缘混凝土的应变达到极限压应变，混凝土压碎，构件破坏。梁破坏前，钢筋经历了较大的塑性伸长，从而引起构件产生较大的塑性变形，挠度较大，有明显的破坏预兆，属于塑性破坏。由于适筋梁能完全发挥材料的强度，受力合理且有明显的破坏预兆，所以，实际工程中的钢筋混凝土梁都应设计成适筋梁。

（3）**超筋梁破坏。**梁配筋过多会发生超筋破坏，如图 6-10（c）所示。破坏时压区混凝土被压坏，而拉区钢筋应力尚未达到屈服强度。破坏前梁的挠度及截面曲率曲线没有明显的转折点，拉区的裂缝宽度较小，破坏是突然的，没有明显预兆，属于脆性破坏，称为超筋破坏。这种梁配筋虽多却不能充分发挥作用，所以，实际过程中不允许采用超筋梁，并通过最大配筋率 $\rho_{\max}$ 加以限制。

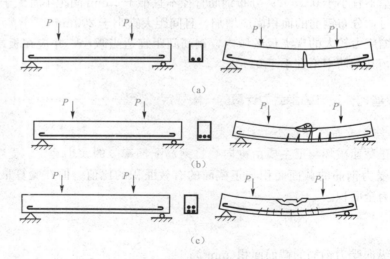

图 6-10 梁的正截面破坏

（a）少筋梁破坏；（b）适筋梁破坏；（c）超筋梁破坏

2. 适筋梁工作的三个阶段

适筋梁从施加荷载到破坏为止，其正截面受力状态可分为三个阶段，如图 6-11 所示。

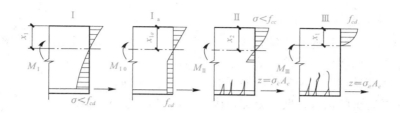

图 6-11 钢筋混凝土梁工作的三个阶段

第 I 阶段荷载较小，梁基本上处于弹性工作阶段，随着荷载增加，弯矩加大，拉区边缘纤维混凝土表现出一定塑性性质。

第 II 阶段弯矩超过开裂弯矩 M_{cr}，梁出现裂缝，裂缝截面的混凝土退出工作，拉力由纵向受拉钢筋承担。随着弯矩的增加，受压区混凝土也表现出塑性性质，当梁处于第 II 阶段末 II$_a$ 时，受拉钢筋开始屈服。

第 III 阶段钢筋屈服后，梁的刚度迅速下降，挠度急剧增大，中和轴不断上升，受压区高度不断减小。受拉钢筋应力不再增加，经过一个塑性转动构成压区混凝土被压碎，构件丧失承载力。

第 I 阶段末可作为受弯构件抗裂度的计算依据。

第 II 阶段可作为受弯构件使用阶段的变形和裂缝开展计算时的依据。

第 III 阶段末的极限状态可作为受弯构件正截面承载能力计算的依据。

通过以上分析，将适筋梁正截面受弯的三个受力阶段的主要特点归纳见表 6-3。

表 6-3 适筋梁正截面受弯的三个受力阶段的主要特点

受力阶段 主要特点		第 I 阶段	第 II 阶段	第 III 阶段
名称		未裂阶段	带裂缝工作阶段	破坏阶段
外观特征		没有裂缝，挠度很小	有裂缝，挠度还不明显	钢筋屈服，裂缝宽，挠度大
弯矩—截面曲率 (M-ϕ)		大致呈直线	曲线	接近水平的曲线
混凝土应力图形	受力区	直线	受压区高度减小，混凝土压应力图形为上升段的曲线，应力峰值在受压区边缘	受压区高度进一步减小，混凝土压应力图形为较丰满的曲线；后期为有上升段与下降段的曲线，应力峰值不在受压区边缘而在边缘的内侧
	受拉区	前期为直线，后期为有上升段的曲线，应力峰值不在受拉区边缘	大部分退出工作	绝大部分退出工作
纵向受拉钢筋应力		$\sigma_s \leqslant 20 \sim 30 \ \text{N/mm}^2$	$20 \sim 30 \ \text{N/mm}^2 < \sigma_s < f_y^0$	$\sigma_s = f_y^0$
与设计计算的联系		I$_a$ 阶段用于抗裂验算	用于裂缝宽度及变形验算	II$_a$ 阶段用于正截面受弯承载力计算

3. 基本计算公式及适用条件

(1)基本假定。我国《混凝土结构设计规范(2015 年版)》(GB 50010—2010)对钢筋混凝土受弯构件正截面承载力计算采用下列基本规定:

1)截面应变保持平面,即变形前的平面变形后仍为平面;

2)不考虑混凝土的抗拉强度,全部拉应力由纵向受拉钢筋承担;

3)受压区混凝土的应力与应变关系按下列规定选用:

$$\text{当} \qquad \varepsilon_c \leqslant \varepsilon_0 \text{ 时,} \quad \sigma_c = f_c \left[1 - \left(1 - \frac{\varepsilon_c}{\varepsilon_0} \right)^n \right] \qquad (6\text{-}3)$$

$$\text{当} \qquad \varepsilon_0 < \varepsilon_c \leqslant \varepsilon_{cu} \text{时,} \quad \sigma_c = f_c$$

式中　σ_c——混凝土压应变为 ε_c 时的混凝土压应力;

　　　f_c——混凝土轴心抗压强度设计值;

　　　ε_0——混凝土压应力刚达到 f_c 时的混凝土压应变;$\varepsilon_0 = 0.002 + 0.5 (f_{cu,k} - 50) \times 10^{-5}$,当计算 ε_0 值小于 0.002 时,取为 0.002;

　　　ε_{cu}——正截面的混凝土极限压应变,当处于非均匀受压且 $\varepsilon_{cu} = 0.0033 - (f_{cu,k} - 50) \times 10^{-5}$ 的计算值大于 0.0033 时,取为 0.0033;当处于轴心受压时取为 ε_0;

　　　$f_{cu,k}$——混凝土立方体抗压强度标准值;

　　　n——系数,$n = 2 - \frac{1}{60}(f_{cu,k} - 50)$,当计算的 n 值大于 2.0 时,取为 2.0。

对于混凝土各强度等级,n、ε_0、ε_{cu} 的计算结果见表 6-4。

表 6-4　n、ε_0、ε_{cu} 的计算值

f_{cu}	≤C50	C60	C70	C80
n	2	1.83	1.67	1.50
ε_0	0.002	0.00205	0.0021	0.00215
ε_{cu}	0.0033	0.0032	0.0031	0.0030

对于混凝土强度等级为 C50 及以下时,混凝土的应力应变曲线为一条抛物线加直线的曲线,如图 6-12 所示:

4)纵向受拉钢筋的应力取钢筋应变与其弹性模量的乘积,但其绝对值不应大于其相应的强度设计值。纵向受拉钢筋的极限压应变取为 0.01。

(2)等效矩形应力。根据上述四个基本假定,单筋矩形截面受弯构件计算简图如图 6-13 所示。为了进一步简化计算,只需要知道受压区混凝土的压应力合力大小及作用位置,故采用等效矩形应力图形来代替理论应力图形。

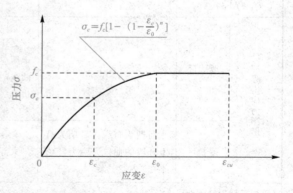

图 6-12　混凝土应力-应变关系曲线

用等效矩形应力图形来代替理论应力图形应满足的条件是：

(1)保持受压区混凝土的合力大小不变；

(2)保持受压区混凝土的合力作用点的位置不变。

$$x = \beta_1 x_c, \quad \sigma_0 = \alpha_1 f_c \tag{6-4}$$

式中 β_1——系数，当混凝土强度等级不超过 C50 时，取 0.8，当混凝土强度等级为 C80 时，取 0.74，中间按照线性内插法确定；

α_1——系数，当混凝土强度等级不超过 C50 时，取 1.0，当混凝土强度等级为 C80 时，取 0.94，中间按照线性内插法确定。

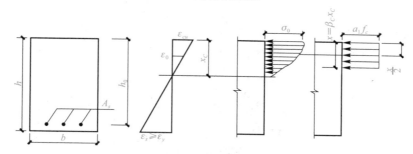

图 6-13　等效矩形应力图

4. 单筋矩形截面正截面承载力的计算

(1)基本公式及其适用条件。受弯构件正截面承载力的计算，是求由荷载设计值在构件内产生的弯矩，按材料强度设计值得出的构件受弯承载力设计值。

采用等效矩形应力图形来代替理论应力图形，可得到如图 6-14 所示单筋矩形截面受弯构件正截面承载力计算简图。

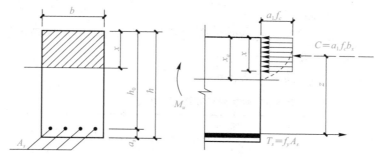

图 6-14　单筋矩形截面受弯构件正截面承载力计算简图

根据力和力矩平衡条件，可得单筋矩形截面受弯构件正截面承载力计算基本公式为

$$\sum x = 0, \alpha_1 f_c bx = f_y A_s \tag{6-5}$$

$$\sum M = 0, M \leqslant M_u = \alpha_1 f_c bx (h_0 - x/2) \tag{6-6a}$$

$$M \leqslant M_u = f_y A_s (h_0 - x/2) \tag{6-6b}$$

式中 f_c——混凝土轴心抗压强度设计值；

b——截面宽度；

x——混凝土受压区高度；

α_1——系数，取值同前所述；

f_y——钢筋抗拉强度设计值；

A_s——纵向受拉钢筋截面面积；

h_0——截面有效高度；

M_u——截面破坏时的极限弯矩；

M——作用在截面上的弯矩设计值。

为了保证受弯构件为适筋破坏，不出现超筋破坏和少筋破坏，上述基本公式必须满足下列适用条件。

1)防止超筋脆性破坏：

$$x \leqslant x_b = \xi_b h_0$$

或
$$\xi \leqslant \xi_b \tag{6-7}$$

$$\rho = \frac{A_s}{bh_0} \leqslant \rho_{\max} = \xi_b \frac{\alpha_1 f_c}{f_y}$$

$$M \leqslant M_{u,\max} = \alpha_1 f_c b h_0^2 \alpha_{s,\max} \tag{6-8}$$

或
$$\alpha_{s,\max} = \xi_b(1 - 0.5\xi_b)$$

2)为防止少筋破坏，应符合的条件为

$$\rho \geqslant \rho_{\min}$$

或
$$A_s \geqslant A_{s,\min} = \rho_{\min} bh \tag{6-9}$$

式中　ξ——相对受压区高度$(\xi = \frac{x}{h_0})$；

ξ_b——相对界限受压区高度$(\xi_b = \frac{x_b}{h_0})$，见表6-5；

$\alpha_{s,\max}$——系数，见表6-5；

$M_{u,\max}$——将混凝土受压区的高度x取其最大值$(\xi_b h_0)$求得的单筋矩形截面所能承受的最大弯矩；

$\rho_{\min}$——最小配筋率，其取值见表6-6。

表6-5　相对界限受压区高度 ξ_b 和 $\alpha_{s,\max}$

混凝土强度等级		≤C50	C60	C70	C80
HPB300 钢筋	ξ_b	0.576	0.556	0.537	0.518
	$\alpha_{s,\max}$	0.410	0.402	0.393	0.384
HRB335 钢筋 HRBF335 钢筋	ξ_b	0.550	0.531	0.512	0.493
	$\alpha_{s,\max}$	0.399	0.390	0.381	0.372
HRB400 钢筋 HRBF400 钢筋 RRB400 钢筋	ξ_b	0.518	0.499	0.481	0.463
	$\alpha_{s,\max}$	0.384	0.375	0.365	0.356
HRB500 钢筋 HRBF500 钢筋	ξ_b	0.482	0.464	0.447	0.429
	$\alpha_{s,\max}$	0.366	0.357	0.347	0.337

表 6-6 混凝土构件中纵向受力钢筋的最小配筋百分率 ρ_{min} %

受力类型			最小配筋百分率
受压构件	全部纵向钢筋	强度等级 500 MPa	0.50
		强度等级 400 MPa	0.55
		强度等级 300 MPa、335 MPa	0.60
	一侧纵向钢筋		0.20
受弯构件、偏心受拉、轴心受拉构件一侧的受拉钢筋			0.20 和 $45f_t/f_y$ 中的较大值

注：1. 受压构件全部纵向钢筋最小配筋百分率，当采用 C60 以上强度等级的混凝土时，应按表中规定增加 0.10；
　　2. 板类受弯构件(不包括悬臂板)的受拉钢筋，当采用强度等级 400 MPa、500 MPa 级钢筋时，其最小配筋百分率允许采用 0.15 和 $45f_t/f_y$ 中的较大值；
　　3. 偏心受拉构件中的受压钢筋，应按受压构件一侧纵向钢筋考虑；
　　4. 受压构件的全部纵向钢筋和一侧纵向钢筋的配筋率以及轴心受拉构件和小偏心受拉构件一侧受拉钢筋的配筋率均应按构件的全截面面积计算；
　　5. 受弯构件、大偏心受拉构件一侧受拉钢筋的配筋率应按全截面面积扣除受压翼缘面积 $(b_f'-b)h_f'$ 后的截面面积计算；
　　6. 当钢筋沿构件截面周边布置时，"一侧纵向钢筋"是指沿受力方向两个对边中一边布置的纵向钢筋。

(2)基本公式的应用。

1)截面设计。它是在已知弯矩设计值 M 的情况下，选定材料强度等级 f_c、f_y，确定梁的截面尺寸 b、h，计算出受拉钢筋截面面积 A_s。

计算步骤如下：

①假设 a_s；

②确定截面有效高度 h_0：$h_0=h-a_s$；

③计算混凝土受压区高度 x，并判断是否属超筋梁。

$$x=h_0-\sqrt{h_0^2-\frac{2M}{\alpha_1 f_c b}}$$

$$M=\alpha_1 f_c bx\left(h_0-\frac{x}{2}\right)$$

若 $x\leqslant\xi bh_0$，则不属超筋梁；

若 $x>\xi bh_0$，为超筋梁，应加大截面尺寸，或提高混凝土强度等级，或改用双筋截面。

④计算钢筋截面面积 A_s：$A_s=\alpha_1 f_c bx/f_y$。

⑤$A_s=f_c b_x/f_y$。

⑥选筋及布置。

根据计算所得 A_s，并考虑钢筋的净距和保护层厚度要求，由钢筋截面面积表选择，见表 6-7。

⑦实际配筋率 $\dfrac{A_s}{bh_0}$。

⑧验证 $\rho\geqslant\rho_{min}$。

2)强度复核。它是在已知弯矩设计值 M、材料强度等级 f_c、f_y、梁的截面尺寸 b、h 以及受拉钢筋截面面积 A_s 的情况下，复核梁所能承受的最大破坏弯矩 M_u。

计算步骤如下：

①计算 a_s。

②求 x：$a_1 f_c bx = f_y A_s$。

③求 M_u。比较 M 和 M_u 的大小：

$$M_u = \alpha_1 f_c bx \left(h_0 - \frac{x}{2}\right)$$

$$M_u = f_y A_s \left(h_0 - \frac{x}{2}\right)$$

表 6-7　钢筋的计算截面面积及公称质量表

直径 /mm	不同根数钢筋的计算截面面积/mm²									单根钢筋 重量(kg·m⁻¹)
	1	2	3	4	5	6	7	8	9	
6	28.3	57	85	113	142	170	198	226	255	0.222
8	50.3	101	151	201	252	302	352	402	453	0.395
10	78.5	157	236	314	393	471	550	628	707	0.617
12	113.1	226	339	452	565	678	791	904	1 017	0.888
14	153.9	308	461	615	769	923	1 077	1 231	1 385	1.21
16	201.1	402	603	804	1 005	1 206	1 407	1 608	1 809	1.58
18	254.5	509	763	1 017	1 272	1 526	1 780	2 036	2 290	2.00(2.11)
20	314.2	628	941	1 256	1 570	1 884	2 200	2 513	2 827	2.47
22	380.1	760	1 140	1 520	1 900	2 281	2 661	3 041	3 421	2.98
25	490.9	982	1 473	1 964	2 454	2 945	3 436	3 927	4 418	3.85(1.10)
28	615.8	1 232	1 847	2 463	3 079	3 695	4 310	4 926	5 542	4.83
32	804.2	1 609	2 413	3 217	4 021	4 826	5 630	6 434	7 238	6.31(6.65)
36	1 017.9	2 036	2 054	4 072	5 089	6 107	7 125	8 143	9 161	7.99
40	1 256.6	2 513	3 770	5 027	6 283	7 540	8 796	10 053	11 310	9.87(10.34)
50	1 963.5	3 928	5 892	7 856	9 820	11 784	13 748	15 112	17 676	15.42(16.28)

【例 6-1】　已知梁的截面尺寸为 $b \times h = 200 \text{ mm} \times 500 \text{ mm}$，混凝土强度等级为 C25，$f_c = 11.9 \text{ N/mm}^2$，$f_t = 1.27 \text{ N/mm}^2$，钢筋采用 HRB 400，$f_y = 360 \text{ N/mm}^2$ 截面弯矩设计值 $M = 165 \text{ kN} \cdot \text{m}$。环境类别为一类。求：受拉钢筋截面面积。

【解】　采用单排布筋 $h_0 = 500 - 35 = 465 \text{(mm)}$

将已知数值代入公式 $\alpha_1 f_c bx = f_y A_s$ 及 $M = \alpha_1 f_c bx (h_0 - x/2)$，得

$1.0 \times 11.9 \times 200 \times x = 360 \times A_s$

$165 \times 10^6 = 1.0 \times 11.9 \times 200 \times x \times (465 - x/2)$

两式联立得：$x = 186 \text{ mm}$　　$A_s = 1 229.7 \text{ mm}^2$

验算 $x = 186 \text{ mm} < \xi_b h_0 = 0.55 \times 465 = 255.8 \text{(mm)}$

$A_s = 1 229.7 > \rho_{\min} bh = 0.2\% \times 200 \times 500 = 200 \text{(mm}^2)$

所以选用 4⟡20　$A_s = 1 256 \text{ mm}^2$。

【例 6-2】　已知梁截面尺寸为 $200 \text{ mm} \times 400 \text{ mm}$，混凝土强度等级为 C30，$f_c = 14.3 \text{ N/mm}^2$，

钢筋采用 HRB400，$f_y=360$ N/mm²，环境类别为二类，受拉钢筋为 3Φ25 的钢筋，$A_s=1\,473$ mm²，受压钢筋为 2Φ6 的钢筋，$A_s'=402$ mm²；要求承受的弯矩设计值 $M=90$ kN·m。

求：验算此截面是否安全。

【解】 $f_c=14.3$ N/mm²，$f_y=f_y'=360$ N/mm²。

查表知，混凝土保护层最小厚度为 35 mm，故 $a=35+\dfrac{25}{2}=47.5$ mm，$h_0=400-47.5=352.5$(mm)

由式 $\alpha_1 f_c bx+f_y'A_s'=f_y A_s$，得

$$x=\frac{f_y A_s-f_y'A_s'}{\alpha_1 f_c b}=\frac{360\times1\,473-360\times402}{1.0\times14.3\times200}=134.8(\text{mm})<\xi_b h_0$$

$$=0.55\times352.5=194(\text{mm})>2\,a'=2\times40=80(\text{mm})$$

代入式

$$M_u=\alpha_1 f_c bx\left(h_0-\frac{x}{2}\right)+f_y'A_s'(h_0-a')$$

$$=1.0\times14.3\times200\times112.3\times\left(352.5-\frac{112.3}{2}\right)+360\times402\times(352.5-40)$$

$$=140.41\times10^6(\text{N}\cdot\text{mm})>90\times10^6\text{ N}\cdot\text{mm，安全。}$$

注意，在混凝土结构设计中，凡是正截面承载力复核题，都必须求出混凝土受压区高度 x 值。

【例 6-3】 一钢筋混凝土矩形截面简支梁，计算跨度 $l_0=6.0$ m，截面尺寸：$b\times h=250$ mm$\times600$ mm，承受均布荷载标准值 $g_k=15$ kN/m(不含自重)，均布活载标准值 $q_k=18$ kN/m，一类环境，试确定该梁的配筋并给出配筋图。

【解】 (1)选择材料，确定计算参数。

选用 C25 级混凝土：$f_c=11.9$ N/mm²　　$\alpha_1=1.0$

钢筋：HRB 335 级 $f_y=300$ N/mm²，取 $c=25$ mm，$\xi_b=0.55$ mm，$a_s=35$ mm，$h_0=600-35=565$(mm)

(2)确定荷载设计值，据《建筑结构荷载规范》(GB 50009—2012)，取：$\gamma_G=1.2$，$\gamma_Q=1.4$。

恒载设计值：$G=\gamma_G(g_k+b\times h\times\gamma)=1.2\times(15+0.25\times0.6\times25)=22.5$(kN/m)

活载设计值：$Q=\gamma_Q\times q_k=1.4\times18=25.2$(kN/m)

(3)确定梁跨中截面弯矩设计值。

$$M=\frac{1}{8}ql^2=\frac{1}{8}(G+Q)l^2=\frac{1}{8}\times47.7\times6.0^2=214.65(\text{kN}\cdot\text{m})$$

(4)确定构件重要性系数 γ_0。

根据《混凝土结构设计规范(2015 年版)》(GB 50010—2010)：一般构件 $\gamma_0=1.0$。

(5)求受压区高度 x。

由　　　　　　　　　　　$\sum x=0$　$f_y A_s=\alpha_1 f_c bx$

$$\sum M=0\quad M=\alpha_1 f_c bx\left(h_0-\frac{x}{2}\right)$$

联立求解可得：

$$x = h_0 - \sqrt{h_0^2 - \frac{2\gamma_0 M}{\alpha_1 f_c b}} = 565 - \sqrt{565^2 - \frac{2 \times 1.0 \times 214.65 \times 10^6}{1.0 \times 11.9 \times 250}} = 146.76 (\text{mm})$$

(6)求受拉钢筋的面积 A_s。

$$A_s = \frac{\alpha_1 f_c b x}{f_y} = \frac{1.0 \times 11.9 \times 250 \times 146.76}{300} = 1\,455.37 (\text{mm}^2)$$

(7)选择钢筋。

根据表 6-7，选用 4Φ22，$A_s = 1\,520\ \text{mm}^2$

钢筋净距：$S = \dfrac{250 - 2 \times 25 - 4 \times 22}{3} = 37 (\text{mm}) > 25\ \text{mm}$

(8)验算适用条件。

$$x = 147.76 < \xi_b h_0 = 0.55 \times 565 = 310.75 \quad \text{或}\ \xi = 0.26 < \xi_b = 0.55$$

求截面抵抗矩系数 α_s。

$$\alpha_s = \frac{M}{\alpha_1 f_c b h_0^2} = \frac{214.65 \times 10^6}{1.0 \times 11.9 \times 250 \times 565^2} = 0.226$$

求 ξ、A_s：

$$\xi = 1 - \sqrt{1 - 2\alpha_s} = 1 - \sqrt{1 - 2 \times 0.226} = 0.260$$

或查表：

$$\alpha_s = 0.226 \rightarrow \xi = 0.260 \quad \gamma_s = 0.87$$

$$A_s = \frac{M}{f_y h_0 \gamma_s} = \frac{214.65 \times 10^6}{300 \times 565 \times 0.87} = 1\,456 (\text{mm}^2)$$

$A_s = 1\,520\ \text{mm} > \rho_{\min} b h_0 = 0.002 \times 250 \times 600 = 300 (\text{mm}^2)$

$\rho_{\min} = 0.45 f_t / f_y = 0.45 \times 1.27 / 300 = 0.19\%$ \qquad 均满足要求。

(9)绘制配筋图。绘制配筋图如图 6-15 所示。

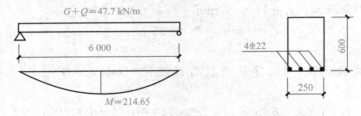

$G + Q = 47.7\ \text{kN/m}$

6 000

$M = 214.65$

4Φ22

600

250

图 6-15　例 6-3 图

5. 双筋矩形截面受弯构件正承载力计算

(1)双筋截面及适用情况。在正截面受弯中，双筋截面采用受压钢筋协助混凝土承受压力是不经济的。因而，双筋截面只适用以下情形：

1)当截面承受的弯矩设计值 M 很大，按单筋截面计算时，$\xi > \xi_b$，而截面尺寸和混凝土强度等级由于条件限制不能增加时。

2)梁的同一截面在不同荷载组合下承受异号弯矩的作用，如连续梁在不同活荷载分布情况下跨中弯矩。

3)抗震结构中的框架梁，在截面受压区配置受力钢筋。受压钢筋还可减少混凝土的徐变。

（2）基本公式。试验表明，只要满足适筋梁的条件，双筋截面的破坏形式与单筋矩形截面适筋梁塑性破坏特征基本相同，即受拉钢筋首先屈服，随后受压区边缘混凝土达到极限压应变而被压碎。

双筋矩形截面受弯构件到达受弯承载力极限状态时的截面应力状态如图 6-16 所示，其双筋正截面受弯承载力可按下列公式计算：

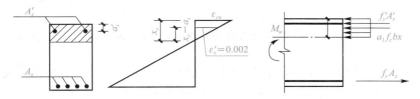

图 6-16　双筋矩形截面计算简图

由力的平衡条件可得：

$$\sum x = 0 \qquad \alpha_1 f_c bx + f'_y A'_s = f_y A_s \tag{6-10}$$

$$\sum M = 0 \qquad M_u = \alpha_1 f_c bx \left(h_0 - \frac{x}{2} \right) + f'_y A'_s (h_0 - a'_s) \tag{6-11}$$

（3）适用条件。

1）为保证截面破坏时受拉钢筋能达到设计强度，防止截面出现超筋破坏，需满足 $x \leqslant \xi bh_0$。

2）为保证截面破坏时纵向受压钢筋能达到设计抗压强度，需满足 $x \geqslant 2a'_s$。

其含义为受压钢筋位置不低于矩形受压应力图形的重心。当不满足此项规定时，则表明受压钢筋的位置离中和轴太近，受压钢筋的应变 ε'_s 太小，以致其应力达不到抗压强度设计值 f'_y。

3）双筋截面一般不必验算 $\rho_{\min}$，因为受拉钢筋面积较大。

■ 6.1.3　受弯构件斜截面承载力的构造要求 ·····························

1. 受弯构件斜截面受力与破坏分析

（1）斜截面开裂前的受力分析。如图 6-17 所示，矩形截面简支梁，在跨中正截面抗弯承载力有保证的情况下，有可能在剪力和弯矩的联合作用下，在支座附近区段发生沿斜截面破坏。

梁在荷载作用下的主应力迹线如图 6-18 所示，图中实线为主拉应力迹线，虚线为主压应力迹线。

位于中和轴处的微元体 1，其正应力为零，切应力最大，主拉应力 σ_{tp} 和主压应力 σ_{cp} 与梁轴线呈 45°角。位于受压区的微元体 2，主拉应力

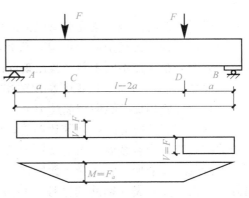

图 6-17　对称加载简支梁

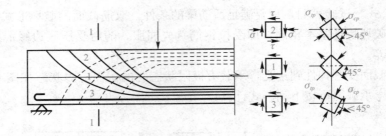

图 6-18 梁的主应力迹线和单元体应力图

σ_{tp} 减小，主压应力 σ_{cp} 增大，主拉应力与梁轴线夹角大于 $45°$。位于受拉区的微元体 3，主拉应力 σ_{tp} 增大，主压应力 σ_{cp} 减小，主拉应力与梁轴线夹角小于 $45°$。

当主拉应力或主压应力达到材料的抗拉或抗压强度时，将引起构件截面的开裂和破坏。

(2)无腹筋梁的受力及破坏分析。**腹筋是箍筋和弯起钢筋的总称。无腹筋梁是指不配箍筋和弯起钢筋的梁。**

试验表明，当荷载较小，裂缝未出现时，可将钢筋混凝土梁视为均质弹性材料的梁，其受力特点可用材料力学的方法分析。随着荷载的增加，梁在支座附近出现斜裂缝。

如图 6-19 所示与剪力 V 平衡的力有：AB 面上的混凝土切应力合力 V_c；由于开裂面 BC 两侧凹凸不平产生的集料咬合力 V_a 的竖向分力；穿过斜裂缝的纵向钢筋在斜裂缝相交处的销栓力 V_d。

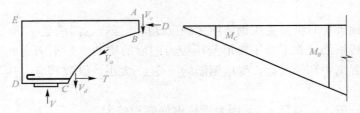

图 6-19 取 *CB* 为隔离体

与弯矩 M 平衡的力矩主要由纵向钢筋拉力 T 和 AB 面上混凝土压应力合力 D 组成的内力矩。

由于斜裂缝的出现，梁在剪弯段内的应力状态将发生变化，其主要表现在：

1)开裂前的剪力是全截面承担，开裂后则主要由剪压区承担，混凝土的切应力大大增加，应力的分布规律不同于斜裂缝出现前的情景。

2)混凝土剪压区面积因斜裂缝的出现和发展而减小，剪压区内的混凝土压应力将大大增加。

3)与斜裂缝相交的纵向钢筋应力，由于斜裂缝的出现而突然增大。

4)纵向钢筋拉应力的增大导致钢筋与混凝土间粘结应力的增大，有可能出现沿纵向钢筋的粘结裂缝或撕裂裂缝，如图 6-20 所示。

当荷载继续增加，斜裂缝条数增多，裂缝宽度增大，集料咬合力下降，沿纵向钢筋的混凝土保护层被撕裂，钢筋的销栓力也逐渐减弱；斜裂缝中的一条发展成为主要斜裂缝，称为临界斜裂缝。

无腹筋梁如同拱结构，纵向钢筋成为拱的拉杆，如图 6-21 所示。破坏时，混凝土剪压

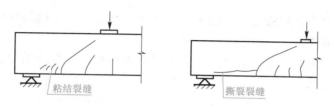

图 6-20 粘结裂缝和撕裂裂缝

区在切应力和压应力共同作用下被压碎，梁发生破坏。

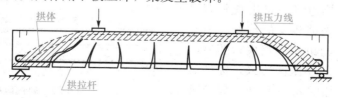

图 6-21 无腹筋梁的拱体受力图

（3）有腹筋梁的受力及破坏分析。配置箍筋可以有效提高梁的斜截面受剪承载力。箍筋最有效的布置方式是与梁腹中的主拉应力方向一致，但为了施工方便，一般和梁轴线呈 90°布置。

在斜裂缝出现后，箍筋应力增大。有腹筋梁，如桁架，箍筋和混凝土斜压杆分别为桁架的受拉腹杆和受压腹杆，纵向受拉钢筋成为桁架的受拉弦杆，剪压区混凝土成为桁架的受压弦杆，如图 6-22 所示。

当将纵向受力钢筋在梁的端部弯起时，弯起钢筋和箍筋有相似的作用，可提高梁斜截面的抗剪承载力。

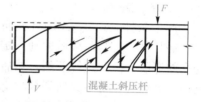

图 6-22 有腹筋梁的剪力传递

2. 影响斜截面承载力的主要因素

（1）剪跨比和跨高比。对于承受集中荷载作用的梁，剪跨比是影响其斜截面受力性能的主要因素之一。

剪跨比用 λ 表示，则集中荷载作用下的梁的某一截面的剪跨比等于该截面的弯矩值与截面的剪力值和有效高度乘积之比。

试验表明：对于承受集中荷载的梁，随着剪跨比的增大，受剪承载力下降。

对于承受均布荷载的梁来说，构件跨度与截面高度之比 l_0/h（跨高比）是影响受剪承载力的主要因素。随着跨高比的增大，受剪承载力下降。

（2）腹筋（箍筋和弯起钢筋）配筋率。$\rho_{sv}=\dfrac{nA_{sv1}}{bs}$，配筋率增大，斜截面的承载力增大。

（3）混凝土强度等级。混凝土强度对斜截面受剪承载力有着重要影响。试验表明，混凝土强度越高，受剪承载力越大。

（4）纵向钢筋配筋率。纵向钢筋受剪产生销栓力，可以限制斜裂缝的开展。梁的斜截面受剪承载力随纵向钢筋配筋率增大而提高。

（5）其他因素。

1）截面形状。试验表明，受压区翼缘的存在可提高斜截面承载力。

2)**预应力**。预应力能阻滞斜裂缝的出现和开展，增加混凝土剪压区的高度，从而提高混凝土所承担的抗剪能力。

3)**梁的连续性**。试验表明，连续梁的受剪承载力与相同条件下的简支梁相比，仅在受集中荷载时低于简支梁。

3. 斜截面的主要破坏形态

(1)**斜拉破坏**。

产生条件：$\lambda > 3$ 且箍筋量少时。

破坏特点：受拉边缘一旦出现斜裂缝便急速发展，与斜裂缝相交的箍筋应力立即达到屈服强度，约束作用消失，随后斜裂缝迅速延伸到梁的受压区边缘，构件裂为两部分而破坏，如图 6-23 所示。斜拉破坏过程急骤，具有很明显的脆性。构件很快破坏。

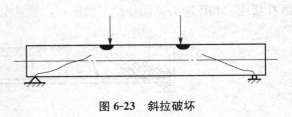

图 6-23 斜拉破坏

防止出现斜拉破坏的条件——最小配箍率的限制。为了避免出现斜拉破坏，构件配箍率应满足：$\rho_{sv} = \dfrac{A_{sv}}{bs} \geq \rho_{sv,\min} = 0.24\dfrac{f_t}{f_{yv}}$，同时应满足箍筋的最小直径、最大间距、肢数等的要求。

(2)**剪压破坏**。

产生条件：$1.5 \leq \lambda \leq 3$ 且箍筋量适中。

破坏特点：当荷载增加到一定值时，首先在剪弯段受拉区边缘开裂，然后向受压区延伸。破坏时，与临界斜裂缝相交的箍筋屈服，斜截面末端剪压区不断缩小，受压区混凝土随后被压碎，如图 6-24 所示。

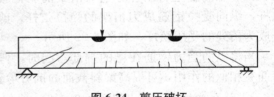

图 6-24 剪压破坏

(3)**斜压破坏**。

产生条件：$\lambda < 1.5$ 或箍筋多、腹板薄。

破坏特点：中和轴附近会出现斜裂缝，然后向支座和荷载作用点延伸，破坏时在支座与荷载作用点之间形成多条斜裂缝，斜裂缝间混凝土突然压碎，腹筋不屈服，如图 6-25 所示。

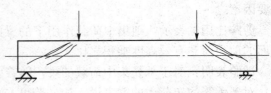

图 6-25 斜压破坏

防止出现斜压破坏的条件——最小截面尺寸的限制。对矩形、T 形及 I 形截面受弯构件，其限制条件如下：

当 $h_w/b \leq 4$ 时

$$V \leq 0.25\beta_c f_c bh_0$$

当 $h_w/b \geq 6$ 时

$$V \leq 0.2\beta_c f_c bh_0$$

进行受弯构件设计时，应使斜截面破坏呈剪压破坏，避免斜拉、斜压和其他形式的破坏。

4. 基本计算公式及应用

（1）基本计算公式。《混凝土结构设计规范（2015 年版）》（GB 50010—2010）给出的计算公式是根据剪压破坏的受力特征建立的。在设计中，通过控制最小配箍率且限制箍筋的间距不能太大来防止斜拉破坏，通过限制截面尺寸不能太小来防止斜压破坏。

矩形、T 形和 I 形截面的受弯构件，当同时配有箍筋和弯起钢筋时，其斜截面受剪承载力计算公式：

$$V \leqslant V_u = 0.7 f_t b h_0 + f_{yv} \frac{A_{sv}}{s} h_0 + 0.8 f_y A_{sb} \sin \alpha_{sb} + V_p \tag{6-12}$$

式中　V——配置弯起钢筋处的剪力设计值，按《混凝土结构设计规范（2015 年版）》（GB 50010—2010）的相关规定取用；

　　　V_p——由预加力所提高的构件受剪承载力设计值，按 $V_p = 0.05 N_{p0}$ 计算，但计算预加力 N_{p0} 时不考虑弯起预应力剪的作用；

　　　A_{sb}、A_{pb}——分别为同一平面内的弯起普通钢筋，弯起预应力筋的截面面积；

　　　a_s，a_p——分别为斜截面上弯起普通钢筋，弯起预用力筋的切线与构件纵轴线的夹角。

在《混凝土结构设计规范（2015 年版）》（GB 50010—2010）中，对于集中荷载作用下（包括作用有很多种荷载，其中集中荷载对支座截面或节点边缘所产生的剪力值占总剪力值 75% 以上的情况）的矩形、T 形和 I 形截面的独立梁，其承载力计算公式采用：

$$V \leqslant V_u = \frac{1.75}{\lambda + 1} f_t b h_0 + f_{yv} \frac{A_{sv}}{s} h_0 + 0.8 f_y A_{sb} \sin \alpha_{sb} \tag{6-13}$$

式中　λ——计算截面的剪跨比，$\lambda = a/h_0$。当 $\lambda < 1.5$ 时，取 1.5；当 $\lambda > 3$ 时，取 3。

在计算受剪承载力时，计算截面的位置按下列规定确定：

1）座边缘，因为支座边缘的剪力值是最大的；

2）受拉区弯起钢筋弯起点的截面，因为此截面的抗剪承载力不含弯起钢筋的抗剪承载力；

3）箍筋直径或间距改变处的截面，在此截面箍筋的抗剪承载有所变化；

4）截面腹板宽度改变处，在此截面混凝土项的抗剪承载力有所变化。

由于受弯构件中板受到的剪力很小，所以，一般无须依靠箍筋抗剪，当板厚不超过 150 mm 时，一般不需要进行斜截面承载力计算。

（2）公式应用。

【例 6-4】 钢筋混凝土矩形截面简支梁，如图 6-26 所示，集中荷载设计值 $P = 100$ kN，均布荷载设计值（包括自重）$q = 10$ kN/m，截面尺寸 250 mm×600 mm，混凝土强度等级为 C25（$f_t = 1.27$ N/mm²、$f_c = 11.9$ N/mm²），箍筋为热轧 HPB300 级钢筋（$f_{yv} = 270$ N/mm²），纵筋为 4Φ25 的 HRB335 级钢筋（$f_y = 360$ N/mm²）。求：箍筋数量（无弯起钢筋）。

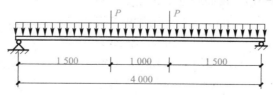

图 6-26　例 6-4 图

【解】 (1)求剪力设计值。

简支梁剪力图如图 6-27 所示。

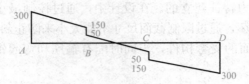

图 6-27　简支梁剪力图

(2)验算截面条件。

$$\beta_c = 1(f_{cuk} < 50 \text{ N/mm}^2)$$

$$0.25\beta_c f_c bh_0 = 0.25 \times 1 \times 11.9 \times 250 \times 565 = 420\ 218.8(\text{N}) > V_{max}$$

截面尺寸符合要求。

(3)确定箍筋数量。该梁既受集中荷载，又受均布荷载，但集中荷载在支座截面上引起的剪力值小于总剪力值的 75%。

$$\frac{V_集}{V_总} = \frac{100}{300} \times 100\% = 33\%$$

根据剪力的变化情况，可将梁分为 AB、BC 两个区段来计算斜截面受剪承载力。

AB 段：验算是否需要计算配置箍筋。

$$0.7\ f_t bh_0 = 0.7 \times 1.27 \times 250 \times 565 = 125\ 571.2(\text{N}) < V_{max} = 300\ 000 \text{ N}$$

必须按计算配置箍筋。

$$V_A = 0.7\ f_t bh_0 + 1.25\ f_{yv}\frac{nA_{sv1}}{s}h_0$$

$$300\ 000 = 125\ 571.2 + 1.25 \times 270 \times \frac{nA_{sv1}}{s} \times 565$$

$$\frac{nA_{sv1}}{s} = 0.914\ 7$$

选配 Φ10@120，则有

$$\frac{nA_{sv1}}{s} = \frac{2 \times 78.5}{120} = 1.308 > 0.914\ 7(可以)$$

BC 段：

$$0.7\ f_t bh_0 = 0.7 \times 1.27 \times 250 \times 565 = 125\ 571.25(\text{N}) < V_{max} = 50\ 000 \text{ N}$$

仅需按构造配置箍筋，选用 Φ8@250。

因此，该梁两侧选用 Φ10@120，中间选用 Φ8@250。

【例 6-5】 钢筋混凝土矩形截面简支梁，如图 6-28 所示，截面尺寸 250 mm×500 mm，混凝土强度等级为 C20($f_t = 1.1$ N/mm^2，$f_c = 9.6$ N/mm^2)，箍筋为 Φ8@200 的 HPB300 级钢筋($f_{yv} = 270$ N/mm^2)，纵筋为 4Φ22 的 HRB400 级钢筋($f_y = 360$ N/mm^2)，无弯起钢筋，求集中荷载设计值 P。

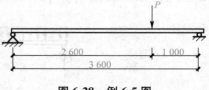

图 6-28　例 6-5 图

【解】（1）确定基本数据。

查表得 $\alpha_1 = 1.0$；$\xi_b = 0.518$。

$A_s = 1\ 520\ mm^2$，$A_{sv1} = 50.3\ mm^2$；取 $a_s = 35\ mm$；

取 $\beta_c = 1.0$

（2）剪力图和弯矩图如图 6-29 所示。

（3）按斜截面受剪承载力计算。

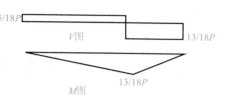

图 6-29　简支梁内力图

1）计算受剪承载力。

$$\lambda = \frac{a}{h_0} = \frac{1\ 000}{465} = 2.15$$

$$V_u = \frac{1.75}{\lambda + 1} f_t b h_0 + f_{yv} \frac{A_{sv}}{s} h_0$$

$$= \frac{1.75}{2.15 + 1} \times 1.1 \times 250 \times 465 + 270 \times \frac{50.3 \times 2}{200} \times 465$$

$$= 134\ 193.3 (N)$$

2）验算截面尺寸条件。

$$\frac{h_w}{b} = \frac{h_0}{b} = \frac{465}{250} = 1.86 < 4\ 时$$

$V_u = 134\ 193.3\ N < 0.25 \beta_c f_c b h_0 = 0.25 \times 1 \times 9.6 \times 250 \times 465 = 279\ 000 (N)$

该梁斜截面受剪承载力为 134 193.3 N。

$$\rho_{sv} = \frac{n A_{sv1}}{bs} = \frac{2 \times 50.3}{250 \times 200} = 0.002\ 012 > \rho_{sv,min} = 0.24 \frac{f_t}{f_{sv}} = 0.24 \times \frac{1.1}{210} = 0.001\ 26$$

3）计算荷载设计值 P。

由 $\frac{13}{18} P = V_u$ 得

$$P = \frac{18}{13} V_u = \frac{18}{13} \times 134\ 193.3 = 185.8 (kN)$$

（4）按正截面受弯承载力计算。

1）计算受弯承载力 M_u。

$$x = \frac{f_y A_s}{\alpha_1 f_c b} = \frac{360 \times 1\ 520}{1.0 \times 9.6 \times 250} = 228 (mm) < \xi_b h_0 = 0.518 \times 465 = 240.87 (mm)$$

满足要求。

$$M_u = \alpha_1 f_c b x \left(h_0 - \frac{x}{2} \right) = 1.0 \times 9.6 \times 250 \times 228 \times \left(465 - \frac{228}{2} \right)$$

$$= 192.07 \times 10^6$$

$$= 192.07 (kN \cdot m)$$

2）计算荷载设计值 P。

$$P = \frac{18}{13} M_u = 265.9 (kN)$$

该梁所能承受的最大荷载设计值应该为上述两种承载力计算结果的较小值，故 $P = 185.8\ kN$。

6.2 钢筋混凝土受压构件

■ 6.2.1 受压构件的构造要求 ··

以承受纵向压力为主的构件称为受压构件。混凝土柱是土木工程结构中常见的受压构件，高层建筑中的剪力墙、屋架的受压斜杆等也属于受压构件。本节主要讲述混凝土受压柱。

混凝土受压构件按照纵向压力作用位置的不同，分为轴心受压和偏心受压两种类型，如图 6-30 所示。当纵向压力作用线与构件截面形心轴线重合称为轴心受压构件；纵向压力作用线与构件截面形心轴线不重合(或既有轴心压力，又有弯矩等作用)称为偏心受压构件。偏心受压分为单向偏心受压和双向偏心受压。

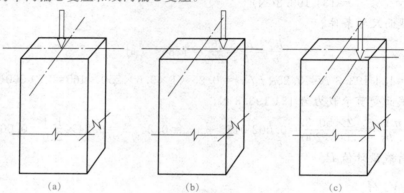

(a)   (b)   (c)

图 6-30　受压构件形式
(a)轴心受压；(b)单向偏心受压；(c)双向偏心受压

1. 材料要求及截面尺寸

(1)混凝土。受压构件的承载力主要取决于混凝土，因此，采用较高强度等级的混凝土是经济合理的。一般柱的混凝土强度等级采用 C30～C40，对多层及高层建筑结构的下层柱必要时可采用更高强度等级。

(2)钢筋。受压构件的纵向受力钢筋，采用高强度钢筋不能充分发挥作用，因而宜采用 HRB400 和 HRB335 级钢筋。箍筋一般采用 HPB300 和 HRB335 级钢筋。

轴心受压柱的纵向受力钢筋应沿截面四周均匀对称布置，偏心受压柱的纵向受力钢筋放置在弯矩作用方向的两对边，圆柱中纵向受力钢筋宜沿周边均匀布置。

(3)截面形式及尺寸。为了充分利用材料强度，使构件的承载力不致因长细比过大而降低过多，柱截面尺寸不宜过小，一般应控制在 $l_0/b \leqslant 30$ 及 $l_0/h \leqslant 25$(b 为矩形截面的短边，h 为长边)。

轴心受压构件多采用正方形截面，偏心受压多采用矩形截面。柱截面尺寸不宜小于 250 mm。为了避免长细比太大而过多降低构件承载力，构件长细比 $\leqslant$30。当截面尺寸小于等于 800 mm

时，以 50 mm 为模数；当截面尺寸大于 800 mm 时，以 100 mm 为模数。

2. 纵向受力钢筋及箍筋

(1)直径、根数。纵向受力钢筋直径 d 不宜小于 12 mm，通常采用 12～32 mm。为保证骨架的刚度，矩形截面纵筋根数不应少于 4 根；圆形截面纵筋根数不应少于 6 根，不宜少于 8 根，并宜沿周边均匀布置。

(2)纵筋布置。轴心受压构件的纵向钢筋应沿柱截面周边均匀布置；偏心受压构件纵向受力钢筋应布置在偏心方向的两侧，通常沿柱的短边方向设置。圆形截面纵向钢筋应沿截面周边均匀布置。

(3)纵筋间距及保护层。当柱为竖向浇筑混凝土时，纵向受力钢筋的净距不应小于 50 mm，且不宜大于 300 mm；对水平浇筑的预制柱，其纵向钢筋的最小净距应按梁的规定取值。混凝土保护层最小厚度应不小于 30 mm 或纵筋直径 d。

(4)配筋率。为使纵向受力钢筋起到提高受压构件截面承载力的作用，全部纵筋的配筋率不小于 0.5%，同时一侧钢筋的配筋率不应小于 0.2%。当温度、收缩等因素对结构产生较大影响时，构件的最小配筋率应适当增加。当混凝土等级为 C60 及以上时，受压构件全部纵向钢筋最小配筋率增加 0.1。

(5)纵向构造钢筋。当矩形截面偏心受压构件的截面高度 $h \geqslant 600$ mm 时，应在两个侧面设置直径为 10～16 mm 的纵向构造钢筋，以防止构件因温度和混凝土收缩应力而产生裂缝，并相应地设置复合箍筋或拉筋。

(6)箍筋。箍筋应采用封闭式，末端应做成 135° 弯钩，弯钩平直段长度不小于箍筋直径的 5 倍。

箍筋直径不应小于 6 mm，且不应小于 $d_{max}/4$（d_{max} 为纵筋的最大直径）。

箍筋间距不应大于构件截面短边尺寸及 400 mm，且不应大于 $15d_{min}$（d_{min} 为纵筋的最小直径）。

当柱中全部纵向受力钢筋的配筋率超过 3% 时以及对于抗震结构，箍筋直径不应小于 8 mm，间距不应大于纵向受力钢筋最小直径的 10 倍，且不应大于 200 mm。

当柱截面短边大于 400 mm，且各边纵筋配置根数多于 3 根时，或当柱截面短边不大于 400 mm，但各边纵筋配置根数多于 4 根时，应设置复合箍筋，如图 6-31 所示，以防止中间钢筋被压屈。

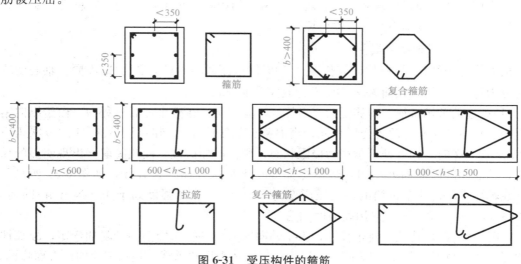

图 6-31　受压构件的箍筋

对于截面形状复杂的构件，不应采用具有内折角的箍筋，如图 6-32 所示。

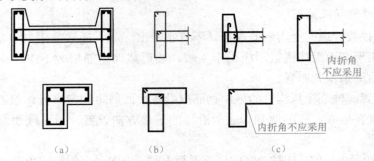

图 6-32　复杂截面的箍筋形式
(a)截面配筋；(b)分离式箍筋；(c)带内折角箍筋(不应采用)

6.2.2　轴心受压构件承载力计算的一般规定

轴心受压构件根据配筋方式的不同，可分为两种：①配有纵向钢筋和普通箍筋的柱，称为普通箍筋柱，如图 6-33(a)所示；②配有纵向钢筋和螺旋式箍筋的柱，如图 6-33(b)所示，称为螺旋式箍筋柱。

在配置普通箍筋的轴心受压构件中，箍筋和纵筋形成骨架，防止纵筋在混凝土压缩之前在较大程度上向外压曲，从而保证纵筋能与混凝土共同受力直到构件破坏。

在配置螺旋式箍筋的轴心受压构件中，间距较密的螺旋式箍筋能对核心混凝土形成较强的环向被动约束，从而能进一步提高构件的承载力和受压延性。

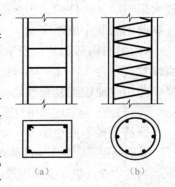

图 6-33　轴心受压柱
(a)普通箍筋柱；(b)螺旋式箍筋柱

通常由于施工制造的误差、荷载作用位置的不确定性、混凝土质量的不均匀性等原因，往往存在一定的初始偏心距。

但有些构件，如以恒载为主的等跨多层房屋的内柱、桁架中的受压腹杆等，主要承受轴向压力，可近似按轴心受压构件计算。

1. 轴心受压柱的破坏特征

根据构件长细比(构件的计算长度 l_0 与构件截面回转半径 i 之比)的不同，轴心受压构件可分为短柱(对矩形截面 $l_0/b \leqslant 8$，b 为截面宽度)和长柱。

(1)短柱的破坏特征。钢筋混凝土短柱经试验表明：在整个加载过程中，由于纵向钢筋与混凝土粘结在一起，两者变形相同，当混凝土的压应变达到混凝土棱柱体的极限压应变 $\varepsilon_{cu} = \varepsilon_0 = 0.002$ 时，构件处于承载力极限状态，稍再增加荷载，柱四周就会出现明显的纵向裂缝，箍筋间的纵筋向外凸出，最后中部混凝土被压碎而宣告破坏，如图 6-34 所示。因此，在轴心受压短柱中钢筋的最大压应变为 0.002，对抗压强度高于 400 N/mm² 的钢筋，只能取 400 N/mm²，不宜采用高强度钢筋。

(2)长柱的破坏特征。对于长柱，由于轴向压力的可能初始偏心和附加弯矩，故长柱的承载能力比短柱低，如图 6-35 所示。采用稳定系数来反映承载力随长细比的增大而降低。

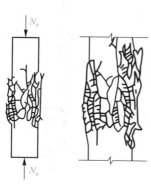
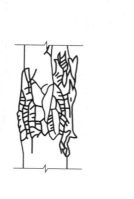
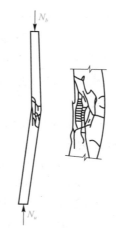

图 6-34　轴心受压短柱的破坏形态图　　　　图 6-35　轴心受压长柱的破坏形态图

　　试验证明：长柱的破坏荷载低于相同条件下短柱的破坏荷载。《混凝土结构设计规范（2015 年版）》（GB 50010—2010）采用一个降低系数 φ 来反映这种承载力随长细比增大而降低的现象，称之为稳定系数。稳定系数 φ 的大小与构件的长细比有关。轴心受压构件稳定系数 φ 的数值见表 6-8。

表 6-8　钢筋混凝土轴心受压构件的稳定系数 φ

l_n/b	≤8	10	12	14	16	18	20	22	24	26	28
l_n/d	≤7	8.5	10.5	12	14	15.5	17	19	21	22.5	24
l_n/i	≤28	35	42	48	55	62	69	76	83	90	97
φ	1.00	0.98	0.95	0.92	0.87	0.81	0.75	0.70	0.65	0.60	0.56
l_n/b	30	32	34	36	38	40	42	44	46	48	50
l_n/d	26	28	29.5	31	33	34.5	36.5	38	40	41.5	43
l_n/i	104	111	118	125	132	139	146	153	160	167	174
φ	0.52	0.48	0.44	0.40	0.36	0.32	0.29	0.26	0.23	0.21	0.19

注：1. l_0 为构件的计算长度，对钢筋混凝土柱可按《混凝土结构设计规范（2015 年版）》（GB 50010—2010）的相关规定取用。

　　　2. b 为矩形截面的短边尺寸，d 为圆形截面的直径，i 为截面的最小回转半径。

　　对于一般多层房屋中的框架结构各层柱段，其计算长度 l_0 按表 6-9 的规定取用。

表 6-9　框架结构各层柱段的计算长度

楼盖类型	柱的类别	计算长度 l_0
现浇楼盖	底层柱	1.0H
	其余各层柱	1.25H
装配式楼盖	底层柱	1.25H
	其余各层柱	1.5H

注：表中 H 对底层柱为从基础顶面到一层楼盖顶面的高度；对其余各层柱为上、下两层楼盖顶面之间的高度。

2. 轴心受压构件正截面承载力计算公式

钢筋混凝土轴心受压柱的正截面承载力由混凝土承载力及钢筋承载力两部分组成，如图 6-36 所示。根据力的平衡条件得短柱和长柱统一的承载力计算公式为

$$N \leqslant N_u$$

$$N \leqslant 0.9\varphi N_u^s = 0.9\varphi(f_c A + f_y' A_s') \tag{6-14}$$

式中　　N——轴向压力设计值；

φ——钢筋混凝土构件的稳定系数；

f_c——混凝土轴心抗压强度设计值；

f_y'——纵向钢筋抗压强度设计值；

A_s'——全部纵向钢筋的截面面积；

A——构件截面面积，当纵向受压钢筋配筋率 $\rho' > 3\%$，A 应改用 $A_c = A - A_s'$。

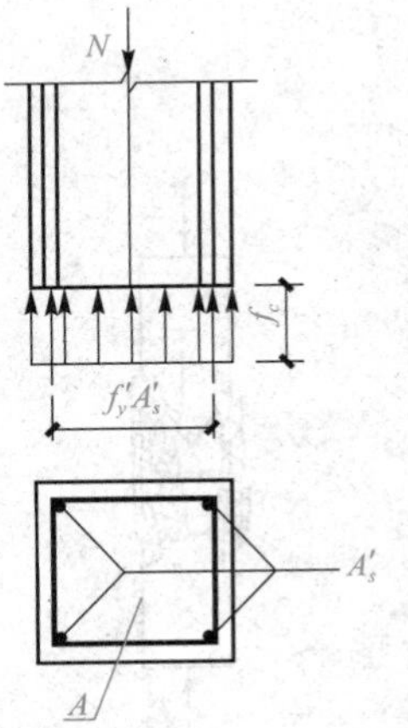

图 6-36　普通箍筋柱计算简图

3. 轴心受压构件正截面承载力计算方法

已知轴向力设计值 N、柱的截面 A、材料强度、柱的计算长度（或实际长度），求纵向钢筋截面面积 A_s'。

计算步骤如图 6-37 所示。

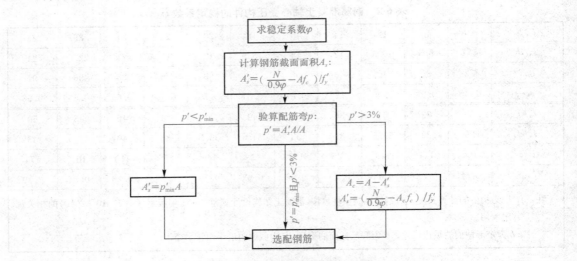

图 6-37　轴心受压构件截面设计计算步骤

【**例 6-6**】　某现浇多层钢筋混凝土框架结构，底层中柱按轴心受压构件计算，柱高 $H = 6.4$ m，柱截面面积 $b \times h = 400$ mm $\times 400$ mm，承受轴向压力设计值 $N = 2\,450$ kN，采用 C30 级混凝土（$f_c = 14.3$ N/mm²），HRB 335 级钢筋（$f_y' = 300$ N/mm²），求纵向钢筋面积，并配置纵向钢筋和箍筋。

【**解**】　（1）求稳定系数。

柱计算长度为　　　　　　$l_0 = 1.0H = 1.0 \times 6.4 = 6.4$（m）

且 $l_0/b = 16$

查表得 $\varphi=0.87$。

(2)计算纵向钢筋面积 A'_s。

由式(6-14)得 $\quad A'_s=2\,803\ \text{mm}^2$

(3)配筋。

选用纵向钢筋 8Φ22($A'_s=3\,041\ \text{mm}^2$)。

箍筋为 $\quad\quad$ 直径 $\quad d\geqslant d/4=5.5\ \text{mm}\quad$ 取 Φ6

间距 $\quad s\leqslant400\ \text{mm}$，$s\leqslant b=400\ \text{mm}$，$s\leqslant15d=330\ \text{mm}$ 取 $s=300\ \text{mm}$

$\quad\quad\quad$ 所以，选用箍筋 Φ6@300。

(4)验算。

$\rho=1.9\%\quad\quad\rho>0.6\%$满足最小配筋率的要求。

$\rho<3\%$不必用 $A-A''_s$ 代替 A。

每侧 $\rho=0.7\%>0.2\%$

(5)画截面配筋图，如图 6-38 所示。

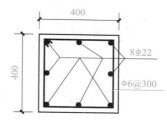

图 6-38 例 6-6 配筋图

6.3 预应力混凝土构件

6.3.1 预应力混凝土材料性能要求

1. 预应力混凝土的概念

在正常使用条件下，普通钢筋混凝土结构受弯构件的受拉区极易出现开裂现象，使构件处于带裂缝工作阶段。为保证结构的耐久性，裂缝宽度一般应限制在 0.2～0.3 mm 以内，此时，钢筋应力仅为 150～250 N/mm²，当应力达到较高值时，构件裂缝宽度将过大而无法满足使用要求，因此，在普通钢筋混凝土结构中不能充分发挥高强度钢筋的作用，相应的也不可能充分发挥高强度等级混凝土的作用。对于高湿度及侵蚀性环境中的构件，为了满足变形和裂缝控制的要求，则需增加构件的截面尺寸和用钢量，这既不经济也不合理，因为构件的自重也增加了。

预应力混凝土是改善构件抗裂性能的有效途径。在混凝土构件承受外荷载之前对其受拉区预先施加压应力，就成为预应力混凝土结构。预压应力可以部分或全部抵消外荷载产生的拉应力，因而可推迟甚至避免裂缝的出现。

预加应力的概念和方法在日常生活中的应用是常见的。如木桶是用环向竹箍对桶壁预先施加环向压应力，当桶中盛水后，水压引起的环向拉应力小于预加压应力时，桶就不会漏水，如图 6-39 所示。又如当从书架上取下一叠书时，由于受到双手施加的压力，这一叠书就如同一横梁，可以承担全部书的重量，如图 6-40 所示。这类采用预加应力的例子在生活中还能举出很多。

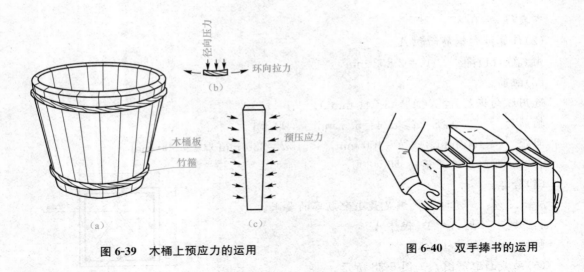

图 6-39　木桶上预应力的运用　　　　　　　　图 6-40　双手捧书的运用

现以预应力混凝土简支梁为例，说明预应力的基本原理。

如图 6-41 所示简支梁，在荷载作用之前，预先在梁的受拉区施加一对大小相等、方向相反的偏心预压力 N，使梁截面下边缘混凝土产生压应力；在外荷载作用下，梁截面的下边缘纤维产生拉应力；在预应力和外荷载共同作用下，梁截面下边缘纤维的应力状态应是两者的叠加，可能是压应力，也可能是较小的拉应力。从图 6-41 中可见，预应力的作用可部分或全部抵消外荷载产生的拉应力，从而提高结构的抗裂性。对于在使用荷载下出现裂缝的构件，预应力也会起到减小裂缝宽度的作用。

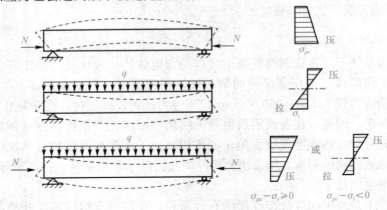

图 6-41　预应力混凝土的工作原理

2. 预应力混凝土具有的特点

与普通混凝土相比，预应力混凝土具有以下特点：

（1）提高了构件的抗裂性能，使构件不出现裂缝或减小了裂缝宽度，扩大了钢筋混凝土构件的应用范围。

（2）增加了构件的刚度，延迟了裂缝的出现和开展，减小了构件的变形。由于预应力能使构件不出现裂缝或减小裂缝宽度，从而减少了外界环境对钢筋的侵蚀，故其可提高构件的耐久性，延长构件使用年限。

（3）减轻构件自重。由于采用高强度材料，故构件截面尺寸相应减小，自重减轻。

（4）节省材料。预应力混凝土能充分发挥高强度钢筋和高强度混凝土的性能，减少钢筋用量和混凝土的用量。

（5）工序较多，施工较复杂，且需要专门的材料、设备和特殊的工艺，造价较高。

3. 预应力钢筋的种类

（1）热处理钢筋。其是将合金钢（$40Si_2Mn$、$48S_{12}Mn$、$45Si_2Cr$）经过调质热处理而成，以提高抗拉强度（$f_{py}=1\,040\ N/mm^2$），改善塑性性能。用 ϕ^{HT} 表示。这种钢筋具有强度高、松弛小的特点，其直径为 6～10 mm，以盘圆形式供给，省去焊接，有利施工。

（2）消除应力钢丝。包括光圆（ϕ^P）、螺旋肋（ϕ^H）、三面刻痕（ϕ^I）消除应力钢丝，是用高碳镇静钢轧制成的盘圆，经过加温、淬火（铅浴）、酸洗、冷拔、回火矫直等处理工序来消除应力，钢丝直径为 4～9 mm，具有强度高（光圆钢丝 $f_{py}=1\,250\ N/mm^2$，其余 $f_{py}\geqslant1\,110\ N/mm^2$）、松弛小的特点。

（3）钢绞线。以一根直径较粗为钢丝的芯，并用边丝围绕其进行螺旋状绞捻而成，有 1×3 捻或 1×7 捻，直径用 ϕ^S 表示，外径为 8.6～15.2 mm，$f_{py}=1\,110\sim1\,320\ N/mm^2$，其特点是强度高、低松弛、伸直性好、比较柔软、盘弯方便、粘结性好。

（4）冷拉低合金钢和冷拔低碳钢丝。这两种钢筋由于强度低，而我国近年来强度高、性能好的钢丝、钢绞线已可满足供应，因而未列入《混凝土结构设计规范》（GB 50010）。

4. 混凝土的选用

（1）高强度。预应力混凝土在制作阶段受拉区混凝土一直处于高压应力状态，受压区可能拉也可能压，特别是受压区混凝土受拉时，最容易开裂，这将影响在使用阶段受压区的性能；另外可以有效减少截面尺寸，减轻自重。

（2）收缩小、徐变小。由于混凝土收缩、徐变的结果，使得混凝土得到的有效预压力减少，即预应力损失，所以，在结构设计中应采取措施减少混凝土收缩、徐变。

（3）快硬、早强可及早施加预应力，提高张拉设备的周转率，加快施工速度。

《混凝土结构设计规范（2015 年版）》（GB 50010—2010）规定：预应力混凝土结构强度等级不宜低于 C40，且不应低于 C30。

■ 6.3.2 施加预应力的方法

对混凝土施加预应力，一般是通过张拉预应力钢筋，被张拉的钢筋反向作用，同时挤压混凝土，使混凝土受到压应力。张拉预应力钢筋的方法主要有先张法和后张法两种。

1. 先张法

先张法是首先在台座上或钢模内张拉钢筋，然后浇筑混凝土的一种预应力混凝土构件施工方法。其设备与张拉施工工序如图 6-42 所示。将预应力钢筋一端用夹具固定在台座的钢梁上，另一端通过张拉夹具、测力器与张拉机械相连。当张拉到规定控制应力后，在张拉端用夹具将预应力钢筋固定，浇筑混凝土。当混凝土达到一定强度后，切断或放松预应力钢筋，由于预应力钢筋与混凝土间的粘结作用，使混凝土受到预压应力。

先张法主要适用于大批量生产以钢丝或 $d<16$ mm 钢筋配筋的中、小型构件，如常见的预应力混凝土楼板、水管、电杆等。

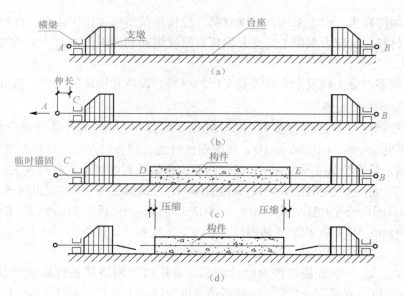

图 6-42　先张法构件制作

2. 后张法

后张法是指先浇筑混凝土构件，然后直接在构件上张拉预应力钢筋的一种施工方法。其主要施工工序如图 6-43 所示。浇筑混凝土构件时，预先在构件中留出孔道，当混凝土达到规定强度后，将预应力钢筋穿入孔道，用锚具将预应力钢筋锚固在构件的端部，在构件另一端用张拉机具张拉预应力钢筋，在张拉预应力钢筋的同时，构件受到预压应力。当达到规定的张拉控制应力值时，将张拉端的预应力钢筋锚固。对有粘结预应力混凝土，在构件孔道中压力灌入填充材料（如水泥砂浆），使预应力钢筋与构件形成整体。

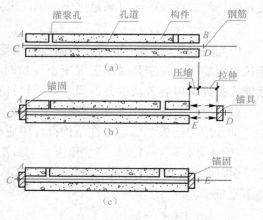

图 6-43　后张法构件制作

后张法的特点是不需要台座，可预制，也可以现场施工。需要对预应力钢筋逐个进行张拉，锚具用量较多，又不能重复使用，且施工较费工费时，因此成本较高。

两种方法比较而言，先张法的施工工艺简单、工序少、效率高、质量容易保证，适用于批量生产的中小型构件，如楼板、屋面板等；后张法是在构件上张拉预应力钢筋，不需要台座，便于现场制作受力较大的大型构件，但留设孔道和压力灌浆等工序复杂，构件两端需设有特制的永久型锚具，造价较高，适用于现场大中型预应力构件的施工。

■ 6.3.3　预应力混凝土构件的构造要求

1. 预应力混凝土构件的截面形式和尺寸

同钢筋混凝土受弯构件一样，预应力构件的截面形式常为矩形、T 形，I 形和箱形等，应根据构件的受力特点进行合理选择。对于轴心受拉构件，通常采用正方形或矩形截面。对于受弯构件，除荷载和跨度均较小的梁、板可采用矩形截面外，其余宜采用 T 形、I 形、箱形或其他截面核心范围较大的截面形式，使它们不论在施工阶段或使用阶段，抗裂性能均较好。受弯构件的截面形式沿构件纵轴是可以变化的，如跨中为 I 形，而在近支座处为了承受较大的剪力并有足够的地方布置锚具，往往做成矩形。

2. 纵向钢筋的布置

(1)预应力钢筋的布置。先张法预应力钢筋(包括预应力螺纹钢筋、钢丝和钢绞线)之间的净距应根据浇筑混凝土、施加预应力及钢筋锚固等要求确定。预应力钢筋的净距不宜小于其公称直径的 2.5 倍和混凝土粗集料最大粒径的 1.25 倍，且应符合下列规定：

1)预应力钢丝不应小于 15 mm。

2)3 股钢绞线不应小于 20 mm。

3)7 股钢绞线不应小于 25 mm。

4)当混凝土振捣密实性具有可靠保证时，净间距可放宽为最大粗集料粒径的 1.0 倍。

后张法构件的预留孔道，预应力钢丝束(包括钢绞线)的预留孔道之间的水平净距不宜小于 50 mm，且不宜小于粗集料粒径的 1.25 倍；孔道至构件边缘的净距不宜小于 30 mm，且不宜小于孔道直径的 1/2。在现浇梁中，曲线预留孔道在竖直方向的净距不应小于孔道外径，水平方向的净距不应小于 1.5 倍钢丝束的外径，且不宜小于粗集料粒径的 1.25 倍；从孔道壁至构件边缘的净间距，梁底不宜小于 50 mm，梁侧不宜小于 40 mm，裂缝控制等级为三级的梁，梁底、梁侧分别不宜小于 60 mm 和 50 mm。预留孔道的内径宜比预应力束外径及需穿过孔道的连接器外径大 6~15 mm，且孔道的截面面积宜为穿入预应力束截面面积的 3.0~4.0 倍。

后张法预应力混凝土构件中曲线预应力钢筋的曲率半径不宜小于 4 m，对折线配筋的构件，在折线预应力钢筋弯折处的曲率半径可适当减少。

(2)非预应力钢筋的设置。非预应力钢筋的设置可以防止构件在制作、运输和安装阶段预拉区出现裂缝或减小裂缝宽度。预拉区纵向非预应力钢筋的直径不宜大于 14 mm，并应沿构件预拉区的外边缘均匀配置。设计中，当仅对受拉区部分钢筋施加预应力已能使构件符合抗裂和裂缝宽度要求时，则承载力计算所需的其余受拉钢筋允许采用非预应力钢筋。

3. 预拉区纵向钢筋的配筋要求

施工阶段预拉区允许出拉应力的构件，要求预拉区纵向钢筋的配筋率大于等于 0.15%。

4. 先张法构件的构造要求

(1)钢筋(丝)间距。先张法预应力钢筋直径的净距应根据浇筑混凝土、施加预应力及钢筋锚固等要求确定。预应力钢筋之间的净间距不宜小于其公称直径的 2.5 倍和混凝土粗集料最大粒径的 1.25 倍，且应符合下列规定：预应力钢丝，不应小于 15 mm；三股钢绞线，不应小于 20 mm；七股钢绞线，不应小于 25 mm。

(2)端部附加钢筋。先张预应力混凝土构件，预应力钢筋端部周围的混凝土应采用下列加强措施：

1)对单根预应力钢筋，其端部宜设置长度不小于 150 mm 且不少于 4 圈的螺旋套箍，如图 6-44(a)所示。

2)当有可靠经验时，也可利用支座垫板上的插筋代替螺旋筋，但插筋数量不应少于4根，其长度不宜小于120 mm，如图6-44(b)所示。

3)对分散布置的多根预应力筋，在构件端部10d(d为预应力筋的公称直径)且不小于100 mm长度范围内，宜设置3～5片与预应力筋垂直的钢筋网片，如图6-44(c)所示。

4)对用预应力钢丝或热处理钢筋配置的预应力混凝土薄板，在板端100 mm范围内应适当加密横向钢筋，如图6-44(d)所示。

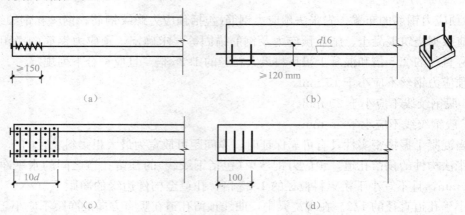

图6-44 构件端部配筋构造要求
(a)设置螺旋筋；(b)设置插筋；(c)设置钢筋网；(d)加密横向钢筋

5. 后张法构件的构造要求

(1)采用普通垫板时，后张法预应力混凝土构件的端部锚固区应配置间接钢筋，如图6-45所示，并应按局部受压承载力进行计算，其体积配筋率不应小于0.5%。

(2)当构件在端部有局部凹进时，应增设折线构造钢筋。

(3)宜在构件端部将一部分预应力钢筋在靠近支座处弯起，并使预应力钢筋沿构件端部均匀布置。

图6-45 防止沿孔道劈裂的配筋范围

(4)后张预应力混凝土外露金属锚具，应采取可靠的防腐及防火措施。

习题

一、选择题

1.《混凝土结构设计规范(2015年版)》(GB 50010—2010)规定，预应力混凝土构件的混凝土强度等级不应低于(   )。
   A. C20   B. C30
   C. C35   D. C40

2. 轴心抗压强度采用棱柱体试件测定，用符号f_c表示，我国通常取的棱柱体试件尺寸是(   )。

第6章 参考答案

A. 150 mm×150 mm×450 mm B. 150 mm×120 mm×450 mm

C. 170 mm×170 mm×450 mm D. 150 mm×150 mm×130 mm

3. 如图 6-46 所示的箍筋肢数是(   )。

　　A. 双肢箍　　　　　B. 四肢箍　　　　　C. 单肢箍　　　　　D. 三肢箍

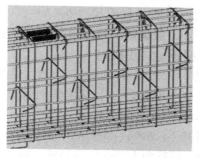

图 6-46　选择题 3 图

4. 其他条件相同时，预应力混凝土构件的延性比普通混凝土构件的延性(   )。

　　A. 相同　　　　　　B. 大些　　　　　　C. 小些　　　　　　D. 大很多

5. 《混凝土结构设计规范(2015 年版)》(GB 50010—2010)规定，当采用钢绞线、钢丝、热处理钢筋做预应力钢筋时，混凝土强度等级不宜低于(   )。

　　A. C20　　　　　　B. C30　　　　　　C. C35　　　　　　D. C40

6. 对于矩形截面梁，以下结论正确的是(   )。

　　A. 出现最大正应力的点上，剪应力必为零

　　B. 出现最大剪应力的点上，正应力必为零

　　C. 梁横截面上最大正应力和最大剪应力必出现在同一点上

　　D. 梁横截面上剪应力和正应力不同时出现

7. 矩形截面梁，横截面上的剪应力的大小沿梁高的规律分布正确的是(   )。

　　A. 在中性轴处剪应力为零　　　　　　　B. 在中性轴处剪应力为最大

　　C. 距中性轴最远的上、下边缘处均为最大 D. 距中性轴最远的上、下边缘处为零

8. 梁的正应力在横截面上是沿梁高呈线性分布且(   )。

　　A. 中性轴上正应力为最大值　　　　　　B. 均匀分布

　　C. 离中性轴最远的上、下边缘正应力最大 D. 中性轴上正应力为零

9. 根据梁横截面上的正应力分布规律，(   )是合理的截面形状。

　　A. 正方形　　　　　B. 工字形　　　　　C. T 形　　　　　　D. 矩形

10. 可提高梁弯曲强度的有效措施是(   )。

　　A. 增大梁的抗弯截面模量　　　　　　　B. 选择高弹性模量的材料

　　C. 调整加载方式减小弯矩值　　　　　　D. 加大梁的高度

二、问答题

1. 受弯构件在荷载作用下的正截面破坏有哪三种？其破坏特征有何不同？

2. 简述钢筋混凝土受弯构件挠度计算的"最小刚度原则"。

3. 钢筋混凝土梁中纵筋弯起应满足哪三方面的要求？设计时如何保证？

4. 偏心受压短柱和长柱有何本质区别？偏心距增大系数 η 的物理意义是什么？

5. 与普通钢筋混凝土相比，预应力混凝土构件有何优缺点？

6. 为什么钢筋的张拉控制应力不能太低？

三、计算题

1. 已知承受均布荷载的矩形截面梁截面尺寸 $b \times h = 250 \text{ mm} \times 600 \text{ mm}(a_s = 40 \text{ mm})$，采用 C20 混凝土，箍筋为 HPB300 级钢筋。若已知剪力设计值 $V = 150 \text{ kN}$，环境类别为一类。试求：采用双肢箍的箍筋间距 s 应为多少？

2. 已知矩形梁的截面尺寸 $b = 200 \text{ mm}$，$h = 450 \text{ mm}$，受拉钢筋为 3Φ20，混凝土强度等级为 C20，承受的弯矩设计值 $M = 70 \text{ kN} \cdot \text{m}$，环境类别为一类，试计算此截面的正截面承载力是否足够。

3. 某 T 形截面简支梁尺寸如下：$b \times h = 200 \text{ mm} \times 500 \text{ mm}$(取 $a_s = 35 \text{ mm}$)，$b_f' = 400 \text{ mm}$，$h_f' = 100 \text{ mm}$；采用 C25 混凝土，箍筋为 HPB300 级钢筋；由集中荷载产生的支座边剪力设计值 $V = 120 \text{ kN}$(包括自重)，剪跨比 $\lambda = 3$，环境类别为一类。试选择该梁箍筋？

4. 某建筑中一钢筋混凝土矩形截面梁，截面尺寸为 $b = 200 \text{ mm}$，$h = 450 \text{ mm}$，混凝土强度等级为 C30，钢筋为 HRB400，$\xi_b = 0.518$，弯矩设计值 $M = 70 \text{ kN} \cdot \text{m}$，环境类别为一类。试计算受拉钢筋截面面积 A_s。

5. 某建筑中一矩形截面偏心受压柱 $b \times h = 300 \text{ mm} \times 500 \text{ mm}$，荷载作用下产生的截面轴向力设计值，弯矩设计值 $M = 210 \text{ kN} \cdot \text{m}$，混凝土强度等级为 C30($f_c = 14.3 \text{ N/mm}^2$)，纵向受力钢筋为 HRB400 钢筋($f_y = f_y' = 360 \text{ N/mm}^2$，$\xi_b = 0.518$)。构件计算长度 $l_0 = 6.0 \text{ m}$，$a_s = a_s' = 40 \text{ mm}$。采用对称配筋，求对称配筋时所需要的 A_s 和 A_s'。

第7章　多层及高层钢筋混凝土房屋

学习目标

1. 理解多、高层建筑结构体系的特点。
2. 了解地震的基本概念。
3. 理解建筑抗震设防的分类和标准。
4. 掌握多、高层钢筋混凝土房屋抗震设计的一般规定和构造措施。
5. 掌握现浇框架结构、剪力墙结构、框架-剪力墙结构的受力特点、构造要求。

7.1　多层与高层钢筋混凝土房屋的结构类型

7.1.1　多层与高层建筑的确定

1. 多层建筑

我国《民用建筑设计通则》(GB 50352—2005)规定：一层至三层为低层住宅，四层至六层为多层住宅，七层至九层为中高层住宅，十层及十层以上为高层住宅。

多层建筑是指建筑高度大于 10 m、小于 24 m(10 m< 多层建筑高度< 24 m)，且建筑层数大于 3 层，小于 7 层(3 层< 层数< 7 层)的建筑。

2. 高层建筑

目前，我国对高层建筑的定义有以下规定：

《建筑设计防火规范》(GB 50016—2014)中规定，建筑高度大于 27 m 的住宅建筑和建筑高度大于 24 m 的非单层厂房、仓库及其他民用建筑为高层建筑。

建筑高度是指建筑物室外地面到其檐口或屋面面层的高度，层顶上的水箱间、电梯机房、排烟机房和楼梯出口小间等不计入建筑高度。

3. 多层与高层房屋的荷载类型

(1)竖向荷载：构件自得、楼地面可动荷载、雪荷载、施工荷载。

(2)水平作用：风荷载、地震作用。

(3)温度作用。对结构影响较大的是竖向荷载和水平荷载，尤其是水平荷载随房屋高度的增加而迅速增大，以致逐渐发展成为与竖向荷载共同控制设计。在房屋更高时，水平荷载的影响甚至会对结构设计起到绝对控制作用。

4. 按防火要求分类

根据建筑物使用分类、火灾危险性、疏散及扑救难度等因素分类，我国《高层民用建筑设计防火规范》(GB 50016—2014)将高层建筑分为一类和二类，防火性能分为四级，耐火等级分为四级。

5. 高层建筑的发展

高层建筑不仅丰富了城市空间，节约了用地，其新型材料、新型结构的发展，也促进了建筑技术的迅速发展。

随着建筑高度的增加和层数的增多，建筑物受力增大，附属设备(电梯、空调、供水压力、消防、煤气等)增加，施工相对复杂，造价增加。当层数多到一定程度后，经济上不一定可取，而且还会带来使用和生活上的不便。

在高层建筑结构设计中，水平荷载和水平地震作用对建筑的结构体系影响越来越大，抗侧力结构的设计成为关键。设计时必须从建筑功能、结构安全性、经济性角度出发，选择结构材料、结构体系、基础形式等，采用合理而可行的计算方法和设计方法，重视构造、连接、锚固等细部处理，提高材料利用率，降低材料消耗、节约造价。

■ 7.2.2 多层及高层钢筋混凝土房屋结构类型

钢筋混凝土结构造价较低且材料来源丰富，并可浇筑成各种复杂的断面形状，还可以组成多种结构体系；节省钢材，承载能力较强，经过合理设计可获得较好的抗震性能，如图7-1所示。

1. 多层及高层钢筋混凝土房屋的常用结构体系

结构体系是指结构抵抗外部作用构件的组成方式。在高层建筑中，抵抗水平力是设计的主要难题，因此，抗侧力结构体系的确定和设计成为结构设计的关键问题。

按多层和高层房屋用于抵抗水平作用和竖向荷载的结构体系的不同，多层及高层钢筋混凝土房屋的结构体系主要有：框架结构体系、剪力墙结构体系、框架-剪力墙结构体系、框架-筒体结构体系、筒体结构体系等。

图 7-1　迪拜帆船酒店大楼

(1)框架结构。框架结构是以柱和梁为主要构件，通过节点连接形成承受竖向和水平荷载的空间结构。结构设计时，通常将框架结构简化为纵向平面框架和横向平面框架分别进行计算。

框架结构的主要优点：建筑平面布置灵活，可以获得较大的建筑空间，使用比较方便；外墙用非承重构件，可使立面设计灵活多变；计算理论比较成熟；在一定范围内造价较低。

框架结构的主要缺点：抗侧刚度较小，水平荷载作用下侧移较大，使用高度受限制，在抗震设防烈度较高的地区，其高度更加受到限制。框架抗侧刚度主要取决于梁、柱的截面尺寸。通常框架结构的梁、柱断面尺寸都不能太大，否则影响使用面积。

框架结构本身的抗震性能较好，能承受较大的变形。但是，若其变形大了则容易引起非结构构件(如填充墙、建筑装饰等)出现裂缝及破坏，这些破坏会造成很大的经济损失，也会危及人身安全。所以，框架结构房屋中非承重的填充墙、围护墙、隔墙应尽量采用轻质材料，并能承受较大变形的隔墙材料和构造做法。框架结构构件多选用标准化、定型化预制构件，也可采用定型模板做成现浇结构，还可采用现浇柱及预制梁板的半现浇预制结构。现浇结构的整体性好，抗震性能好，在地震地区应优先采用。

框架结构的适用高度与很多因素有关，我国《高层建筑混凝土结构技术规程》(JGJ 3—2010)和《建筑抗震设计规范(2016 年版)》(GB 50011—2010)规定的框架结构房屋的适用高度和高宽比限制，见表 7-1。对某一地区，框架结构能建造的合理高度与该地区的地质条件、抗震设防烈度、建筑的使用功能等因素有关，需经过计算确定。随着框架结构房屋层数的增加，由水平荷载所引起的柱中弯矩将很大，使得梁柱截面尺寸过大，在技术经济方面不如其他结构合理。在有抗震设防的地区，一般的框架结构难以达到 10 层。

表 7-1 框架结构房屋的最大适用高度和最大高宽比

	非抗震设计	抗震设防烈度				
		6 度	7 度	8 度(0.2g)	8 度(0.3g)	9 度
高度限值/m	70	60	50	40	35	—
高宽比限值	5	4	4	3	3	—

图 7-2 是北京民航办公大楼标准层平面图，该工程为装配整体式框架结构体系，地上 15 层，总高度为 58 m，地下两层。

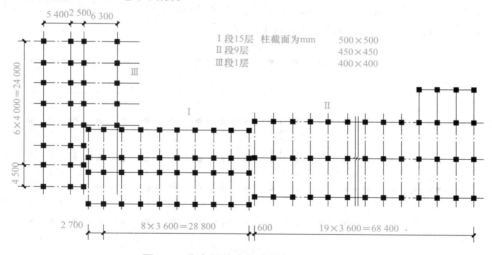

图 7-2　北京民航办公大楼标准层平面图

框架体系的结构布置主要是确定框架柱在平面上的排列方式(柱网布置)和选择框架结构的承重方案，在满足建筑使用功能要求的前提下，还应使结构传力简单、受力合理。

(2)剪力墙结构。剪力墙结构是将房屋的内、外墙都做成实体的钢筋混凝土结构，承受竖向和水平荷载的结构体系。在这种结构体系中，墙体同时也作为建筑物的围护和分隔构件。

剪力墙结构体系的主要优点：其结构整体性好、刚度大、侧向变形小，易于满足承载要求；抗震性能好，具有能承受强烈地震裂而不倒的良好性能；与框架结构体系相比，其施工相对快捷。

剪力墙结构体系的主要缺点：剪力墙间距小、墙体较密，建筑平面布置和空间利用受到限制，很难满足大空间建筑功能的要求；结构自重较大，加上抗侧刚度较大，结构自振周期较短，容易导致较大的地震作用。

剪力墙结构体系的适用范围：适用于建造具有小房间的住宅、公寓和旅馆等高层建筑。为了适应下部设置大空间公共设施的高层住宅、公寓和旅馆建筑的需要，可以使用部分框架支剪力墙结构体系，如图7-3所示。

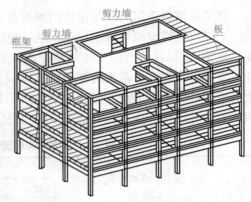

图7-3 剪力墙结构图

（3）框架-剪力墙结构。框架-剪力墙结构体系是由框架和剪力墙共同承受竖向和水平荷载的结构，如图7-4所示。在这种体系中，剪力墙的变形以弯曲型为主，将负担大部分的水平荷载，而框架的变形以剪切型为主，负担竖向荷载为主。在框-剪结构中，框架和剪力墙由楼盖连接起来而共同变形。框架和剪力墙分担水平力的比例，在房屋上部、下部是变化的。在房屋下部，由于剪力墙变形增大，框架变形减小，下部剪力墙承担更多剪力，而框架下部承担的剪力较小。在上部，情况则恰好相反，剪力墙承担外载减小，而框架承担剪力增大。这样，就使框架上部和下部所受剪力均匀，因此，柱断面尺寸和配筋都比较均匀。所以，框-剪体系在多层及高层办公楼等建筑中得到了广泛应用。

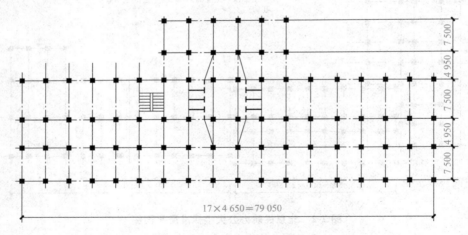

图7-4 框架-剪力墙结构平面图

如果把剪力墙布置成筒体，又可称为框架-筒体结构体系。筒体的承载能力、侧向刚度的抗扭能力都较单片剪力墙提高很多。在结构上，这是提高材料利用率的一种途径；在建筑布置上，筒体多用于电梯间、楼梯间和竖向管道的通道。

（4）**筒体结构**。筒体结构是由筒体为主组成的承受竖向和水平荷载的结构。筒体结构的筒体分剪力墙围成的薄壁筒和由密柱框架或壁式框架围成的框筒等。筒体结构是由框架-剪力墙结构和剪力墙结构的演变与发展，它将剪力墙集中到房屋的内部与外部形成空间封闭筒体，使整个结构体系既具有极大的刚度，又因为剪力墙的集中而获得较大的空间，使建筑平面设计重新获得良好的灵活性。其适用于办公楼等各种公共与商业建筑，深圳招商银行大厦正是这种结构体系（图7-5）。

平面图

外观图

图7-5　深圳招商银行大厦

（5）**钢结构**。钢结构具有结构断面小、自重轻、抗震性能好等优点。钢构件可以在工厂预制，施工现场组装，能缩短施工工期。但是，钢结构用钢量大，造价高，而且钢材耐火性能不好，需要用大量防火涂料。随着高层建筑建造高度的增加，钢结构在我国高层建筑中的使用快速发展，在一些基础软弱或抗震要求高而又较大的高层建筑中，采用钢结构显然是合理的。例如，中央电视台新楼（图7-6）、北京国家体育中心（鸟巢）（图7-7）等钢结构高层建筑。

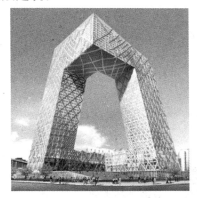

图7-6　中央电视台新楼

图7-7　北京国家体育中心（鸟巢）

（6）**钢筋混凝土组合**。钢筋混凝土的主要缺点是构件断面大，自重大。在当前的发展趋势中，许多高层建筑采用钢和钢筋混凝土材料的混合结构。这种结构可以使两种材料的性能互补，取得经济合理、技术性能优良的效果。目前，有下列两种组合方式。

1）用钢材加强钢筋混凝土构件。即将钢材放在构件内部，外部由钢筋混凝土组成，称为钢骨（或型钢）混凝土构件；也可在钢管内部填充混凝土，做成外包钢构件，称为钢管混凝土。前者既可充分利用外包混凝土的刚度和耐火性能，又可利用钢骨减小构件断面和改善抗震性能，当前应用较为普遍。钢管混凝土建筑如图7-8所示。

2）混合结构。混合结构即部分抗侧力结构用钢结构，另一部分采用钢筋混凝土结构（或部分采用钢骨混凝土结构），多数情况下是采用钢筋混凝土做筒（剪力墙），用钢材做框架梁、柱，例如，香港中银大厦（其高为369 m，图7-9），采用钢骨混凝土角柱，而横梁及斜撑采用钢结构。例如，上海金茂大厦（图7-10），采用钢筋混凝土做核心筒，外框用钢骨混凝土柱和钢柱的混合结构。例如，深圳地王大厦（图 7-11）用钢筋混凝土做核心筒、外框为钢结构的混合结构。

图 7-8　钢管混凝土建筑

图 7-9　香港中银大厦

图 7-10　上海金茂大厦

图 7-11　深圳地王大厦

　　（7）其他结构体系。其他结构体系有悬挂结构、巨型框架结构、巨型桁架结构、高层钢结构等多种形式。这些结构形式已经在实际工程中得到应用，如香港汇丰银行采用悬挂结构，深圳香格里拉大酒店采用巨型框架结构，香港中国银行采用巨型桁架结构。如图 7-12所示。

　　巨型结构适用于超高层建筑，其特点是结构分两级，第二级为一般框架，只承受竖向荷载，并将其传递给第一结构；第一结构承受全部水平荷载和竖向荷载。

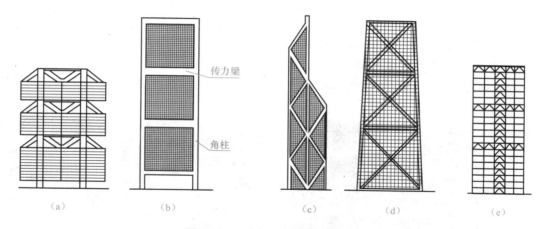

图 7-12　竖向承载结构的多种形式

(a)悬挂结构；(b)巨型框架结构；(c)、(d)巨型桁架结构；(e)刚性横梁或刚性桁架结构

7.2　多层与高层钢筋混凝土结构类型

■ 7.2.1　框架结构

　　框架结构是由梁和柱以刚接或铰接相连而构成承重体系的结构，一般由柱子、纵向梁、横向梁、楼板等构成骨架，如图 7-13 所示。其特点是将承重结构和围护结构分开，框架是承重结构，墙体是围护结构，重点需考虑保温、防水、美观等因素。

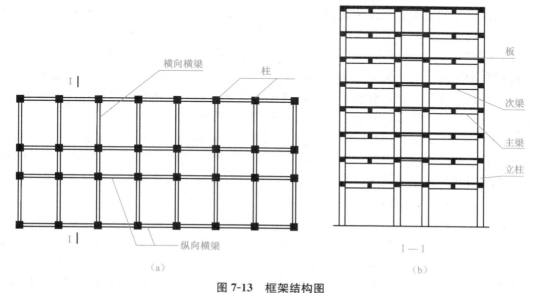

图 7-13　框架结构图

(a)平面图；(b)Ⅰ—Ⅰ剖面图

1. 框架结构类型

按施工方法的不同，钢筋混凝土框架结构可分为全现浇框架、半现浇式框架、装配式框架和装配整体式框架四种形式。

（1）全现浇框架。全现浇框架，即梁、柱、楼盖均为现浇钢筋混凝土，如图 7-14、图 7-15 所示。

图 7-14　全现浇钢筋混凝土框架建筑　　　　　图 7-15　钢筋混凝土框架底层

其优点是整体性及抗震性能好，预埋件少，较其他形式的框架节省钢材等。

其缺点是现场湿作业多，模板消耗量大，施工周期长。在寒冷地区冬期施工困难，但采用泵送混凝土施工工艺和工业化拼装式模板时，可以缩短工期和节省劳动力。

全现浇框架是框架结构中使用最广泛的，其被大量应用于要求较高、功能复杂的多高层建筑及抗震地区。

（2）半现浇式框架。半现浇式框架是指将部分构件现浇，部分预制装配而形成的框架结构。常见的做法有两种：一种是梁、柱现浇，板预制；另一种是柱现浇，梁、板预制。

半现浇框架的施工方法比全现浇式框架简单，由于梁、柱现浇，故节点构造简单，整体性较好；而楼板预制，又比全现浇框架节约模板，节省现场支模的工作量。

（3）装配式框架。装配式框架是指梁、板、柱全部预制，然后在现场通过焊接拼装连接成整体的框架结构。全装配式框架的构件全部为预制，在施工现场进行吊装和连接。其优点是节约模板，缩短工期，有利于施工机械化；其缺点是节点预埋铁件多，用钢量大，节点处理要求高，整体性差，施工需要大型运输和拼装机械。在地震区不宜采用。

（4）装配整体式框架。装配整体式框架是将预制梁、柱和板现场安装就位后，在梁的上部及梁、柱节点处再现浇混凝土，使之形成整体。它兼有现浇式和装配式框架两者的优点，省去了大部分预埋件，减少了节点用钢量。其缺点是增加了现场浇筑混凝土量，且装配整体式框架的梁是二次受力的叠合构件——叠合梁，计算较复杂。

2. 框架结构的布置

（1）柱网及层高。框架的布置主要是确定柱网尺寸，即平面框架的跨度（进深）及其间距（开间）。框架结构的柱网尺寸和层高应根据房屋的生产工艺、使用要求、建筑材料和施工条件等因素综合确定，并应符合一定的模数要求。框架的布置应力求做到平面形状规整统一、均匀对称、体型简单，避免过大的外挑和内收，最大限度地减少构件的种类、规格，有利于装配化、定型化和施工工业化。

民用建筑柱网和层高一般以 300 mm 为模数。由于各建筑物功能要求不同，因此，柱网和层高的变化也大，特别是高层建筑，柱网较难定型。

（2）承重框架布置方案。根据承重框架布置方向的不同，框架的结构布置方案又分为横向框架承重、纵向框架承重和纵、横向框架混合承重。

1）横向框架承重，指框架主梁沿房屋横向设置，板和次梁沿纵向布置，如图 7-16（a）所示。此种布置方案，有利于增加房屋横向刚度，使房屋纵、横向刚度相差不致过大；其缺点是主梁截面尺寸较大。因此，横向框架承重方案应用最为广泛。

2）纵向框架承重，指框架主梁沿房屋纵向设置，板和次梁沿横向布置，如图 7-16（b）所示。此种布置方案，有利于房屋的通风、采光和楼层净高的有效利用，平面布置也较灵活，但因横向刚度较差，一般仅用于层数不多且无抗震设防要求的工业厂房，民用建筑较少采用。

3）纵、横向框架混合承重，指框架承重梁沿房屋纵向和横向两个方向设置，如图 7-16（c）所示。房屋在两个方向上均有较大的抗侧移刚度，具有较大的抗水平力的能力，整体工作性能好。这种布置方案一般采用现浇整体式框架，用于柱网呈方形或近方形的大面积房屋中，如仓库、工业厂房等建筑中。

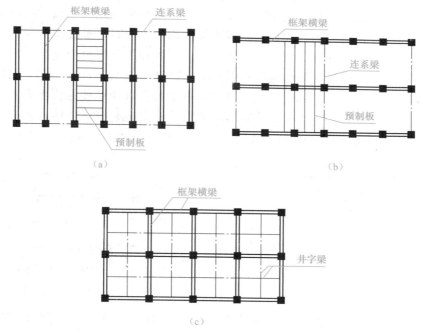

图 7-16　框架体系的布置

(a)横向布置；(b)纵向布置；(c)纵、横双向布置

3. 框架结构的受力特点

（1）计算简图。任何框架结构都是一个空间结构，当横向、纵向的各榀框架布置规则，各自的刚度和荷载分布都比较均匀时，可以忽略相互之间的空间联系，简化为一系列横向和纵向平面框架，使计算大大简化，如图 7-17（a）所示。在计算简图中，框架梁、柱以其轴

线表示，梁柱连接处以节点表示，如图 7-17(b)和(c)所示。梁的跨度取两相邻柱轴线之间的距离。柱高，一般层取层高，首层取基础顶面至一层梁顶之间的高度。

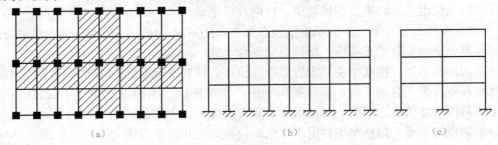

图 7-17　框架体系的布置
(a)框架结构平面；(b)纵向框架；(c)横向框架

(2)框架上的荷载。框架结构承受的荷载包括竖向荷载和水平荷载。

竖向荷载包括结构自重及楼(屋)面活载。一般为分布荷载，有时有集中荷载。水平荷载主要为风荷载。

在多层框架结构中，影响结构内力的主要是竖向荷载。随着房屋高度的增大，增加最快的是结构侧移。在高层框架结构中，竖向荷载的作用与多层建筑相似，柱内轴力随层数增加而增加，而水平荷载的内力和位移则成为控制因素。同时，多层建筑中的柱以轴力为主，而高层框架中的柱受到压、弯、剪的复合作用，其破坏形态更为复杂。其侧移由两部分组成：第一部分侧移由柱和梁的弯曲变形产生，如图 7-18 所示；第二部分侧移由柱的轴向变形产生，如图 7-19 所示。在水平力作用下，柱的拉伸和压缩使结构出现侧移。结构过大的侧向变形不但影响使用，也会使填充墙或建筑装修出现裂缝或损坏，还会使主体结构出现裂缝、损坏，甚至倒塌。因此，高层建筑不仅需要较大的承载力，而且需要较大的刚度。

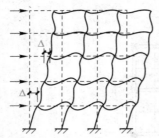
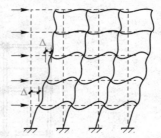

图 7-18　水平荷载下梁柱弯曲变形引起的侧移　　**图 7-19　柱轴向变形引起的侧移**

框架抗侧刚度主要取决于梁、柱的截面尺寸。通常梁、柱截面惯性较小，侧向变形较大，所以称框架结构为柔性结构。虽然通过合理设计可以使钢筋混凝土框架获得良好的延性，但由于框架结构层间变形较大，所以，在地震区高层框架结构容易引起非结构构件的破坏，这是框架结构的主要缺点，也因此限制了框架的高度。

4. 框架内力近似计算方法

(1)**竖向荷载作用下的分层法**。框架在竖向荷载作用下，各层荷载对其他层杆件的内力影响较小，因此，可忽略本层荷载对其他各层梁内力的影响，将多层框架简化为单层框架，即分层作力矩分配计算。其具体步骤如下：

1)将多层框架分层，以每层梁与上、下柱组成单层框架作为计算单元，柱远端假定为固定端。

2)用力矩分配法分别计算各计算单元的内力，除底层柱底是固定端外，其他各层柱的线刚度均需乘以0.9的折减系数，相应的弯矩传递系数也改为1/3，底层柱为1/2。

3)经计算所得的梁端弯矩即为最终弯矩。由于每根柱分别属于上、下两个计算单元，所以，柱端弯矩要进行叠加。此时，节点上的弯矩可能不平衡，但一般误差不大，如需要进一步调整，可将节点不平衡弯矩再进行一次分配，但不再传递。

对侧移较大的框架及不规则的框架不宜采用分层法。

(2)水平荷载作用下的近似计算方法——反弯点法、D值法。

1)反弯点法。框架在水平荷载作用下，节点将同时产生转角和侧移，可将梁的线刚度设为无限大，各柱上、下两端只有水平位移而没有转角产生，且同一层柱的柱顶水平位移相等。因无节点间荷载，梁、柱的弯矩图都是直线形。有一个反弯点，在反弯点处弯矩为零，只有剪力。因此，若能求出反弯点的位置及其剪力，则各梁、柱的内力就易求得。

底层柱的反弯点(即弯矩为零的点)位于距柱下端2/3高度处，其余各层柱反弯点在柱高的中点处。

按柱的抗侧刚度将总水平荷载直接分配到柱，得到各柱剪力后，可根据反弯点的位置求得柱端弯矩，再由节点平衡可求出梁端弯矩和剪力。

反弯点法适用于梁柱线刚度之比超过3的层数不多的规则框架。对于多、高层框架，由于柱截面加大，梁柱相对线刚度比值减小，用这种方法计算内力误差较大。

2)D值法。对于多高层框架，用反弯点法计算的内力误差较大。为此，改进的反弯点法，即D值法用修正柱的抗侧移刚度和调整反弯点高度的方法计算水平荷载作用下框架的内力。修正后的柱抗侧移刚度用D表示，故又称为D值法。该方法的计算步骤与反弯点法相同，具体可参考有关书籍，这里不再讲述。

5. 框架结构的内力组合

(1)活荷载的布置。活荷载是可变荷载，其位置、大小均可发生变化，因此，需考虑其最不利布置，以求得截面最不利内力。但在工程计算中，考虑到活荷载值一般较小，它的位置对框架内力影响不大，故可按各层各跨满布活荷载，从而求得框架各杆件的内力，并将梁跨中弯矩乘以1.1～1.3的增大系数，以考虑活荷载不利布置对框架各杆件内力的影响。

(2)竖向荷载作用下弯矩的调幅。框架结构设计时，允许考虑梁端形成塑性铰。因此，在梁中可以考虑塑性内力重分布，通常是降低支座弯矩，也就是梁端负弯矩乘以调幅系数β，《高层建筑混凝土结构技术规程》(JGJ 3—2010)规定：

现浇整体式框架$\beta=0.8～0.9$。

装配整体式框架$\beta=0.7～0.8$。

支座负弯矩减少后，梁跨中正弯矩按照平衡条件相应增大，使其不小于按简支梁计算的跨中正弯矩的一半。

(3)荷载效应组合。对非地震区无吊车荷载的多层框架的承载能力极限状态，通常考虑以下三种荷载组合：恒荷载＋活荷载，恒荷载＋风荷载，恒荷载＋0.9(风荷载＋活荷载)。

（4）控制截面及最不利内力。框架柱的控制截面为上、下两个柱端截面，框架梁的控制面为两个梁端和跨中截面。控制截面上内力类型有轴力 N、弯矩 M 和剪力 V 三种，通常考虑以下几种最不利内力组合：

1）M_{max} 及相应的 N、V；

2）$-M_{max}$ 及相应的 N、V；

3）N_{max} 及相应的 M、N；

4）N_{min} 及相应的 M、N 等。

6. 现浇框架节点构造

现浇框架的节点构造主要是为了保证梁和柱的连接质量。框架梁、柱的纵向钢筋在框架节点区的锚固和搭接应符合图 7-20 的要求。

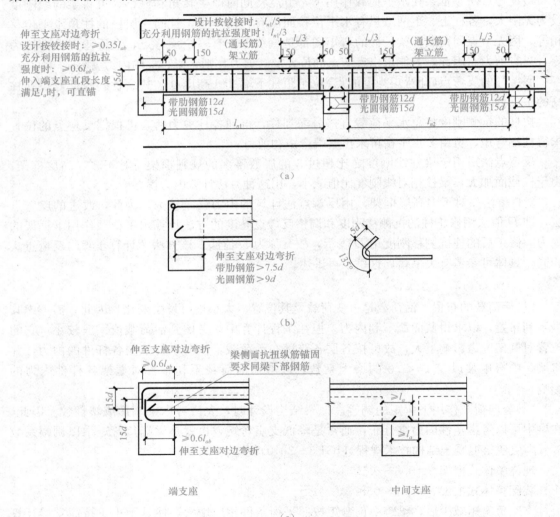

(a)

(b)

(c)

图 7-20 非抗震设计框架梁纵向钢筋在节点内的锚固与搭接

(a)非框架梁配筋构造；(b)端支座非框架梁下部纵筋弯锚构造；(c)受扭非框架梁纵筋构造

7. 框架结构工程实例

1989年建成的北京长富宫中心，共26层，高为90.85 m。如图7-21(a)所示，其柱网平面图采用框架矩形对称柱网布置。柱子行距、列距一致，在同一轴线上，结构布置合理，传力直接，受力合理，施工方便。其外观雄伟高大，如图7-21(b)所示。室内建筑空间布置灵活，如图7-21(c)、(d)、(e)所示，可根据不同用途把较大空间的大厅、会议室、餐厅，也可以分隔成空间较小的客房。

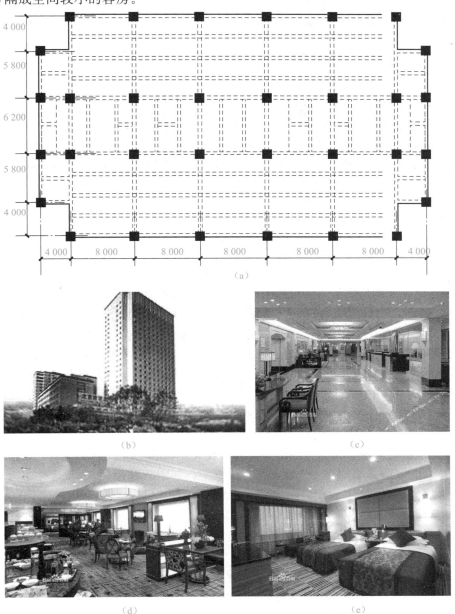

图7-21　北京长富宫中心

(a)北京长富宫中心柱网平面图；(b)北京长富宫中心外观；(c)、(d)、(e)北京长富宫中心大堂

剪力墙结构是利用建筑物的纵向和横向的钢筋混凝土墙体作为主要承重构件来承受竖向荷载和水平荷载，再配以梁板组成的承重结构体系。

1. 剪力墙结构类型

剪力墙上洞口的存在，将对剪力墙的受力性质产生很大的影响，其按墙体受力的特点不同，可分为**整体墙、小开口整体墙、联肢墙、壁式框架剪力墙和框支剪力墙**五种，如图 7-22 所示。

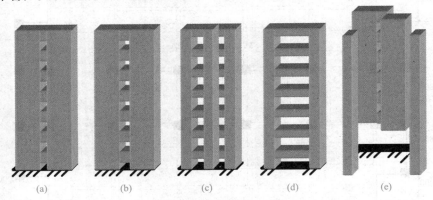

图 7-22　剪力墙类型图
(a)整体墙；(b)小开口整体墙；(c)联肢墙；(d)壁式框架剪力墙；(e)框支剪力墙

（1）**整体墙。**无洞口的剪力墙或剪力墙上开有一定数量的洞口，但洞口的面积不超过墙体面积的 15%，且洞口至墙边的净距及洞口之间的净距大于洞孔长边尺寸时，可以忽略洞口对墙体的影响，如图 7-22(a)所示，这种墙体称为整体剪力墙（或称为悬臂剪力墙）。

（2）**小开口整体墙。**当洞口沿竖向成列布置成实体墙，且所开洞口面积超过墙体面积的 15%，但总的来说洞口很小的开口剪力墙，如图 7-22(b)所示，称为小开口整体墙。

（3）**联肢墙。**剪力墙上洞口尺寸较大，在水平荷载作用下，整个墙肢连系梁的刚度较小，这种剪力墙可视为由连梁把墙肢联结起来的结构体系，如图 7-22(c)所示，故称为联肢剪力墙。

（4）**壁式框架剪力墙。**当剪力墙的洞口尺寸较大，墙肢宽度较小，连梁的线刚度接近于墙肢的线刚度时，剪力墙的受力性能已接近于框架，如图 7-22(d)所示，这种剪力墙称为壁式框架剪力墙。

（5）**框支剪力墙。**标准层采用剪力墙结构，只是底层为适应大空间要求而采用框架结构，底层的竖向荷载和水平荷载由框架的梁、柱来承受，如图 7-22(e)所示。

2. 剪力墙结构的布置

剪力墙结构一般多采用横墙承重方案，楼板沿纵向布置，支撑在横墙上，它可以每开间设置横墙，采用小跨度楼板，也可每两开间设一横墙，采用大跨度预应力板。剪力墙结构体系也可以采用纵、横墙承重方案，一般应用于塔式高层建筑。

3. 剪力墙结构的受力特点

剪力墙的受力特性与变形状态主要取决于剪力墙上的开洞情况。洞口的大小、形状及位置的不同，都将影响剪力墙的受力性能。剪力墙结构的受力特点分为以下几种。

（1）整体墙受力特点。整体剪力墙的受力状态如同竖向悬臂梁，其截面变形后仍符合平面假定，因而截面应力可按材料力学公式计算，受力如图 7-23 所示。

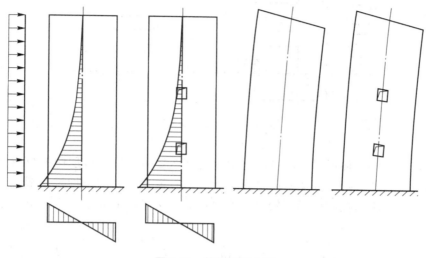

图 7-23　整体墙受力图

（2）小开口整体墙受力特点。小开口整体剪力墙截面上的正应力分布略偏离直线分布的规律，相当于在整体墙弯曲时的直线分布应力之上叠加了墙肢局部弯曲应力。当墙肢中的局部弯矩不超过墙体整体弯矩的 15％ 时，其截面变形仍接近于整体截面剪力墙，受力如图 7-24 所示。

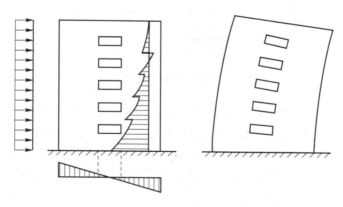

图 7-24　小开口整体墙受力图

（3）联肢墙受力特点。以双肢墙为例，当连系梁的刚度相对较小时，联肢墙相当于用两端铰接链杆连系起来的两片整体墙。当双肢墙发生弯曲变形时，可能在连系梁中部出现反弯点，反弯点处只有剪力和轴力。此时，每个墙肢相当于同时承受外荷载和反弯点处剪力和轴力的悬臂梁。因此，一个墙肢成为拉、弯、剪构件，另一个墙肢成为压、弯、剪构件，这与整体墙的受力完全不同，受力如图 7-25 所示。

（4）壁式框架剪力墙受力特点。壁式框架剪力墙洞口开得比联肢剪力墙更宽，墙肢宽度

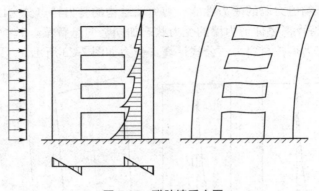

图 7-25　联肢墙受力图

较小，墙肢与连梁刚度接近时，墙肢明显出现局部弯矩，在许多楼层内有反弯点。剪力墙的内力分布接近框架。壁式框架实质是介于剪力墙和框架之间的一种过渡形式，它的变形已很接近剪切型。因壁柱和壁梁都较宽，因而在梁柱交接区形成不产生变形的刚域，受力如图 7-26 所示。

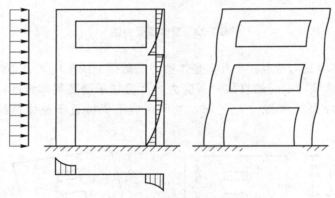

图 7-26　壁式框架剪力墙受力图

（5）框支剪力墙受力特点。框支剪力墙结构上部刚度大，下部刚度小，抗侧刚度在底部楼盖处发生突变。对框支剪力墙结构进行反复荷载试验，结果表明其抗水平荷载性能较差，破坏一般出现在支撑框架的顶节点和框架柱的底部截面。当框支柱的轴压比较大时，结构破坏带有突然性。因此，对于有抗震设防要求的建筑，为了改善结构的受力性能，提高其抗震能力，在进行结构平面布置时，可以将一部分剪力墙落地并贯通至基础，做成落地剪力墙与框支剪力墙协同工作的受力体系。由于底部可以形成大的使用空间，因此，框支剪力墙结构适合于底部为商店、餐馆、车库和上部为住宅、旅馆、办公室的高层建筑。

4. 剪力墙结构构造要求

（1）材料要求。为保证剪力墙的承载力和变形能力，混凝土等级不应低于 C20，墙中纵向受力钢筋宜采用 HRB335 级或 HRB400 级钢筋，分布钢筋和箍筋一般采用 HPB300 级钢筋。

（2）截面尺寸要求。为保证平面的刚度和稳定性，对于一、二级剪力墙，混凝土剪力墙的厚度底部加强部位不应小于 200 mm，一字形独立剪力墙底部加强部位不应小于 220 mm，其他部位不应小于 180 mm；做三、四级和非抗震设计时，剪力墙不应小于 160 mm，同时不小于楼层高度的 1/25。

（3）墙肢纵向钢筋。剪力墙两端和洞口两侧应按规定设置构造边缘构件。

非抗震设计剪力墙端部应按构造配置不少于 4 根直径为 12 mm 的纵向钢筋，沿纵向钢筋应配置不少于 4 根直径为 6 mm、间距为 250 mm 的拉筋。

（4）分布钢筋。剪力墙墙身分布钢筋分为水平分布钢筋和竖向分布钢筋，其作用如下：

1）使剪力墙有一定的延性，破坏前有明显的位移，防止发生脆性破坏；

2）当混凝土受剪破坏后，钢筋仍有足够的抗剪能力，剪力墙不会突然倒塌；

3）减少因温度或拆模原因产生的裂缝；

4）当因施工拆模或其他原因使剪力墙产生裂缝时，能有效地控制裂缝继续发展。

由于施工时一般先立竖向钢筋，后绑扎水平钢筋，为施工方便，竖向钢筋宜在内侧，水平钢筋宜在外侧，并且多采用水平与竖向分布钢筋同直径、同间距。

（5）连系梁的配筋构造。连梁是一个受到反弯矩作用的梁，通常跨高比较小，因而易出现剪切斜裂缝。为防止脆性破坏，《高层建筑混凝土结构技术规程》（JGJ 3—2010）规定了连梁在构造上的一些特殊要求。

1）连梁顶面、底面纵向受力钢筋伸入墙内的锚固尺寸长度≥600 mm，沿连梁全长的箍筋直径≥6 mm，间距≤150 mm。

2）顶梁连梁纵向钢筋伸入墙的长度范围内，应配置间距≤150 mm 的构造箍筋，箍筋直径应与该梁的箍筋直径相同。

3）墙体水平的分布钢筋应作为连梁的腰筋在连梁范围内拉通连续配置；当连梁截面高度>700 mm 时，其两侧面沿梁高范围设置的纵向构造筋（腰筋）的直径≥10 mm，间距≤200 mm。

4）对跨度比大于 2.5 的连梁，梁两侧的纵向构造筋（腰筋）的面积配筋率≥0.3%。

（6）剪力墙墙面和连系梁开洞的构造要求。剪力墙墙面和连系梁开洞应遵守下列规定：

1）当剪力墙墙面开有连续小洞口（其各边长度不小于 800 mm），且在整体计算中不考虑其影响时，应将洞口处被截断的分布钢筋分别集中配置在洞口上、下和左、右两边，且钢筋直径>12 mm。

2）穿过连梁的管道宜预埋套管，洞口上、下的有效高度≥梁高的 1/3 且≥200 mm，洞口处宜配置补强钢筋。

当采用现浇楼板时，剪力墙洞口上、下两边的水平纵向钢筋不应少于 2 根直径为 12 mm 的钢筋，钢筋截面面积分别不宜小于洞口截断面的水平分布钢筋总截面面积的 1/2。纵向钢筋自洞口边伸入墙内的长度不应小于 l_a。剪力墙洞口边梁应沿全长配置箍筋，箍筋不宜小于 φ6@150。在顶层洞口连系梁纵向钢筋深入墙内的锚固长度范围内，应设置间距不大于 150 mm 的箍筋，箍筋直径宜与该连系梁跨内箍筋相同，如图 7-27 所示。同时，门窗洞边的竖向钢筋应按受拉钢筋锚固在顶层连系梁高度范围内。

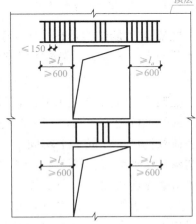

图 7-27 连系梁配筋构造

注：抗震设计时，图中锚固长度取 l_{aE}

5. 剪力墙结构工程实例

广州白云宾馆，如图7-28所示，地上为33层，地下为2层，高为115 m，是1976年建成的国内首栋百米高层。结构在横向布置钢筋混凝土剪力墙，纵向走廊的两侧也为混凝土剪力墙。墙厚沿高度由下往上逐渐减少，混凝土强度也随高度而降低。

(a)

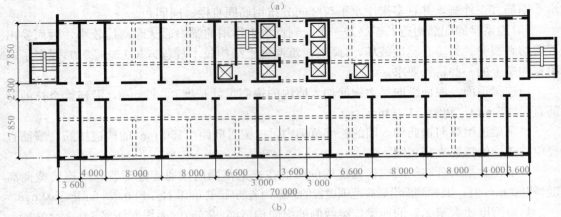

(b)

图7-28　广州白云宾馆
(a)外观图；(b)剪力墙结构平面图

7.2.3　框架-剪力墙结构

框架-剪力墙结构是在框架体系的房屋中设置一些剪力墙来代替部分框架，剪力墙承担大部分的水平荷载，框架承担竖向荷载为主。

1. 框架-剪力墙结构的受力特点

框架-剪力墙结构是由框架和剪力墙两类抗侧力单元组成，这两类抗侧力单元的变形和受力特点不同。剪力墙在水平荷载作用下如同一下端固定、上端自由的悬臂梁，框架结构在水平荷载作用下类似竖向悬臂剪切梁，框架和剪力墙由楼盖连接起来协同工作时，剪力墙单元刚度比框架大，剪力墙承担大部分水平荷载。剪力墙下部变形增大，框架减小，故下部为拉力；上部正好相反，剪力墙变形减小，框架增大，故上部为推力，如图7-29所示。框架上部和下部所受剪力趋于均匀化。

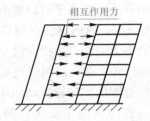

图7-29　框架-剪力墙受力变形图

此外，框架和剪力墙分担水平力的比例，沿房屋高度变化而变化。在上部楼层，框架阻止剪力墙位移，框架承担水平力加大；而在下部楼层，剪力墙阻止框架位移，剪力墙承受了较多的水平力，对框架有利，从而使框架截面不再会因房屋高度的增加而加大很多。因此，框-剪结构受力合理，经济效果也优于框架结构和剪力墙结构，且构件上、下受力相差较小，便于设计成统一的截面，利于建筑施工的工业化。

2. 框架-剪力墙结构的变形特点

剪力墙变形以弯曲型变形为主，框架变形以剪切型变形为主，其变形通过水平刚度很大的楼板来协调。框架-剪力墙结构的层间变形在房屋下部小于纯框架，在上部小于纯剪力墙，因此各层的层间变形也将趋于均匀化。

3. 框架-剪力墙的构造要求

框架-剪力墙结构中，剪力墙是主要的抗侧力构件，承担着大部分剪力，因此，其在构造上应有所加强。框架部分的构造要求同框架结构，而对于周边有梁柱与其相连的剪力墙部分，则应满足以下构造要求：

（1）为防止楼板在自身平面内变形过大，剪力墙沿长度方向的间距宜符合表 7-2 的要求。

表 7-2　剪力墙间距
m

楼盖形式	非抗震设计（取较小值）	抗震设防烈度		
		6、7 度（取小值）	8 度（取小值）	9 度（取小值）
现浇	5.0B，60	4.0B，50	3.0B，40	2.0B，30
装配整体	3.5B，50	3.0B，40	2.5B，30	—

注：1. 表中 B 为剪力墙之间的楼盖宽度（m）；
　　2. 现浇层厚度大于 60 mm 的叠合楼板可作为现浇板考虑；
　　3. 当房屋端部未布置剪力墙时，第一片剪力墙与房屋端部的距离不宜大于表中剪力墙间距的 1/2。

（2）周边有梁柱的剪力墙墙厚：非抗震设计时不应小于 140 mm；抗震设计时不应小于 160 mm，且不应小于层高的 1/20。混凝土等级不宜低于 C20。

（3）当墙厚大于或等于 20 mm 时，应配置双排钢筋，钢筋间距不应大于 300 mm，竖向和水平方向的配筋率应相同。

（4）剪力墙分布钢筋配置要求如下：

剪力墙墙板的竖向和水平方向分布钢筋的配筋率，对其做非抗震设计时不应小于 0.2%，做抗震设计时不应小于 0.25%。分布钢筋的直径不宜小于 10 mm，间距不宜大于 300 mm，并至少采用双排布置。各排分布钢筋间应设拉筋，拉筋直径不应小于 6 mm，间距不应大于 600 mm。

剪力墙周边应设置梁（或暗梁）和端柱组成边框。边框端柱的纵向钢筋直径大于 28 mm 时，宜采用机械连接。墙中的水平和竖向分布钢筋宜分别贯穿柱、梁或锚入周边的柱、梁中，锚固长度为 l_a。抗震设计时，锚固长度取 l_{aE}，端柱的箍筋应沿全高加强配置。

剪力墙水平和竖向分布钢筋的搭接长度不应小于 $1.2l_a$。同排水平分布钢筋的搭接接头之间以及上、下相邻水平分布钢筋的搭接接头之间沿水平方向的净距不宜小于 500 mm。施工缝处抗剪用钢筋连接构造，如图 7-30 所示。竖向分布钢筋可在同一高度搭接。

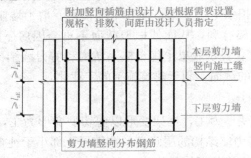

图 7-30　施工缝处抗剪用钢筋连接构造

当剪力墙墙面开有非连续小洞口（其各边长度小于 800 mm），且在整体计算中不考虑其影响时，应将洞口处被截断的分布钢筋量分别集中配置在洞口上、下和左、右两边，且钢筋直径不应小于 12 mm，如图 7-31(a) 所示。

当剪力墙墙面开有非连续小洞口，其各边长度大于 800 mm，需设计暗梁，如图 7-31(b) 所示。

穿过连系梁的管道宜预埋套管，洞口上、下的有效高度不宜小于梁高的 1/3，且不宜小于 200 mm，洞口处宜配置补强钢筋，如图 7-31(c) 所示。对其进行抗震设计时，锚固长度取 l_{aE}。

其余构造要求详见相应规范。

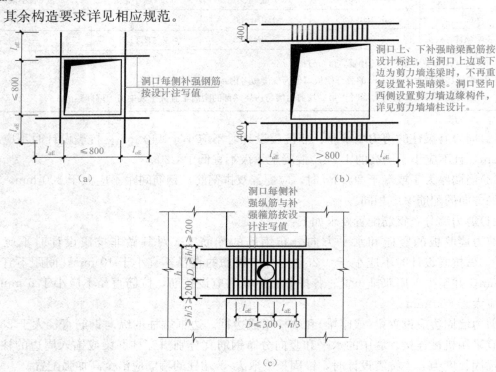

图 7-31　洞口补强构造图
(a)洞口不大于 800 时补强钢筋构造；(b)洞口大于 800 时补强暗梁构造；(c)连梁洞口补强钢筋构造

7.3.1 地震的基本概念

1. 地震

地震是指因地球内部缓慢积累的能量突然释放而引起的地球表层的振动。地震是一种自然现象，地球上每天都在发生地震。目前记录到的世界上最大地震是 9.5 级，发生于 1960 年 5 月 22 日的智利地震。2008 年 5 月 12 日北京时间 14 时 28 分 59.5 秒，四川省阿坝藏族羌族自治州汶川县发生了 8.0 级强烈地震，造成多处建筑物倒塌损坏，如图 7-32 所示。

（a） （b）

图 7-32 地震震害

（a）桥梁损坏；（b）房屋倒塌

2. 横波、纵波、震源、震中、震中距

地震发生时会产生地震波，地震波是地震发生时由于震源的岩石破裂而产生的弹性波，其分为**横波（P 波）和纵波（S 波）**两种。

横波传播速度为 2.0～5.0 km/s，其引起地面的水平振动，是地震时造成建筑物破坏的主要原因；纵波传播速度为 3.5～10.0 km/s，其引起地面上、下振动。当地震时，纵波先到达地表，所以，人先感觉到地面上、下振动，但由于纵波衰减比横波快，所以，离震中较远的地方只会感觉到水平振动。

地震波产生的地方叫作震源。震源在地面上的垂直投影称为震中，震中是地表距离震源最近的地方，也是震动最强烈、受地震破坏程度最大的地方。震中及其附近的地方称为震中区。震中到震源的深度称为震源深度。观测点到震中的距离称为震中距。

横波、纵波、震源、震中、震中距如图 7-33 所示。

3. 地震的分类

（1）按地震成因分类。地震按成因分类可分为天然地震和人工地震（也称诱发地震）。其中，天然地震包括构造地震、火山地震和陷落地震。

构造地震，由于地壳运动引起地壳岩层断裂错动而发生的地壳震动，其是主要的破坏

图 7-33　横波、纵波、震源、震中、震中距

地震。92％的地震发生在地壳中，其余的发生在地幔上部。

火山地震，由于火山活动时岩浆喷发冲击或热力作用而引起的地震，如岩浆活动、气体爆炸等引起的地震。这类地震只占全世界地震的7％左右。

陷落地震，由于地下水溶解可溶性岩石，或由于地下采矿形成的巨大空洞，造成地层崩塌陷落而引发的地震。这类地震约占地震总数的3％，震级也都比较小。

人工地震是因人为因素直接造成的地震，如工业爆破、地下核爆炸造成的振动；在深井中进行高压注水以及大水库蓄水后增加了地壳的压力，称为诱发地震。1962年3月19日在广东河源新丰江水库坝区发生了迄今我国最大的水库诱发地震，震级为6.1级，如图7-34所示。

图 7-34　广东河源新丰江水库地震

(2)按震源深浅分类。

1)**浅源地震**：震源深度小于60 km的称为浅源地震。全世界85％以上的地震都是浅源地震。

2)**中源地震**：震源深度在60～300 km的称为中源地震。

3)**深源地震**：震源深度在300 km以上的称为深源地震。目前有记录的最深震源达720 km。

一般说来，震源越浅，地震的破坏性越大。浅源地震波及范围小，但破坏力大；深源地震波及范围大，但破坏力小。

4. 震级与地震烈度

震级：震级是指反映一次地震释放能量大小的尺度。震级的表示方法，国际上常用里氏震级，用符号 M 表示，其表达式如下：

$$M = \lg A \tag{7-1}$$

式中，A 表示标准地震仪距震中 100 km 处记录的最大水平地面位移，单位为 $\mu m(10^{-6}m)$。

震级每提高一级，地面的振动幅度增加约 10 倍，释放的能量则增大近 32 倍。

由于震源深浅、震中距大小等不同，地震对某一地方造成的破坏也不同。震级大，破坏力不一定大；震级小，破坏力也不一定就小。

地震烈度：地震烈度是指地震对地表和建筑物影响的平均强弱程度，用 I 表示。对于一次地震来说，只有一个震级，但不同地点所遭受影响的强弱程度却不同。一般而言，震级越大，烈度就越大。同一次地震，震中距小地震烈度就高；反之，地震烈度就低。影响地震烈度的因素，主要取决于地震震级和震源深度，还与震源深度、地质构造和地基条件等因素有关。

地震烈度表是评定烈度的标准和尺度。《中国地震烈度表》(GB/T 17742—2008)将地震烈度分为 1~12 度，见表 7-3。

表 7-3 中国地震烈度表

地震烈度	人的感觉	房屋震害			其他震害现象	水平向地面运动	
		类型	震害现象	平均震害指数		峰值加速度 m/s²	峰值速度 m/s
Ⅰ	无感	—	—	—	—	—	—
Ⅱ	室内个别静止中人有感觉	—	—	—	—	—	—
Ⅲ	室内少数静止中人有感觉	—	门、窗轻微作响	—	悬挂物微动	—	—
Ⅳ	室内多数人、室外少数人有感觉，少数人梦中惊醒	—	门、窗作响	—	悬挂物明显摆动，器皿作响	—	—
Ⅴ	室内绝大多数、室外多数人有感觉，多数人梦中惊醒	—	门窗、屋顶、屋架颤动作响，灰土掉落，个别屋顶墙体抹灰出现细微裂缝，个别屋顶烟囱掉砖	—	悬挂物大幅度晃动，不稳定器物摇动或翻倒	0.31 (0.22~0.44)	0.03 (0.02~0.04)
Ⅵ	多数人站立不稳，少数人惊逃户外	A	少数中等破坏，多数轻微破坏和/或基本完好	0.00~0.11	家具和物品移动；河岸和松软土出现裂缝，饱和砂层出现喷砂冒水；个别独立砖烟囱轻度裂缝	0.63 (0.45~0.89)	0.06 (0.05~0.09)
		B	个别中等破坏，少数轻微破坏，多数基本完好				
		C	个别轻微破坏，大多数基本完好	0.00~0.08			

地震烈度	人的感觉	房屋震害			其他震害现象	水平向地面运动	
		类型	震害现象	平均震害指数		峰值加速度 m/s²	峰值速度 m/s
Ⅶ	大多数人惊逃户外，骑自行车的人有感觉，行驶中的汽车驾乘人员有感觉	A	少数毁坏和/或严重破坏，多数中等和/或轻微破坏	0.09～0.31	物体从架子上掉落；河岸出现坍方，饱和砂层常见喷水冒砂，松软土地上地裂缝较多；大多数独立砖烟囱中等破坏	1.25 (0.90～1.77)	0.13 (0.10～0.18)
		B	少数中等破坏，多数轻微破坏和/或基本完好				
		C	少数中等和/或轻微破坏，多数基本完好	0.07～0.22			
Ⅷ	多数人摇晃颠簸，行走困难	A	少数毁坏，多数严重和/或中等破坏	0.29～0.51	干硬土上出现裂缝，饱和砂层绝大多数喷砂冒水；大多数独立砖烟囱严重破坏	2.50 (1.78～3.53)	0.25 (0.19～0.35)
		B	个别毁坏，少数严重破坏，多数中等和/或轻微破坏				
		C	少数严重和/或中等破坏，多数轻微破坏	0.20～0.40			
Ⅸ	行动的人摔倒	A	多数严重破坏或/和毁坏	0.49～0.71	干硬土上多处出现裂缝，可见基岩裂缝、错动，滑坡、坍方常见；独立砖烟囱多数倒塌	5.00 (3.54～7.07)	0.50 (0.36～0.71)
		B	少数毁坏，多数严重和/或中等破坏				
		C	少数毁坏和/或严重破坏，多数中等和/或轻微破坏	0.38～0.60			
Ⅹ	骑自行车的人会摔倒，处不稳状态的人会摔离原地，有抛起感	A	绝大多数毁坏	0.69～0.91	山崩和地震断裂出现，基岩上拱桥破坏；大多数独立砖烟囱从根部破坏或倒毁	10.00 (7.08～4.14)	1.00 (0.72～1.41)
		B	大多数毁坏				
		C	多数毁坏和/或严重破坏	0.58～0.80			

地震烈度	人的感觉	房屋震害			其他震害现象	水平向地面运动	
		类型	震害现象	平均震害指数		峰值加速度 m/s²	峰值速度 m/s
XI	—	A	绝大多数毁坏	0.89~1.00	地震断裂延续很长，大量山崩滑坡	—	—
		B					
		C		0.78~1.00			
XII	—	A	几乎全部毁坏	1.00	地面剧烈变化，山河改观	—	—
		B					
		C					

注：表中给出的"峰值加速度"和"峰值速度"是参考值，括弧内给出的是变动范围。

■ 7.3.2 地震的破坏作用 ··

1. 直接灾害

由地震的原生现象，如地震断层错动，以及地震波引起的强烈地面振动所造成的灾害，主要有如下 4 种。

(1)**地面破坏**，如地面裂缝、错动、塌陷、喷水冒砂等，如图 7-35 所示。

 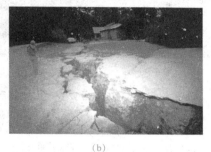

(a)   (b)

图 7-35　地面破坏

(a)裂缝；(b)错动

(2)**建筑物与构筑物的破坏**，如房屋倒塌、桥梁断落、水坝开裂、铁轨变形等，如图 7-36 所示。

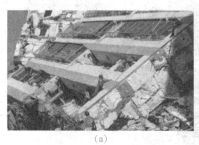 

(a)   (b)

图 7-36　建筑物、构筑物破坏

(a)房屋倒塌；(b)桥梁断落

图 7-36　建筑物、构筑物破坏(续)
(c)水坝开裂；(d)铁轨变形

(3)山体等自然物的破坏，如山崩、滑坡等，如图 7-37 所示。

图 7-37　山体等自然物的破坏
(a)山崩；(b)滑坡

(4)**海啸**，海底地震引起的巨大海浪冲上海岸，可造成沿海地区的破坏，如图 7-38 所示。

图 7-38　海啸过后

2. 次生灾害

次生灾害是直接灾害发生后，破坏了自然或社会原有的平衡、稳定状态，从而引发出的灾害。有时，次生灾害所造成的伤亡和损失比直接灾害还大。

主要的次生灾害有如下4种。

(1)火灾，由震后火源失控引起。1923年日本关东地震，东京市内227处起火，其中，33处未能扑灭造成火灾蔓延，造成旧市区烧毁约50%，横滨市烧毁约80%，死亡人数达到10万人，如图7-39所示。

(2)水灾，由水坝决口或山崩壅塞河道等引起。

(3)毒气泄漏，由建筑物或装置破坏等引起。

(4)瘟疫，由震后生存环境的严重破坏而引起。

图7-39　地震引起火灾

3. 工程结构破坏现象

(1)结构丧失整体性，如图7-40所示。

(2)承重结构强度不足，如图7-41所示。

图7-40　结构丧失整体性

图7-41　承重结构强度不足

(3)结构变形过大导致倒塌，如图7-42所示。

(4)结构构件连接支撑失效，如图7-43所示。

图7-42　结构变形过大导致倒塌

图7-43　结构构件连接支撑失效

1. 抗震设防的分类

在进行建筑设计时，应根据使用功能的重要性不同，采取不同的抗震设防标准。《建筑抗震设计规范(2016 年版)》(GB 50011—2010)将建筑物按其重要程度不同，分为以下四类：

特殊设防类：指使用上有特殊设施，涉及国家公共安全的重大建筑工程和地震时可能发生严重次生灾害等特别重大灾害后果，需要进行特殊设防的建筑。简称甲类。

重点设防类：指地震时使用功能不能中断或需尽快恢复的生命线相关建筑，以及地震时可能导致大量人员伤亡等重大灾害后果，需要提高设防标准的建筑。简称乙类。

标准设防类：指大量的除特殊设防类、重点设防类、适度设防类以外按标准要求进行设防的建筑。简称丙类。

适度设防类：指使用上人员稀少且震损不致产生次生灾害，允许在一定条件下适度降低要求的建筑。简称丁类。

2. 抗震设防的目标

抗震设防是指对房屋进行抗震设计和采取抗震措施，来达到抗震的效果。抗震设防的依据是抗震设防烈度。为减轻建筑的破坏，避免人员死亡，减轻经济损失，《建筑抗震设计规范(2016 年版)》(GB 50011—2010)提出了"三水准"的抗震设防目标。

第一水准——小震不坏：当遭受低于本地区抗震设防烈度的多遇地震影响时，建筑物一般不受损坏或不需修理可继续使用。

第二水准——中震可修：当遭受相当于本地区抗震设防烈度的地震影响时，建筑物可能损坏，经一般修理或不需修理仍可继续使用。

第三水准——大震不倒：当遭受高于本地区抗震设防烈度的预估的罕遇地震影响时，建筑物不致倒塌或发生危及生命的严重破坏。

3. 建筑抗震设防的标准

抗震规范规定，对各类建筑地震作用和抗震措施，应按下列要求考虑：

甲类建筑，地震作用应高于本地区抗震设防烈度的要求，其值应按批准的地震安全性评价结果确定；抗震措施，当抗震设防烈度为 6～8 度时，应符合本地区抗震设防烈度提高一度的要求；当为 9 度时，应符合比 9 度抗震设防更高的要求。

乙类建筑，地震作用应符合本地区抗震设防烈度的要求。一般情况下，当抗震设防烈度为 6～8 度时，应符合本地区抗震设防烈度抗震措施提高一度的要求；当为 9 度时，应符合比 9 度抗震设防更高的要求。

对较小的乙类建筑(如工矿企业的变电所、空压站、水泵房等)，当其结构改用抗震性能较好的结构类型时，应允许其仍按本地区抗震设防烈度的要求采取抗震措施。

丙类建筑，地震作用和抗震措施均应符合本地区抗震设防烈度的要求。

丁类建筑，一般情况下，地震作用仍符合本地区抗震设防烈度的要求。抗震措施应允许比本地区抗震设防烈度的要求适当降低，当抗震设防烈度为 6 度时不应降低。

当抗震设防烈度为 6 度时，除抗震规范有具体规定外，对乙、丙、丁类建筑可不进行地震作用计算。

4. 设计地震分组

不同的地震(震级或震中烈度的不同)对某一地区不同动力特性的结构破坏作用是不同的。一般来讲,震级较大、震中距较远的地震对自振周期较长的高柔结构的破坏比同烈度的震级较小、震中距较近的破坏重要,对自振周期较短的刚性结构则有相反的趋势。

为了区分烈度下不同震级和震中距的地震对不同动力特性的建筑物的破坏作用,规范以设计地震分组来体现震级和震中距的影响,将建筑工程的设计地震分为三组。

《建筑抗震设计规范(2016 年版)》(GB 50011—2010)列出了我国抗震设防区各县级及县级以上城镇抗震设防烈度及设计基本地震加速度值,见表 7-4,供设计时取用。

表 7-4 抗震设防烈度及设计基本地震加速度值

抗震设防烈度	6 度	7 度	8 度	9 度
设计基本地震加速度	0.05g	0.10(0.15)g	0.20(0.30)g	0.40g

5. 建筑场地

抗震设计时要区分场地类别,以作为表征地震反应场地条件的指标。《建筑抗震设计规范(2016 年版)》(GB 50011—2010)把场地分为Ⅰ、Ⅱ、Ⅲ、Ⅳ类。Ⅰ类场地对抗震最为有利,Ⅳ类场地对抗震最为不利。建筑场地类别的划分以土层等效剪切波速和场地覆盖层厚度来划分,由工程地质勘察部门提供。

■ 7.3.4 建筑抗震设计的基本要求 ···

由于地震的随机性,加之建筑物的动力特性、所在场地、材料及结构内力的不确定性,目前对地震时建筑物破坏的机理和计算模型的假定与实际情况的差异,难以进行精确的抗震设计。

20 世纪 70 年代以来,人们在总结大量地震灾害经验中提出了"概念设计",并认为"概念设计"比"数值设计"更为重要,结构的抗震性能在更大程度上取决于良好的"概念设计"。

建筑结构概念设计是根据地震灾害和工程经验等所形成的基本原则和设计思想,根据对结构特性(承载能力、变形能力、耗能能力等)的正确把握,合理地确定结构总体与局部设计,使结构自身具有良好性能的过程。

概念设计的主要内容有建筑场地选择、合理的建筑选型与结构布置、设置多道抗震防线等。概念设计应遵守下列要求。

1. 选择对抗震有利的场地、地基和基础

选择建筑场地时,应根据工程需要,掌握地震活动情况和工程地质、地震地质的有关资料,对抗震有利、一般、不利和危险地段作出综合评价。宜选择有利的地段,避开不利的地段,无法避开时应采取有效的抗震措施;在危险地段,严禁建造甲、乙类建筑,不应建造丙类建筑。

建筑场地为Ⅰ类时,对甲、乙类的建筑应允许按本地区抗震设防烈度的要求采取抗震构造措施;对丙类建筑应按本地区抗震设防烈度降低一度的要求采取抗震构造措施,但抗震设防烈度为 6 度时,按本地区抗震设防烈度的要求采取抗震构造措施。

地基和基础设计的要求是:同一结构单元的基础不宜设置在性质截然不同的地基上;同一结构单元宜采用同一类型的基础,不宜部分采用天然地基、部分采用桩基;同一结构

单元的基础(或桩承台)宜埋置在同一标高上;当地基有软弱黏性土、可液化土、新近填土或严重不均匀土层时,应估计地震时地基不均匀沉降或其他不利影响,并采取相应的措施。如加强基础的整体性和刚性,桩基宜采用低承台桩。

2. 选择有利于抗震的平面和立面布置

(1)建筑平面布置。为了避免地震时建筑发生扭转和应力集中或塑性变形而形成薄弱部位,建筑及其抗侧力结构的平面布置宜简单、规则、对称,减少偏心,并应具有良好的整体;质量和刚度变化均匀,避免楼层错层;平面长度不过长,凸出部分长度 l 不过大;L、l 等值满足要求;不宜采用角部重叠的平面图形或细腰形平面图形。平面不规则类型按表 7-5 划分。

表 7-5 平面不规则类型

不规则类型	定 义
扭转不规则	在具有偶然偏心的规定水平力作用下,楼层两端抗侧力构件弹性水平位移(或层间位移)的最大值与平均值的比值大于 1.2
凹凸不规则	平面凹进的尺寸,大于相应投影方向总尺寸的 30%
楼板局部不连续	楼板的尺寸和平面刚度急剧变化,例如,有效楼板宽度小于该层楼板典型宽度的 50%,或开洞面积大于该层楼面面积的 30%,或较大的楼层错层

(2)建筑立面布置。建筑的立面和竖向剖面应当规则,避免有过大的外挑和内收;结构的侧向刚度应当均匀变化,竖向抗侧力构件的截面尺寸和材料强度宜自上而下逐渐均匀变化,避免抗侧力结构的侧向刚度和承载力突变,不应采用竖向布置严重不规则的结构,结构竖向抗侧力构件宜上、下连续贯通;楼层不宜错层;必要时对体型复杂的建筑物可设置防震缝。立面不规则类型按表 7-6 划分。

表 7-6 立面不规则类型

不规则类型	定 义
侧向刚度不规则	该层的侧向刚度小于相邻上一层的 70%,或小于其上相邻三个楼层侧向刚度平均值的 80%;除顶层或出屋面小建筑外,局部收进的水平向尺寸大于相邻下一层的 25%
竖向抗侧力构件不连续	竖向抗侧力构件(柱、抗震墙、抗震支撑)的内力由水平转换构件(梁、桁架)等向下传递
楼层承载力突变	抗侧力结构的层间受剪承载力小于相邻上一楼层的 80%

(3)对抗震不利的结构布置形式,如图 7-44 所示。

(4)结构布置的一般原则。结构力求对称,以避免扭转。对称结构在单向水平地震作用下,仅发生平移振动,各层构件的侧移量相等,水平地震作用则按刚度分配,受力比较均匀。非对称结构由于质量中心与刚度中心不重合,即使在单向水平地震动下也会激起扭转振动,产生平移-扭转耦连振动。由于扭转振动的影响,远离刚度中心的构件侧移量明显增大,产生的水平地震剪力也随之增大,较易引起破坏,甚至严重破坏。因此,需要合理布置抗侧力构件。例如,在结构布置时,应特别注意具有很大抗侧刚度的钢筋混凝土墙体和钢筋混凝土的芯筒位置,力求在平面上要居中和对称。在地震调查资料中,发现角柱的震害一般较重,这主要由于角柱受扭转反应最为显著。此外,抗震墙沿房屋周边布置,可以使结构具有较大的抗扭刚度和较大的抗倾覆能力。

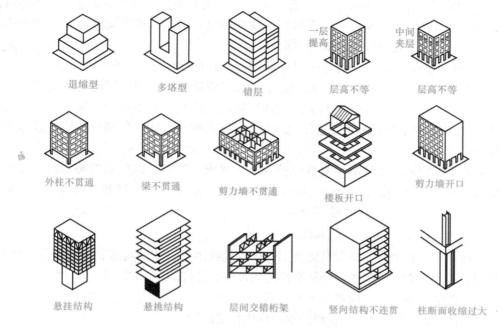

图 7-44 对抗震不利的结构布置形式

竖向布置力求均匀。结构抗震性能的好坏，除取决于总的承载能力、变形和耗能能力外，避免局部的抗震薄弱部位是十分重要的。

现浇钢筋混凝土房屋适用的最大高度见表 7-7。

表 7-7 现浇钢筋混凝土房屋适用的最大高度 m

结构类型		烈　度				
		6	7	8(0.2g)	8(0.3g)	9
框架		60	50	40	35	24
框架-抗震墙		130	120	100	80	50
抗震墙		140	120	100	80	60
部分框支抗震墙		120	100	80	50	不应采用
筒体	框架-核心筒	150	130	100	90	70
	筒中筒	180	150	120	100	80
板柱-抗震墙		80	70	55	40	不应采用

注：1. 房屋高度是指室外地面到主要屋面板板顶的高度（不包括局部凸出屋顶部分）；
　　2. 框架-核心筒结构是指周边稀柱框架与核心筒组成的结构；
　　3. 部分框支抗震墙结构是指首层或底部两层为框支层的结构，其不包括仅个别框支墙的情况；
　　4. 表中框架，不包括异形柱框架；
　　5. 板柱-抗震墙结构是指板柱、框架和抗震墙组成抗侧力体系的结构；
　　6. 乙类建筑可按本地区抗震设防烈度确定其适用的最大高度；
　　7. 超过表内高度的房屋，应进行专门研究和论证，采取有效的加强措施。

（5）防震缝的合理设置。防震缝的设置，应根据建筑类型、结构体系和建筑体型等具体情况区别对待。对于体型复杂、平立面特别不规则的建筑结构，可按实际需要在适当部位设置防震缝，形成多个较规则的抗侧力结构单元。

但下列情况应设置防震缝，将整个建筑划分为若干个简单的独立单元：

平面或立面不规则，又未在计算和构造上采取相应措施；房屋长度超过规定的伸缩缝最大间距，又无条件采取特殊措施而必需设伸缩缝时；地基土质不均匀，房屋各部分的预计沉降量（包括地震时的沉陷）相差过大，必需设置沉降缝时；房屋各部分的质量或结构的抗推刚度差距过大。

钢筋混凝土结构的防震缝最小宽度应符合以下要求：框架结构房屋的防震缝宽度，当高度不超过 15 m 时，可采用 70 mm；超过 15 m 时，6 度、7 度、8 度和 9 度相应每增加高度 5 m、4 m、3 m 和 2 m，宜加宽 20 mm。

3. 选择技术上、经济上合理的抗震结构体系

抗震结构体系应根据建筑抗震设防类别、抗震设防烈度、建筑高度、场地条件、地基、结构材料和施工等因素，经技术、经济和使用条件综合比较确定。

在选择抗震结构体系时，应符合下列要求：

（1）应具有明确的计算简图和合理的地震作用传递途径。

（2）应避免因部分结构或构件破坏而导致整个结构丧失抗震能力或对重力荷载的承载能力。

（3）应具备必要的抗震承载力、良好的变形能力和消耗地震能量的能力。

（4）对可能出现的薄弱部位，应采取措施提高其抗震能力。

（5）宜有多道抗震防线。

（6）宜具有合理的刚度和承载力分布，避免因局部削弱或突变形成薄弱部位，产生过大应力集中或塑性变形集中。

（7）结构在两个主轴方向的动力特征宜相近。

4. 抗震结构的构件应有利于抗震

抗震结构的变形能力取决于组成结构的构件及其连接的延性水平，因此，抗震结构构件应力求避免脆性破坏。为改善其变形能力，加强构件的延性，抗震结构构件应符合下列要求：

（1）砌体结构应按规定设置钢筋混凝土圈梁和构造柱、芯柱，或采用约束砌体、配筋砌体等。

（2）混凝土结构构件应控制截面尺寸和受力钢筋、箍筋的设置，防止剪切破坏先于弯曲破坏、混凝土的压碎先于钢筋的屈服、钢筋的锚固粘结破坏先于钢筋破坏。

（3）预应力混凝土的构件，应配有足够的非预应力钢筋。

（4）钢结构构件的尺寸应合理控制，避免局部失稳或整个构件失稳。

（5）多、高层的混凝土楼、屋盖宜优先采用现浇混凝土板，当采用预制装配式时，应从楼盖体系和构造上采取措施确保各预制板之间连接的整体性。

5. 保证结构整体性，并使结构和连接部位具有较好的延性

抗震结构各构件之间的连接，应符合下列要求：

（1）构件节点的破坏，不应先于其连接的构件。

（2）预埋件的锚固破坏，不应先于连接件。

（3）装配式结构构件的连接，应能保证结构的整体性。

（4）预应力混凝土构件的预应力钢筋，宜在节点核心区以外锚固。

（5）装配式单层厂房的各种抗震支撑系统不完善往往导致屋盖失稳倒塌，使厂房发生灾难性震害，因此，应保证地震时结构的稳定性。

6. 非结构构件应有可靠的连接和锚固

（1）非结构构件，包括建筑非结构构件和建筑附属机电设备，自身及其与结构主体的连接，应进行抗震设计。

（2）附着于楼、屋面结构上的非结构构件（如女儿墙、厂房高低跨墙等），以及楼梯间的非承载墙体，应与主体结构有可靠的连接和锚固，避免倒塌伤人或砸坏重要设备。

（3）框架结构的围护墙和隔墙，应估计其设置对结构抗震的不利影响，避免不合理设置而导致主体结构的破坏。例如，框架结构或厂房柱间的填充墙不到顶，这些柱子变成短柱，在地震中极易破坏。

（4）幕墙、装饰贴面与主体结构应有可靠连接，避免地震时脱落伤人。

7. 注意材料的选择和施工质量

抗震结构在材料选用、施工质量，特别是在材料代用上有特殊的要求。这是抗震结构施工中十分重要的问题，在抗震设计和施工中应当引起足够重视。

结构材料性能指标应符合下列要求。

（1）砌体结构材料应符合下列规定：

普通砖和多孔砖的强度等级不应低于 MU10，其砌筑砂浆强度等级不应低于 M5。

混凝土小型空心砌块的强度等级不应低于 MU7.5，其砌筑砂浆强度等级不应低于 Mb7.5。

（2）混凝土结构材料应符合下列规定：

框支梁、框支柱及抗震等级为一级的框架梁、柱、节点核芯区，混凝土强度等级不应低于 C30。

抗震等级为一、二、三级的框架和斜撑构件（含梯段），其纵向受力钢筋采用普通钢筋时，钢筋的抗拉强度实测值与屈服强度实测值的比值不应小于 1.25；钢筋的抗拉强度实测值与屈服强度实测值的比值不应小于 1.3，且钢筋在最大拉力下的总伸长率实测值不应小于 9%。

（3）钢结构的钢材应符合下列规定：

钢材的屈服强度实测值与抗拉强度实测值的比值不应大于 0.85；钢材应有明显的屈服台阶，且伸长率不应小于 20%；钢材应有良好的焊接性和合格的冲击韧性。

在钢筋混凝土结构施工中，要严加注意材料的代用，不能片面强调满足强度要求，还要保证结构的延性。

钢筋混凝土构造柱和底部框架-抗震墙房屋中的砌体抗震墙，其施工应先砌墙后浇构造柱和框架梁柱。

砌体结构的纵、横墙交接处应同时咬槎砌筑或采取拉结措施，以免在地震中开裂或外闪倒塌。

8. 多道抗震防线的设置

单一结构体系只有一道防线，一旦破坏就会造成建筑物倒塌。特别是当建筑物的自振周期与地震动卓越周期相近时，建筑物由此而发生的共振，更加速其倒塌进程。如果建筑物采用的是多重抗侧力体系，第一道防线的抗侧力构件在强烈地震作用下遭到破坏后，后备的第二道乃至第三道防线的抗侧力构件立即接替，抵挡住后续的地震动的冲击，可保证建筑物最低限度的安全，免于倒塌。在遇到建筑物基本周期与地震动卓越周期相同或接近的情况时，多道防线就更显示出其优越性。当第一道抗侧力防线因共振而破坏，第二道防线接替工作，建筑物自振周期将出现较大幅度的变动，与地震动卓越周期错开，使建筑物的共振现象得以缓解，避免再度严重破坏。因此，一个抗震结构体系，应有若干个延性较好的分体系组成，并由延性较好的结构构件连接起来协同工作。

(1)第一道防线的构件选择。第一道防线一般应优先选择不负担或少负担重力荷载的竖向支撑或填充墙，或选择轴压比值较小的抗震墙、实墙筒体之类的构件作为第一道防线的抗侧力构件。不宜选择轴压比很大的框架柱作为第一道防线。在纯框架结构中，宜采用"强柱弱梁"的延性框架。

(2)结构体系的多道设防。框架-剪力墙双重结构体系是我国广泛采用的体系，主要抗侧力构件是剪力墙，它是第一道防线。在弹性地震反应阶段，大部分侧向地震作用由剪力墙承担，但是一旦剪力墙开裂或屈服，剪力墙刚度相应降低。此时框架承担地震作用的份额将增加，框架部分起到第二道防线的作用，并且在地震动过程中框架起着支撑竖向荷载的重要作用，它承受主要的竖向荷载。

框架-填充墙结构体系实际上也是等效双重体系。如果设计得当，填充墙可以增加结构体系的承载力和刚度。在地震作用下，填充墙产生裂缝，可以大量吸收和消耗地震能量，填充墙实际上起到了耗能元件的作用。填充墙在地震后是较易修复的，但需采取有效措施防止平面外倒塌和框架柱剪切破坏。

单层厂房纵向体系中，可以认为也存在等效双重体系。柱间支撑是第一道防线，柱是第二道防线。通过柱间支撑的屈服来吸收和消耗地震能量，从而保证整个结构的安全。

(3)结构构件的多道防线。联肢抗震墙中，连系梁先屈服，然后墙肢弯曲破坏丧失承载力。当连系梁钢筋屈服并具有延性时，它既可以吸收大量地震能量，又能继续传递弯矩和剪力，对墙肢有一定的约束作用，使抗震墙保持足够的刚度和承载力，延性较好。如果连系梁出现剪切破坏，按照抗震结构多道设防的原则，只要保证墙肢安全，整个结构就不至于发生严重破坏或倒塌。

"强柱弱梁"型的延性框架，在地震作用下，梁处于第一道防线，其屈服先于柱的屈服，首先用梁的变形去消耗输入的地震能量，使柱处于第二道防线。

在超静定结构构件中，赘余构件为第一道防线，由于主体结构已是静定或超静定结构，这些赘余构件的先期破坏并不影响整个结构的稳定。

工程实例：尼加拉瓜的马拉瓜市美洲银行大厦。

尼加拉瓜的马拉瓜市美洲银行大厦，如图 7-45 所示，地面以上 18 层，高 61 m，就是一个应用多道抗震防线概念的成功实例。因为这幢大楼位于地震区，其设计指导思想是，在风荷载和规范规定的等效静力地震荷载的作用下，结构具有较大的抗推刚度，以满足变形方面的要求。但在大震作用下，建筑物受到的地震作用很大时，通过某些构件的屈服，过渡到另一个具有较高变形能力的结构体系，继续有效地工作。根据这一指导思想，该大楼采用 11.6 m×11.6 m 的钢筋混凝土芯筒作为主要的抗震和抗风构件。该芯筒又由四个小芯筒组成，每个 L 形小筒的外边尺寸为 4.6 m×4.6 m。在每层楼板处，采用较大截面的钢筋混凝土连系梁，将四个小筒连成一个具有较强整体性的大筒。

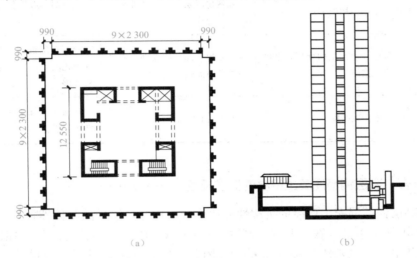

图 7-45 马拉瓜市美洲银行大厦

(a)平面图；(b)剖面图

该大厦在进行抗震设计时，既考虑四个小筒作为大筒的组成部分发挥整体作用时的受力情况，又考虑连系梁损坏后四个小筒各自作为独立构件的受力状态，且在小筒间的连系梁完全破坏时，其整体结构仍具有良好的抗震性能。1972 年 12 月马拉瓜发生地震时，该大厦经受了考验。在大震作用下，小筒之间的连梁破坏后，动力特性和地震反应显著改变：基本周期 T_1 加长 1.5 倍，结构底部水平地震剪力减小一半，地震倾覆力矩减少 3/5，但是结构顶点侧移加大一倍。

9. 地基抗震的措施

可液化地基、容易产生震陷的软弱黏性土地基和严重不均匀地基，属于对建筑抗震不利的地基，应分别采取不同的抗震措施，来提高它们的抗震能力。

(1)液化的概念。在地下水位以下的松散的饱和砂土和饱和粉土，在受到地震作用时，土颗粒间有压密的趋势，使土中孔隙水压力增高，当孔隙水来不及排出时，将致使土颗粒处于悬浮状态，形成有如"液体"一样的现象，称为液化。土体的抗剪强度几乎为零，地基承载力完全丧失。建筑物如同处于液体之上，造成下陷、浮起、倾倒、开裂等难以修复的破坏。

(2)抗液化措施。建筑抗震以预防为主。

地面下存在饱和砂土或饱和粉土(不含黄土)的地基，除 6 度设防外，应经过勘察试验进行液化判别。存在液化土层的地基，应根据建筑的抗震设防类别、地基的液化等级，结合具体情况采取相应的措施，见表 7-8。

表 7-8　抗液化措施

建筑抗震设防类别	地基的液化等级		
	轻微	中等	严重
乙类	部分消除液化沉陷，或对基础和上部结构处理	全部消除液化沉陷，或部分消除液化沉陷，且对基础和上部结构处理	全部消除液化沉陷
丙类	基础和上部结构处理，也可不采取措施	基础和上部结构处理，或更高要求的措施	全部消除液化沉陷，或部分消除液化沉陷，且对基础和上部结构处理
丁类	可不采取措施	可不采取措施	基础和上部结构处理，或其他经济的措施

■ 7.3.5　多、高层钢筋混凝土房屋的抗震规定 ···

多层和高层钢筋混凝土房屋的抗震性能比混合结构好，结构的整体性较好。在地震时，能达到"小震不坏、中震可修、大震不倒"的抗震要求。将钢筋混凝土结构房屋的抗震等级分为四级，其中，一级抗震等级要求最严。因此，抗震等级是进行抗震设计的重要依据。根据结构类型、抗震设防烈度及房屋高度采用不同的抗震等级，钢筋混凝土房屋应符合相应的计算和构造措施要求。

1. 钢筋混凝土框架房屋的震害

框架结构的震害主要发生在梁柱节点处和填充墙处。

一般的震害规律是：柱的震害重于梁，柱顶的震害重于柱底，角柱的震害重于内柱，短柱的震害重于一般柱。因此，为了充分发挥整个结构的抗震能力，较合理的地震破坏机制应为：节点基本不破坏，梁比柱的屈服能早发生、多发生；同一层中，各柱两端屈服历程越长越好；底层柱底的塑性铰宜最晚发生；梁柱端的塑性铰出现得尽可能分散。

(1)框架梁的震害。破坏常发生在梁的端部。在强烈地震作用下，梁端纵向负弯矩钢筋首先受拉屈服，梁端出现上、下贯通的垂直裂缝和交叉斜裂缝。在梁端负弯矩钢筋屈服处，由于抗弯能力的削弱而容易产生受剪裂缝，造成梁的剪切破坏。

梁剪切破坏的主要原因有梁端纵向负弯矩钢筋受拉屈服后，裂缝的产生和开展使混凝土抵抗剪力的能力逐渐减小，而梁内箍筋配置又少，加上地震反复作用，使混凝土抗剪强度进一步降低。当剪力超过梁抗剪承载力时，即产生破坏。

(2)框架柱的震害。破坏主要发生在接近节点处。在水平地震作用下，每层柱的上、下端接近节点处将产生较大的弯矩。当柱的正截面抗弯承载力不足时，在柱的上、下端会产生水平受弯裂缝。进入塑性阶段，形成塑性铰，发生破坏。

柱顶破坏，如图 7-46 所示，在强地震作用下，轻则柱顶混凝土水平裂缝、斜裂缝或交叉裂缝逐渐增大；重则混凝土压碎崩落，柱内箍筋拉断，纵筋被压曲呈灯笼状向外凸出。产生柱顶破坏的主要原因有节点处弯矩、剪力、轴力都较大，受力复杂，箍筋配置不足、锚固不好等。

图 7-46　框架柱顶受地震作用破坏图

柱底破坏，如图 7-47 所示，与柱顶相似，由于箍筋较柱顶密，震害相对柱顶较轻。

短柱破坏，如图 7-48 所示，当柱高小于 4 倍柱截面高度（$H/b<4$）时形成短柱。短柱抗侧刚度大，受到的地震剪力也大，柱身会出现交叉的 X 形斜裂缝，严重时箍筋屈服崩断，柱断裂，造成房屋倒塌。

图 7-47　框架柱底受地震作用破坏图　　　图 7-48　框架短柱受地震作用破坏图

角柱破坏，如图 7-49 所示，由于双向偏心受压、受弯、受剪，加上扭转作用，震害比内柱重。

（3）框架节点的震害。节点的破坏机理复杂，主要表现为：节点核芯区产生斜向的 X 形裂缝，当节点区剪压比较大时，箍筋未屈服混凝土就被剪、压酥碎而破坏，导致整个框架破坏。破坏的主要原因多是混凝土强度不足、节点处的箍筋配置量小或节点处钢筋太密，使得混凝土浇捣不密实，梁筋锚固长度不够。框架节点受地震作用破坏图如图 7-50 所示。

图 7-49　框架角柱受地震作用破坏图　　　图 7-50　框架节点受地震作用破坏图

2. 框架梁的抗震构造措施

框架梁是框架结构在地震作用下的主要耗能构件，因此，梁的塑性铰区应保证有足够的延性。影响梁延性的主要因素有：梁的剪跨比、截面剪压比、截面配筋率、压区高度比和配箍率等。为保证框架梁的延性，《建筑抗震设计规范(2016 年版)》(GB 50011—2010)有相应的构造要求。

(1)框架梁的截面尺寸。为防止梁发生剪切破坏而降低其延性，框架梁的截面宽度不宜小于 200 mm，截面高宽比不宜大于 4，框架梁净跨宜大于梁截面高度的 4 倍。当采用梁宽大于柱宽的扁梁时，楼板应现浇，梁中线宜与柱中线重合，扁梁应双向布置，且不宜用于一级框架结构。

(2)框架梁的纵向钢筋配置。在梁端截面，为保证塑性铰有足够的转动能力，其纵向受拉钢筋的配筋率不应大于 2.5%，且计入受压钢筋的梁端混凝土受压区高度和有效高度之比，一级不应大于 0.25，二、三级不应大于 0.35。

考虑到受压钢筋的存在，对梁的延性有利，同时在地震作用下，梁端可能产生反向弯矩，因此，要求梁端截面的下部与上部纵向钢筋配筋量的比值除按计算确定外，一级框架不应小于 0.5，二、三级框架不应小于 0.3，同时也不宜过大，以防止节点承受过大的剪力和避免梁端配筋过多而出现塑性铰向柱端转移的现象。

考虑到在荷载作用下反弯点位置可能有变化，框架梁上部和下部应沿全长贯通配置至少 2 根钢筋，对一、二级框架不应少于 2⌀14，且分别不应少于梁两端上部和下部纵向钢筋中较大截面面积的 1/4；三、四级框架不应少于 2⌀12。

在中柱部位，框架梁上部钢筋应贯穿中柱节点。为防止纵筋在出现塑性铰时产生过大的滑移，一、二级框架梁内贯通中柱的每根纵向钢筋直径，对矩形截面柱不宜大于柱在该方向截面尺寸的 1/20，对于圆柱不宜大于纵向钢筋所在弦长的 1/20。

(3)框架梁的箍筋配置。为了避免地震作用下梁端塑性铰区产生剪切破坏，防止梁纵向钢筋压屈，同时利用箍筋约束混凝土，要求在梁端部一定范围内设置加密箍筋。

梁端箍筋加密区的长度、箍筋最大间距和最小直径应按表 7-9 采用。梁端加密区的箍筋肢距，一级不宜大于 200 mm 和 20 倍箍筋直径的较大值；二、三级不宜大于 250 mm 和 20 倍箍筋直径的较大值；四级不应大于 300 mm。

表 7-9　框架梁端箍筋加密区的构造要求

抗震等级	箍筋加密区长度 (采用较大者)/mm	箍筋最大间距 (采用较小者)/mm	箍筋最小直径/mm
一	$2h_b$，500	$h_b/4$，$6d$，100	10
二	$1.5h_b$，500	$h_b/4$，$8d$，100	8
三	$1.5h_b$，500	$h_b/4$，$8d$，150	8
四	$1.5h_b$，500	$h_b/4$，$8d$，150	6

注：1. d 为纵向钢筋直径，h_b 为梁截面高度；

　　2. 当梁端纵向受拉钢筋配筋率大于 2% 时，表中箍筋最小直径数值应增大 2 mm。

3. 框架柱的抗震构造措施

框架柱是框架结构的主要抗侧力构件。因此，柱应具有较高的承载力和变形与耗能能力。影响柱延性的主要因素有：柱的剪跨比、轴压比、截面高宽比、截面配筋率和配箍率等。

(1)框架柱的截面尺寸。为了使柱有足够的延性，框架柱的截面宽度和高度，四级或不超过2层时不宜小于300 mm，一、二、三级且超过2层时不宜小于400 mm；圆柱直径，四级或不超过2层时不宜小350 mm，一、二、三级且超过2层时不宜小于450 mm。

为避免发生剪切破坏，柱的剪跨比宜大于2.0，截面长边与短边的边长比不宜大于3。框架柱中线与框架梁中线之间的偏心距不宜大于柱截面宽度的1/4。

框架柱组合的轴向压力设计值与柱的全截面面积和混凝土抗压强度设计值乘积之比，即 $N/(Af_c)$，称为轴压比。轴压比是影响柱的破坏状态和变形能力的重要因素。轴压比不同，柱将呈现两种破坏状态，即受拉钢筋首先屈服的大偏心受压破坏和混凝土受压区压碎而受拉钢筋尚未屈服的小偏心受压破坏。框架柱的抗震设计一般应在大偏心受压破坏范围，以保证柱有一定的延性。

试验研究表明，柱的延性随轴压比的增大急剧下降，尤其在高轴压比条件下箍筋对柱变形能力的影响很小。因此，在框架抗震设计中，必须限制轴压比，以保证柱具有一定的延性。《建筑抗震设计规范(2016年版)》(GB 50011—2010)规定柱的轴压比限值见表7-10。建造于Ⅳ类场地且较高的高层建筑，柱轴压比限制应适当减小。

表7-10 柱轴压比限值

结 构 类 型	抗震等级			
	一	二	三	四
框架结构	0.65	0.75	0.85	0.90
框架-抗震墙	0.75	0.85	0.90	0.95
部分框支抗震墙结构	0.6	0.7	—	—

注：1. 表内限制适用于剪跨比大于2、混凝土强度等级不高于C60的柱，剪跨比不大于2的柱轴压比限制应低于0.05；剪跨比小于1.5的柱，轴压比限制应专门研究；
2. 轴压比不应大于1.05。

(2)框架柱的纵向钢筋。框架柱截面纵向钢筋宜对称配置，以抵抗地震的水平作用。截面大于400 mm的柱，纵向钢筋间距不宜大于200 mm。

为了保证柱有足够的延性，不同抗震等级的柱截面纵向钢筋的最小总配筋率不应小于表7-11规定的数值，柱的纵向钢筋总配筋率不应大于5%，同时每一侧配筋率不应小于0.2%。一级框架且剪跨比不大于2的柱，每侧纵向钢筋配筋率不宜大于1.2%。

表7-11 柱截面纵向钢筋的最小总配筋率(%)

类 别	抗 震 等 级			
	一	二	三	四
中柱和边柱	0.9(1.0)	0.7(0.8)	0.6(0.7)	0.5(0.6)
角柱、框支柱	1.1	0.9	0.8	0.7

对Ⅳ类场地上较高的高层建筑，表中数值应增加0.1。另外，柱中纵筋的锚固长度不应小于 l_{aE}。

边柱、角柱考虑地震作用组合产生小偏心受拉及抗震墙端柱产生全截面受拉时，柱内纵筋总截面面积计算值应增加25%。

柱纵向钢筋的绑扎接头应避开柱端的箍筋加密区。

(3)框架柱的箍筋。柱箍筋形式有普通箍、复合箍、螺旋箍和连续复合螺旋箍，如图 7-51 所示。

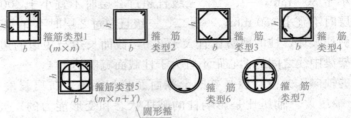

图 7-51　柱箍筋示意图

柱箍筋加密区的范围，柱端取截面高度(圆柱直径)、柱净高的 1/6 和 500 mm 三者的最大值；底层柱嵌固部位的箍筋加密范围不小于柱净高的 1/3；当有刚性地面时，除柱端外还应取刚性地面上、下各 500 mm。剪跨比不大于 2 的柱和柱的净高与柱截面高度之比不大于 4 的柱，取全高。框支柱，取全高。一级及二级框架的角柱，取全高。

柱的加密箍筋间距、直径和肢距，一般情况下，柱架柱箍筋加密区的最大间距和箍筋的最小直径应符合表 7-12 的规定。

表 7-12　柱端箍筋加密区箍筋的最大间距和最小直径

抗震等级	箍筋最大间距(采用较小者)/mm	箍筋最小直径/mm
一	$6d$，100	10
二	$8d$，100	8
三	$8d$，150(柱根 100)	8
四	$8d$，150(柱根 100)	6(柱根 8)

注：1. 四级框架柱剪跨比不大于 2 时，箍筋直径不应小于 8 mm。
　　2. 框支柱和剪跨比不大于 2 的柱，箍筋间距不应大于 100 mm。

柱箍筋加密区箍筋肢距，一级不宜大于 200 mm，二、三级不宜大于 250 mm 和 20 倍箍筋直径的较大值，四级不宜大于 300 mm。至少每隔一根纵向钢筋宜在两个方向有箍筋或拉筋约束；当采用拉筋复合箍时，拉筋宜紧靠纵向钢筋并钩住箍筋。

柱箍筋非加密区的最小箍筋量，考虑到框架柱在层高范围内的剪力不变和避免框架柱非加密区的受剪能力突然降低很多导致柱的破坏，对柱箍筋非加密区的最小箍筋量作出了如下规定：柱箍筋非加密区的体积配箍率不宜小于加密区的 50%；箍筋间距，一、二级框架柱不应大于 10 倍纵向钢筋直径，三、四级框架柱不应大于 15 倍纵向钢筋直径。

现浇框架箍筋构造图，如图 7-52 所示。

图 7-52　现浇框架箍筋构造图

4. 框架节点的抗震构造措施

框架节点起着连接梁、柱的重要作用，在梁、柱端出现塑性铰前不应发生破坏。为了使框架的梁柱纵向钢筋有可靠的锚固条件，保证框架梁柱节点核心区的混凝土具有良好的约束，《建筑抗震设计规范(2016年版)》(GB 50011—2010)给出了梁柱节点核芯区内箍筋的设置要求：

(1)框架梁、柱节点核芯区箍筋的最大间距和最小直径宜同框架柱端箍筋加密区的要求。

(2)一、二、三级框架节点核芯区配箍特征值分别不宜小于0.12、0.10和0.08，且体积配箍率分别不宜小于0.6%、0.5%和0.4%。

(3)柱剪跨比不大于2的框架节点核芯区配箍特征值不宜小于核芯区上、下柱端的较大配箍特征值(抗震验算要求)。

(4)框架节点区钢筋的锚固与搭接。结构各构件之间的连接，应符合下列要求：

1)构件节点的破坏，不应先于其连接的构件。

2)预埋件的锚固破坏，不应先于连接件。

3)装配式结构构件的连接，应能保证结构的整体性。

4)预应力混凝土构件的预应力钢筋，宜在节点核心区以外锚固。

在进行抗震设计时，楼层框架梁、柱的纵向钢筋在框架节点区的锚固和搭接应符合图7-53的要求。

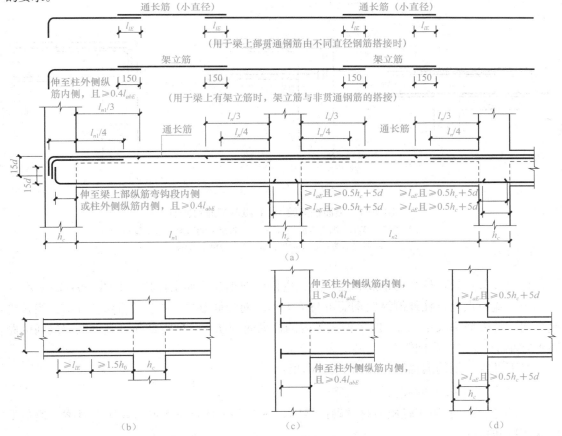

图7-53 楼层框架梁 KL 纵向钢筋构造图

(a)楼层框架梁 KL 纵向钢筋构造图；(b)中间层中间梁下节点外搭接；(c)楼层端支座加锚固；(d)楼层端支座直锚

在进行抗震设计时，屋面顶层框架梁、柱的纵向钢筋在框架节点区的锚固和搭接应符合图 7-54 的要求。

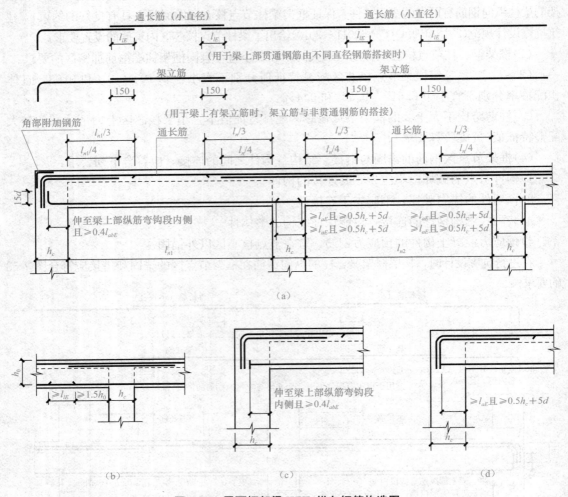

图 7-54　屋面框架梁 WKL 纵向钢筋构造图
(a)屋面框架梁 WKL 纵向钢筋构造图；(b)顶层中间节点梁下搭接；
(c)顶层端节点梁下锚固；(d)顶层端梁下直锚

顶层中节点处，柱纵向钢筋和边节点柱内侧纵向钢筋应伸至柱顶，如图 7-54(b)所示。

顶层端节点处，柱外侧纵向钢筋可与梁上部纵向钢筋搭接，如图 7-54(c)所示。当柱外侧纵向钢筋配筋率大于 1.2% 时，伸入梁内的柱纵向钢筋宜分两批截断，其截断点之间的距离不宜小于 20 倍柱纵向钢筋直径。

梁下部纵向钢筋的锚固，如图 7-54(d)所示。

5. 框架砌体填充墙抗震构造措施

(1)填充墙一般采用轻质板材或砌体组砌。在平面和竖向的布置，宜均匀对称，避免形成薄弱层和短柱。

(2)砌体的砂浆强度等级不应低于 M5，墙顶应与框架梁紧密结合。

（3）填充墙与框架柱宜采用柔性连接方式，以防止在侧向力的作用下被挤裂或拉裂。为防止填充墙的破坏，砌体应沿框架柱全高每隔 500 mm 设 2φ6 拉筋，拉筋伸入墙内的长度，6、7 度时不应小于墙长的 1/5 且不小于 700 mm；8、9 度时宜沿墙全长贯通。

（4）当墙长大于 5 m 时，墙顶与梁宜有拉结；当墙长超过层高的 2 倍时，应在墙的中部设置钢筋混凝土构造柱；当墙高超过 4 m 时，在墙体半高处宜设置与柱连接且沿墙全长贯通的钢筋混凝土现浇带，如图 7-55 所示。

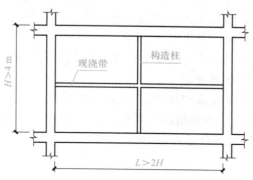

图 7-55　填充墙的构造柱和现浇带

6. 框架和框架-抗震墙抗震构造要求

（1）在框架结构和框架-抗震墙结构中，框架和抗震墙均应双向设置，当柱中线与抗震墙中线、梁中线与柱中线之间偏心距大于柱宽的 1/4 时，应计入偏心的影响。

（2）甲、乙类建筑以及高度大于 24 m 的丙类建筑，不应采用单跨框架结构；高度不大于 24 m 的丙类建筑不宜采用单跨框架结构。

（3）在框架-抗震墙、板柱-抗震墙结构以及框支层中，抗震墙之间无大洞口的楼、屋盖的长宽比，不宜超过表 7-13 的规定；超过时，应计入楼盖平面内变形的影响。

表 7-13　抗震墙之间楼屋盖的长宽比

楼、屋盖类型		设防烈度			
		6	7	8	9
框架-抗震墙结构	现浇或叠合楼、屋盖	4	4	3	2
	装配整体式楼、屋盖	3	3	2	不宜采用
板柱-抗震墙结构的现浇楼、屋盖		3	3	2	—
框支层的现浇楼、屋盖		2.5	2.5	2	—

（4）采用装配整体式楼、屋盖时，应采取措施保证楼、屋盖的整体性及其与抗震墙的可靠连接。装配整体式楼、屋盖采用配筋现浇面层加强时，其厚度不应小于 50 mm。

（5）框架-抗震墙结构和板柱-抗震墙结构中的抗震墙设置，宜符合下列要求：

1）抗震墙宜贯通房屋全高。

2）楼梯间宜设置抗震墙，但不宜造成较大的扭转效应。

3)抗震墙的两端(不包括洞口两侧)宜设置端柱或与另一方向的抗震墙相连。

4)在房屋较长时,刚度较大的纵向抗震墙不宜设置在房屋的端开间。

5)抗震墙洞口宜上、下对齐;洞边距端柱不宜小于 300 mm。

(6)抗震墙结构和部分框支抗震墙结构中的抗震墙设置,应符合下列要求:

1)抗震墙的两端(不包括洞口两侧)宜设置端柱或与另一方向的抗震墙相连;框支部分落地墙的两端(不包括洞口两侧)应设置端柱或与另一方向的抗震墙相连。

2)较长的抗震墙宜设置跨高比大于 6 的连梁形成洞口,将一道抗震墙分成长度较均匀的若干墙段,各墙段的高宽比不宜小于 3。

3)墙肢的长度沿结构全高不宜有突变;抗震墙有较大洞口时,以及一、二级抗震墙的底部加强部位,洞口宜上、下对齐。

4)矩形平面的部分框支抗震墙结构,其框支层的楼层侧向刚度不应小于相邻非框支层楼层侧向刚度的 50%;框支层落地抗震墙间距不宜大于 24 m,框支层的平面布置宜对称,且宜设抗震筒体;底层框架部分承担的地震倾覆力矩,不应大于结构总地震倾覆力矩的 50%。

(7)抗震墙底部加强部位的范围,应符合下列规定:

1)底部加强部位的高度,应从地下室顶板算起。

2)部分框支抗震墙结构的抗震墙,其底部加强部位的高度,可取框支层加框支层以上两层的高度及落地抗震墙总高度的 1/10 两者的较大值。其他结构的抗震墙,房屋高度大于 24 m 时,底部加强部位的高度可取底部两层和墙体总高度的 1/10 两者的较大值;房屋高度不大于 24 m 时,底部加强部位可取底部一层。

3)当结构计算嵌固端位于地下一层的底板或以下时,底部加强部位尚宜向下延伸到计算嵌固端。

(8)框架单独柱基有下列情况之一时,宜沿两个主轴方向设置基础系梁:

1)一级框架和Ⅳ类场地的二级框架;

2)各柱基础底面在重力荷载代表值作用下的压应力差别较大;

3)基础埋置较深,或各基础埋置深度差别较大;

4)地基主要受力层范围内存在软弱黏性土层、液化土层或严重不均匀土层;

5)桩基承台之间。

7. 框架梁纵筋、框架梁箍筋和框架柱箍筋的构造要求识图

(1)框架梁箍筋设置与加密的构造要求,如图 7-56 所示。

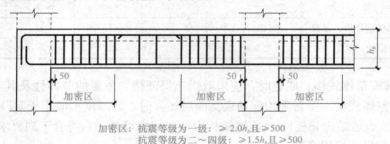

加密区:抗震等级为一级:$\geqslant 2.0h_b$且$\geqslant 500$
抗震等级为二~四级:$\geqslant 1.5h_b$且$\geqslant 500$

图 7-56　楼层框架梁(KL、WKL)箍筋设置与加密的构造要求

（2）框架结构箍筋设置与加密的构造要求，如图 7-57 所示。

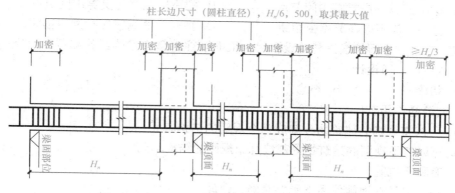

图 7-57　KZ、QZ、LZ 箍筋设置与加密的构造要求

习题

一、填空题

1. 在建筑场地的选择上，我们常遵循以下原则：选择_____，避开_____。

2. 抗震设防的目标是_____、_____、_____。

3. 钢筋混凝土框架结构按施工方法的不同，可分为_____、_____、_____和_____四种类型。

4. 水平荷载作用下的反弯点法，适用于层数较少、梁柱线刚度比_____的框架。

第 7 章　参考答案

5. 钢筋混凝土房屋应根据烈度、_____和_____采用不同的抗震等级，并应符合相应的计算和构造措施要求。

二、选择题

1. 对于下列常见的建筑结构类型，抗震性能最好的是（　　）。

　　A. 现浇混凝土结构　　　　　　　　B. 配筋砌体结构

　　C. 预应力混凝土结构　　　　　　　D. 砌体结构

2. 下列关于结构的延性说法正确的是（　　）。

　　A. 结构的延性越好，意味着结构的承载力越大

　　B. 结构的延性越好，意味着结构地震时受到的地震作用越小

　　C. 结构的延性越好，意味着结构的吸收和耗散地震能力强

　　D. 结构的延性和结构的抗震性能没有多大关系

3. 关于多层框架柱的反弯点位置，下列说法正确的是（　　）。

　　A. 上层层高较高时，反弯点向上移动

　　B. 上、下层横梁线刚度比越大，该层柱的反弯点位置越偏下

　　C. 标准反弯点位置与框架总层数有关

　　D. 标准反弯点位置与荷载形式无关

4. 关于框架结构梁、柱纵筋在节点区的锚固，下列说法不正确的是(　　)。
   A. 梁上部纵筋应贯穿中间节点　　　　B. 梁下部纵筋应贯穿中间节点
   C. 柱的纵筋不应在节点中切断　　　　D. 顶层柱的纵筋应在梁中锚固

5. 在对建筑物进行抗震设防的设计时，根据以往地震灾害的经验和科学研究的成果首先进行(　　)设计。
   A. 极限　　　　　　　B. 概念　　　　　　　C. 构造　　　　　　　D. 估算

6. 防震缝的作用有(　　)。
   A. 可以将规则的建筑物分割成几个规则的结构单元
   B. 可以将不规则的建筑物分割成几个规则的结构单元
   C. 有利于抗震
   D. 每个单元在地震作用下受力明确、合理
   E. 不易产生扭转或应力集中的薄弱部位

三、判断题

1. 在地震区，框架结构应采用的承重方案是现浇纵横向框架承重。　　　　　　　　(　　)

2. 随着建筑高度的增加和层数的增多，水平荷载和水平地震作用对结构体系的影响越来越大。　　　　　　　　　　　　　　　　　　　　　　　　　　　　　　　　(　　)

3. 框架-剪力墙结构中，剪力墙负担绝大部分水平作用，框架负担竖向荷载。　　(　　)

4. 在竖向荷载作用下，多层框架结构的内力计算可近似采用 D 值法。　　　　(　　)

5. 根据框架抗震构造措施要求，梁的截面宽度不宜小于 100 mm。　　　　　　(　　)

四、简答题

1. "三水准"设防要求是什么？

2. 高层钢筋混凝土结构体系有哪几种？各适用于何种建筑？

3. 为什么说框架-剪力墙结构是一种受力比较合理的结构？

4. 框架结构的抗震构造措施有哪些方面的要求？

第 8 章　砌体结构

学习目标

1. 熟悉砌体结构的材料及其力学性能，掌握影响砌体强度的主要因素。
2. 了解砌体局部受压的概念，掌握砌体局部受压的三种破坏形态及其破坏特征。
3. 了解柱、墙高厚比验算的要求，掌握影响实心砖砌体允许高厚比的重要因素。
4. 掌握砌体结构的主要构造措施。
5. 理解过梁、圈梁、挑梁的作用。
6. 掌握楼梯、雨篷的识图及构造要求。

砌体结构是砖砌体、砌块砌体和石砌体结构的统称。这些块体材料用砂浆砌筑而成。

砌体结构和钢筋混凝土结构相比，可以节约水泥和钢材，降低造价。砖石材料具有良好的耐火性、较好的化学稳定性和大气稳定性，具有较好的隔热、隔声性能。

砌体结构的另一特点是其抗压强度远大于抗拉、抗剪强度，即使砌体强度不是很高，也具有较高的结构承载力，特别适合于以受压为主构件的应用。根据上述特点，砌体结构大量应用于一般工业与民用建筑，在高塔、烟囱、料仓、挡墙等构筑物以及桥梁、涵洞、墩台等也有广泛的应用。闻名世界的中国万里长城（图 8-1）和埃及金字塔（图 8-2）就是古代砌体结构的光辉典范。

图 8-1　万里长城

图 8-2　埃及金字塔

砌体结构也存在许多缺点，如强度较低，必须采用较大截面，造成其体积大、自重大、材料用量增多，运输量也随之增加；砂浆和块材之间的粘结力较弱，因此，砌体的抗拉、抗弯和抗剪强度较低，抗震性能差，使砌体结构的应用受到限制。砌体基本上采用手工方式砌筑，劳动量大，生产效率较低。此外，在我国大量采用的烧结普通砖与农田争地的矛盾十分突出，已经到了政府不得不加大禁用烧结普通砖力度的程度。

随着科学技术的进步，针对上述种种缺点已经采取各种措施加以克服和改善，古老的砖石结构已经逐步走向现代砌体结构。

8.1　砌体结构房屋的结构类型

由块体和砂浆砌筑而成的墙、柱作为建筑主要受力构件的结构，称为砌体结构。砌体结构主要按材料分为三类：砖砌体(图8-3)、砌块砌体(图8-4)和石砌体结构(图8-5)。

图 8-3　砖砌体　　　　　　　图 8-4　砌块砌体　　　　　　　图 8-5　石砌体

与其他结构相比，砌体结构主要有四个特点：（1）造价低、施工简便；（2）主要用于墙、柱等受压构件；（3）人工砌筑，质量的离散性较大；（4）整体性差，需要用圈梁、构造柱等提高其整体性和抗震性能。

现在，砌体结构正在向轻质高强、约束砌体、利用工业废料和工业化生产等方向发展。

■ 8.1.1　砌体结构中的材料及力学性能 ··

砌体结构的主要材料有块体和砂浆。

1. 块材

块材有天然石材(料石、毛石)、人工制造的砖(烧结普通砖、烧结多孔砖、蒸压灰砂砖、蒸压粉煤灰砖等)和中小型砌块(混凝土砌块和粉煤灰砌块等)。

(1)烧结普通砖。

原料：黏土、煤矸石、页岩或粉煤灰。

标准砖尺寸：240 mm×115 mm×53 mm。

强度等级：MU30、MU25、MU20、MU15、MU10。

适用范围：房屋上部及地下基础等部位。

(2)烧结多孔砖。

原料：同烧结普通砖，但孔洞率不小于25%。

尺寸：承重多孔砖目前主要采用 P 型多孔砖(240 mm×115 mm×90 mm)和 M 型多孔砖(190 mm×190 mm×90 mm)，分别如图 8-6 和图 8-7 所示。

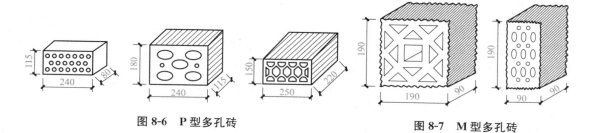

图 8-6　P型多孔砖　　　　　　　　　　图 8-7　M型多孔砖

强度等级：同烧结普通砖。

适用范围：地面以上房屋部分。

多孔砖优点：可节约黏土、减少砂浆用量、提高工效、节省墙体造价；可减轻块体自重、增强墙体抗震性能。

（3）非烧结硅酸盐砖（包括蒸压灰砂砖、蒸压粉煤灰砖）。

原料：石灰和砂或粉煤灰。

适用范围：不得用于长期受热200℃以上、受急冷急热和有酸性介质侵蚀的建筑部位，MU15 和 MU15 以上的蒸压灰砂砖可用于基础及其他建筑部位，蒸压粉煤灰砖用于基础或用于受冻融和干湿交替作用的建筑部位。

强度等级：MU25、MU20、MU15。

（4）砌块。

原料：普通混凝土或轻集料混凝土。

主要规格尺寸：390 mm×190 mm×190 mm，如图 8-8 所示。

空心率：20%～50%。

强度等级：MU20、MU15、MU10、MU7.5、MU5。

（5）石材。重力密度大于等于 18 kN/m³ 的石材为重石，主要有花岗岩、砂岩和石灰岩等；重力密度小于 18 kN/m³ 的为轻石，主要有凝灰岩，贝壳灰岩等。按加工后石材外形的规则程度，天然石材可分为细料石、半细料石、粗料石、毛料石以及形状不规则中部厚度不小于 200 mm 的毛石等 5 种。

图 8-8　混凝土砌块

2. 砂浆

砂浆主要有石灰砂浆、水泥砂浆和混合砂浆等。

（1）作用。使块体连成整体；抹平块体表面；填补块体间缝隙；减少砌体透气性；提高砌体的隔热和抗冻性能。

（2）性能。砂浆的性能见表 8-1 所示。

表 8-1　砂浆的性能

砂浆品种	塑性掺合料	和易保水性	强度	耐久性	耐水性
水泥砂浆	无	差	较高	好	好
混合砂浆	有	好	高	较好	差
非水泥砂浆 （石灰、黏土砂浆）	有	好	低	差	无

(3)砌体对砂浆的基本要求。

1)符合强度和耐久性要求；

2)应具有一定的可塑性，在砌筑时容易且较均匀地铺开；

3)应具有足够的保水性，即在运输和砌筑时保持质量的能力。

(4)强度等级。砂浆的强度等级系采用 70.7 mm 立方体标准试块，在温度为 20℃±5℃ 环境下硬化，龄期为 28 d 的极限抗压强度平均值确定。

砂浆的强度等级：M15、M10、M7.5、M5、M2.5。

施工阶段新砌筑的砌体强度可按砂浆强度为零确定其砌体强度。

3. 砌体结构的分类

按砌体结构所用块材种类的不同可分为砖砌体、石砌体和砌块砌体。

根据工程需要，砌体结构按是否配置钢筋又可分为：无筋砌体和配筋砌体。

(1)无筋砖砌体。

砌筑方法：一顺一丁、梅花丁、三顺一丁，如图 8-9 所示。

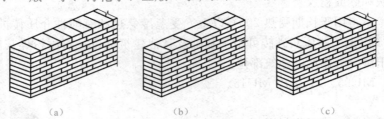

图 8-9 砖砌体的砌筑方法

(a)一顺一丁；(b)梅花丁；(c)三顺一丁

施工严禁：包心柱和不同强度等级砖块混用。

墙体尺寸：240 mm(一砖)、370 mm(一砖半)、490 mm(二砖)、620 mm(二砖半)。

(2)无筋砌块砌体。

砌筑方法：应选用配套砌块先排块后施工，施工时砌块底面向上反向砌筑。

墙体尺寸：190 mm、200 mm、240 mm、290 mm。

砌块砌体为建筑工厂化、机械化、加快建设速度、减轻结构自重开辟新的途径。我国目前使用最多的是混凝土小型空心砌块砌体。

(3)配筋砌体。配筋砖砌体见表 8-2。

表 8-2 配筋砖砌体

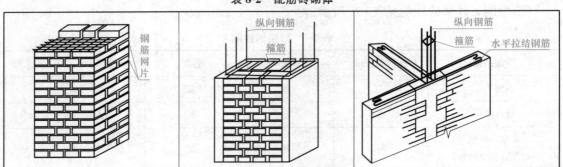

水平网状配筋砌体	混凝土或钢筋砂浆面层组合砖砌体	砖砌体和钢筋混凝土构造柱组合墙
在水平灰缝中配置钢筋网片	偏心距超限的砖砌体外侧配置纵向钢筋	在房屋墙体中设置间距不大于 4 m 的构造柱
提高轴心抗压承载力	提高偏心抗压承载力	提高砖墙的承载力，整体结构共同受力

配筋砌块砌体，如图 8-10 所示。

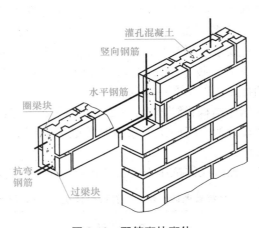

图 8-10 配筋砌块砌体

4. 砌体的力学性能

(1)砌体的抗压强度。其破坏过程分为三个阶段。

第一阶段：从受力到单块砖内出现竖向裂缝，如图 8-11(a)所示；

第二阶段：单块砖内裂缝发展，连接并穿过若干皮砖，如图 8-11(b)所示；

第三阶段：裂缝贯通，把砌体分成若干 1/2 砖立柱，失稳，如图 8-11(c)所示。

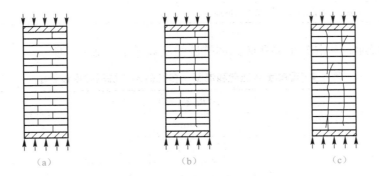

图 8-11 砌体轴心受压时的破坏过程

(a)单砖开裂；(b)砌体内形成一段段裂缝；(c)竖向贯通裂缝形成

（2）影响砌体强度的主要因素。

1）块材和砂浆的强度。块材和砂浆的强度是影响砌体抗压强度的主要因素。块材和砂浆的强度高，砌体的抗压强度也高。试验证明：提高块材的强度等级比提高砂浆强度等级对增大砌体抗压强度的效果好。

2）块材的尺寸与形状。块材的尺寸、几何形状及表面的平整程度对砌体的抗压强度也有较大的影响。块材的表面越平整，灰缝的厚薄越均匀，越有利于砌体抗压强度的提高。

3）砂浆的和易性。砂浆具有较明显的弹塑性质，砌体内采用变形率大的砂浆，单块砖就会产生复杂的应力，对砌体抗压强度产生不利影响。和易性好的砂浆，可以使砌体强度提高。

4）砌筑质量与灰缝厚度。影响砌筑质量的因素有：块材在砌筑时的含水率、砂浆的灰缝饱满度、工人的技术水平等多方面。其中，砂浆的水平灰缝饱满度影响最大，因此，砌体结构工程施工及验收规范要求水平灰缝砂浆饱满度大于 80%。灰缝厚度以 8～12 mm 较好，一般宜采用 10 mm。此外，技术工人砌筑的熟练程度、砌体的龄期、搭接方式、竖向灰缝填满程度等对砌体的抗压强度也有一定的影响。

（3）砌体抗压强度。《砌体结构设计规范》(GB 50003—2011)规定：龄期为 28 d 的以毛截面计算的砌体抗压强度设计值，当施工质量控制等级为 B 级时，应根据块体和砂浆的强度等级分别按下列规定采用。

1）烧结普通砖、烧结多孔砖砌体抗压强度设计值，应按表 8-3 采用。

表 8-3　烧结普通砖、烧结多孔砖砌体抗压强度设计值　　　　　　MPa

砖强度等级	砂浆强度等级					砂浆强度
	M15	M10	M7.5	M5	M2.5	0
MU30	3.94	3.27	2.93	2.59	2.26	1.15
MU25	3.60	2.98	2.68	2.37	2.06	1.05
MU20	3.22	2.67	2.39	2.12	1.84	0.94
MU15	2.79	2.31	2.07	1.83	1.60	0.82
MU10	—	1.89	1.69	1.50	1.30	0.67
注：当烧结多孔砖的洞率大于 30% 时，表中数值应乘以 0.9。						

2）混凝土普通砖和混凝土多孔砖砌体抗压强度设计值，表 8-4 所示。

表 8-4　混凝土普通砖和混凝土多孔砖砌体抗压强度设计值　　　　　　MPa

砖强度等级	砂浆强度等级					砂浆强度
	Mb20	Mb15	Mb10	Mb7.5	Mb5	0
MU30	4.61	3.94	3.27	2.93	2.59	1.15
MU25	4.21	3.60	2.98	2.68	2.37	1.05
MU20	3.77	3.22	2.67	2.39	2.12	0.94
MU15	—	2.79	2.31	2.07	1.83	0.82

3)蒸压灰砂普通砖和蒸压粉煤灰普通砖砌体抗压强度设计值，表 8-5 所示。

表 8-5　蒸压灰砂普通砖和蒸压粉煤灰普通砖砌体抗压强度设计值　　　　MPa

砖强度等级	砂浆强度等级				砂浆强度
	M15	M10	M7.5	M5	0
MU25	3.60	2.98	2.68	2.37	1.05
MU20	3.22	2.67	2.39	2.12	0.94
MU15	2.79	2.31	2.07	1.83	0.82

注：当采用专用砂浆砌筑时，其抗压强度设计值按表中数值采用。

4)单排孔混凝土砌块和轻集料混凝土砌块砌筑砌体抗压强度设计值，表 8-6 所示。

表 8-6　单排孔混凝土砌块和轻集料混凝土砌块砌筑砌体抗压强度设计值　　　　MPa

砌块强度等级	砂浆强度等级					砂浆强度
	Mb20	Mb15	Mb10	Mb7.5	Mb5	0
MU20	6.30	5.68	4.95	4.44	3.94	2.33
MU15	—	4.61	4.02	3.61	3.20	1.89
MU10	—	—	2.79	2.50	2.22	1.31
MU7.5	—	—	—	1.93	1.71	1.01
MU5	—	—	—	—	1.19	0.70

注：1. 对独立柱或厚度为双排组砌的砌块砌体，应按表中数值乘以 0.7；
　　2. 对 T 形截面墙体、柱，应按表中数值乘以 0.85。

5)双排孔或多排孔轻集料混凝土砌块砌体抗压强度设计值，应按表 8-7 采用。

表 8-7　双排孔或多排孔轻集料混凝土砌块砌体抗压强度设计值　　　　MPa

砌块强度等级	砂浆强度等级			砂浆强度
	Mb10	Mb7.5	Mb5	0
MU10	3.08	2.76	2.45	1.44
MU7.5	—	2.13	1.88	1.12
MU5	—	—	1.31	0.78
MU3.5	—	—	0.95	0.56

注：1. 表中的砌块为火山渣、浮石和陶粒轻集料混凝土砌块；
　　2. 对厚度方向为双排组砌的轻集料混凝土砌块的抗压强度设计值，应按表中数值乘以 0.8。

(4)砌体强度设计值调整系数 γ_a，见表 8-8。

表 8-8　砌体强度设计值调整系数 γ_a

使用情况	γ_a
无筋砌体构件，其截面面积小于 0.3 m^2 时	0.7+A
配筋砌体构件，当其中砌体截面面积小于 0.2 m^2 时	0.8+A

使用情况		γ_a
当砌体用强度等级 小于 M5.0 的水泥砂浆砌筑时	抗压强度	0.9
	轴心抗拉、弯曲抗拉、抗剪强度	0.8
当验算施工中房屋的构件时		1.1

8.1.2 砌体结构房屋结构布置方案 ································

多层砌体结构的房屋主要承重结构为屋盖、楼盖、墙体（柱）和基础，其中，墙体的布置是整体房屋结构布置的重要环节。房屋的结构布置可分为 4 种方案。

1. 横墙承重

住宅、宿舍等建筑因其开间不大，横墙间距较小，可采用横墙承重，将楼板直接搁置在横墙上，纵墙起围护作用，如图 8-12 所示。这类布置方案楼盖横向刚度较大，房屋整体性好。

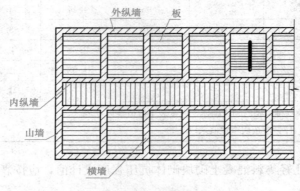

外纵墙　板

内纵墙

山墙

横墙

图 8-12　横墙承重

横墙承重体系竖向荷载主要传递路线是：板→横墙→基础→地基。

横墙承重方案的特点是：

(1)纵墙的处理比较灵活。纵墙只承受自重，主要起围护、隔断及横墙连接成整体的作用，在纵墙上进行建筑立面处理比较方便。

(2)纵向刚度大，整体性好。由于横墙数量较多，又与纵墙相互连接，所以，房屋的纵向刚度较大，整体性好，对抵抗风荷载、水平地震作用和地基的不均匀沉降等比纵墙承重方案有利。

(3)楼(屋)盖经济，施工方便。由于横墙间距比纵墙间距小，所以，楼(屋)盖结构比较简单、经济，施工方便，但墙体材料用量较多。

横墙承重方案主要适合用于开间尺寸较小、房间大小固定的多层住宅、宿舍和旅馆等。

2. 纵墙承重方案

纵墙承重方案是指由纵墙承受楼(屋)盖荷载的结构布置方案。

当房屋进深较小，预制板跨度适当时，也可以把预制板直接支承在纵墙上，如图 8-13 所示。

当房屋进深较大又希望取得较大空间时，常把大梁或屋架支承在纵墙上，预制板则支承在大梁或屋架上，如图 8-14 所示。

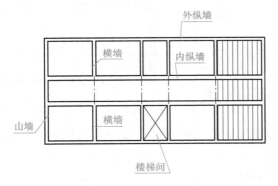

图 8-13　预制板直接支承于纵墙

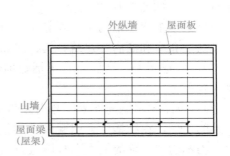

图 8-14　预制板支承于屋面梁和纵墙

纵墙承重体系竖向荷载主要传递路线是：$\begin{cases} 板 \to 纵墙 \to 基础 \to 地基；\\ 板 \to 梁 \to 纵墙 \to 基础 \to 地基。\end{cases}$

纵墙承重方案的特点如下：

(1)横墙布置比较灵活。

(2)纵墙上的门窗洞口受到限制。

(3)房屋的侧向刚度较差。

(4)纵墙承重方案主要用于有较大空间的房屋，如单层厂房的车间、仓库及教学楼等。

3. 纵、横墙混合承重方案

纵、横墙混合承重方案是指由一部分纵墙和一部分横墙承受楼(屋)盖荷载的结构布置方案，如图 8-15 所示。一部分楼(屋)盖荷载则传递给承重的横墙后再传给基础和地基，一部分楼(屋)盖荷载则传递给承重的纵墙后再传给基础和地基。

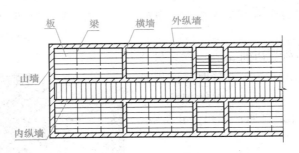

图 8-15　纵横墙混合承重

纵、横墙承重体系的荷载传递路线是：楼(屋)面板 $\to$ 梁 $\to \begin{cases} 纵墙 \\ 横墙 \end{cases} \to$ 基础 $\to$ 地基。

对于一些房间大小变化较大、平面布置多样的房屋，采用纵、横墙同时承受的方案，如教学楼、试验楼和办公楼等。纵、横墙承重方案兼有纵墙承重和横墙承重的优点，也有利于建筑平面的灵活布置，其侧向刚度和抗震性能也比纵向承重的好。

4. 内框架承重方案

内框架承重方案是指由设置在房屋内部的钢筋混凝土框架和外部的砌体墙、柱共同承受楼(屋)盖荷载的结构布置方案，如图 8-16 所示。

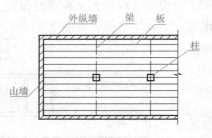

图 8-16　内框架承重

内框架承重房屋常用于要求有较大内部空间的多层工业厂房、仓库和商店等建筑，其特点如下：

(1)内部空间大，平面布置灵活，但因横墙少，侧向刚度较差；

(2)承重结构由钢筋混凝土和砌体两种性能不同的结构材料组成，在荷载作用下会产生不一致的变形，在结构中会引起较大的附加应力。基础的应力分布也不易一致，所以，抵抗地基的不均匀沉降的能力和抗震能力都比较弱。

在混合结构房屋中，承重墙的布置宜遵循以下原则：

(1)尽可能采用横墙承重方案；

(2)承重墙的布置力求简单、规则，纵墙宜拉通，避免断开和转折，每隔一定距离设置一道横墙，将内外纵墙拉结起来，以增加房屋的空间刚度，并增强房屋抵抗地基不均匀沉降能力；

(3)墙上的门窗洞口应上、下对齐；

(4)墙体布置时，应与楼(屋)盖结构布置相配合，尽量避免墙体承受偏心距过大的竖向偏心荷载。

■ 8.1.3　受压构件承载力计算

1. 砌体受压的受力过程

试验表明，轴心受压的砌体短柱从开始加载到破坏，也和钢筋混凝土构件一样经历了未裂阶段、裂缝阶段和破坏阶段三个阶段。

(1)**未裂阶段**。当荷载小于 50% 破坏荷载时，压应力与压应变近似为线性关系，砌体中没有裂缝。

(2)**裂缝阶段**。当荷载达到 50%～70% 破坏荷载，在单个块体内出现竖向裂缝时，试件就进入裂缝阶段，如图 8-17 所示。继续加载，单个块体的裂缝增多，开始贯通；如果停止加载，裂缝仍将继续发展。

(3)**破坏阶段**。当荷载增大至 80%～90% 破坏荷载时，砌体上已形成几条上、下连续贯通的裂缝，试件就进入破坏阶段。这时的裂缝已把砌体分成几个 1/2 块体的小立柱，砌体外鼓，最后由于个别块体被压碎或小立柱失稳而破坏。

2. 砖体受压时块体的受力机理

试验表明，砌体的受压强度远低于块体的

图 8-17　砌体受压出现裂缝

抗压强度，主要是由砌体的受压机理造成。

（1）块体在砌体中处于压、弯、剪的复杂受力状态。由于块体表面不平整，加上砂浆铺的厚度不均匀，密实性也不均匀，致使单个块体在砌体中受压不均匀，且无序地受到弯曲和剪切作用。由于块体的抗弯、抗剪强度远低于抗压强度，因而单个块体出现裂缝，块体的抗压能力不能充分发挥。这是砌体抗压强度远低于块体抗压强度的主要原因。

（2）砂浆使块体在横向受拉。通常，低强度等级的砂浆，它的弹性模量比块体的低。当砌体受压时，砂浆的横向变形比块体的横向变形大，因此，砂浆使得块体在横向受拉，从而降低了块体的抗压强度。

（3）竖向灰缝中存在应力集中。竖向灰缝不可能饱满，造成块体的竖向灰缝处存在剪应力和横向拉力的集中，使得块体受力更为不利。

3. 影响砌体抗压强度的主要因素

由以上分析可知，影响块体在砌体中发挥作用的主要因素，也就是影响砌体抗压强度的主要因素。

（1）**块体的种类、强度等级和形状**。当砂浆强度等级相同，对同一块体，块体的抗压强度高，则砌体的强度也高，因而砌体的抗压强度主要取决于块体的抗压强度。

当块体较高(厚)时，块体抵抗弯、剪的能力就大，故砌体的抗压强度会提高。当采用普通砖时，因其厚度较小，块体内产生弯、剪应力的影响较大，所以，在检验块体时，应使抗压强度和抗折强度都符合规定的标准。

块体外形是否平整也影响砌体的抗压强度。表面歪曲的块体，将引起较大的弯、剪应力，而表面平整的块体有利于灰缝厚度的一致，减少弯、剪作用的影响，从而能提高砌体的抗压强度。

（2）**砂浆性能**。砂浆强度等级高，砌体的抗压强度也高。如上所述，低强度等级的砂浆将使块体横向受拉。相反，块体就使砂浆在横向受压，使砂浆处于三向受压状态，所以，砌体的抗压强度可能高于砂浆强度；当砂浆强度等级较高时，块体与砂浆间的交互作用减弱，砌体的抗压强度就不再高于砂浆的强度。

砂浆的变形率小，流动性、保水性对提高砌体的抗压强度有利。纯水泥砂浆容易失水而降低流动性，降低铺砌质量和砌体抗压强度。掺入一定比例的石灰和塑化剂形成混合砂浆，其流动性可以明显改善，但当掺入过多的塑化剂使流动性过大，则砂浆硬化后的变形率就高，反而会降低砌体的抗压强度。

（3）**灰缝厚度**。灰缝厚度应适当。灰缝砂浆可以减轻铺砌面不平的不利影响，因此，灰缝不能太薄。但如果过厚，将使砂浆横向变形率增大，增大块体的横向拉力，对砌体产生不利影响，因此，灰缝也不宜过厚。灰缝的适宜厚度与块体的种类和形状有关。对于砖体，灰缝厚度以 10～12 mm 为宜。

（4）**砌筑质量**。砌筑质量的主要标志之一是灰缝质量，包括灰缝的均匀性、密实度和饱满程度等。灰缝均匀、密实、饱满可显著改善块体在砌体中的复杂受力状态，使砌体抗压强度明显提高。

4. 砌体受压承载力计算

（1）受压构件的承载力计算。受压构件的承载力应按下式计算：

$$N \leqslant \varphi f A \tag{8-1}$$

式中　N——轴向力设计值；

　　　　A——截面面积，按毛截面计算；

　　　　f——砌体的抗压强度设计值；

　　　　φ——高厚比 β 和轴向力偏心距 e 对受压构件承载力的影响系数。

　　构件高厚比的计算公式如下。

对于矩形截面：
$$\beta = \gamma_\beta \frac{H_0}{h} \tag{8-2}$$

对于 T 形截面：
$$\beta = \gamma_\beta \frac{H_0}{h_T} \tag{8-3}$$

式中　γ_β——不同砌体材料的高厚比修正系数，见表 8-9；

　　　　H_0——受压构件的计算高度，按表 8-10 确定；

　　　　h——短形截面轴向力偏心方向边长，为轴心受压截面较小边长；

　　　　h_T——T 形截面的折算厚度可近似按 $3.5i$ 计算，i 为截面回转半径。

表 8-9　高厚比修正系数 γ_β

砌体材料类别	γ_β
烧结普通砖、烧结多孔砖	1.0
混凝土普通砖、混凝土多孔砖、混凝土及轻集料混凝土砌块	1.1
蒸压灰砂普通砖、蒸压粉煤灰普通砖、细料石	1.2
粗料石、毛石	1.5
注：对灌孔混凝土砌块砌体，γ_β 取 1.0。	

　　(2)受压构件的计算高度 H_0。受压构件的计算高度是指对墙、柱进行承载力计算或验算高厚比时所采用的高度，用 H_0 表示。H_0 应根据房屋类别和构件支承条件等按表 8-10 采用。表中的构件高度 H，应按下列规定采用：

　　1)在房屋底层，为楼板顶面到构件下端支点的距离。下端支点的位置可取在基础顶面，当埋置较深且有刚性地坪时，可取室外地面下 500 mm 处。

　　2)在房屋其他层，为楼板或其他水平支点间的距离。

　　3)对于无壁柱的山墙，可取层高加山墙尖高度的 1/2；对于带壁柱的山墙，可取壁柱处的山墙高度。

表 8-10　受压构件的计算高度 H_0

房屋类别			柱		带壁柱墙或周边拉接的墙		
			排架方向	垂直排架方向	$s>2H$	$2H \geqslant s > H$	$s \leqslant H$
有吊车的单层房屋	变截面柱上段	弹性方案	$2.5H_u$	$1.25H_u$	$2.5H_u$		
		刚性、刚弹性方案	$2.0H_u$	$1.25H_u$	$2.0H_u$		
	变截面柱下段		$1.0H_l$	$0.8H_l$	$1.0H_l$		

房屋类别			柱		带壁柱墙或周边拉接的墙		
			排架方向	垂直排架方向	$s>2H$	$2H\geqslant s>H$	$s\leqslant H$
无吊车的单层和多层房屋	单跨	弹性方案	1.5H	1.0H	1.5H		
		刚性方案	1.2H	1.0H	1.2H		
	多跨	弹性方案	1.25H	1.0H	1.25H		
		刚性方案	1.10H	1.0H	1.1H		
	刚性方案		1.0H	1.0H	1.0H	0.4s+0.2H	0.6s

注：1. 表中 H_u 为变截面柱的上段高度；H_l 为变截面柱的下段高度；

2. 对于上端为自由端的构件，$H_0=2H$；

3. 独立砖柱，当无柱间支撑时，柱在垂直排架方向的 H_0 应按表中数值乘以 1.25 后采用；

4. s 为房屋横墙间距；

5. 自承重墙的计算高度应根据周边支撑或拉接条件确定。

【例 8-1】 截面尺寸为 370 mm×490 mm 的砖柱，两端为不动铰支座，砖的强度等级为 MU10，混合砂浆的强度等级为 M7.5，柱高为 3.5 m，柱顶承受设计轴心压力 $N=200$ kN（已考虑荷载分项系数，不包括柱自重），砖砌体的标准容重为 19 kN/m^3，施工质量控制等级为 B 级。试验算柱的承载力是否满足要求。

【解】 柱底截面所承受的轴力设计值为

$$N=200+\gamma_G G_K=200+1.2\times0.37\times0.49\times3.5\times19=214.47(\text{kN})$$

构件高厚比

$$\beta=\frac{3\ 500}{370}=9.46$$

$$\frac{e}{h}=0$$

查表，当 $\frac{e}{h}=0$ 时

$\beta=8$，$\varphi=0.91$；$\beta=10$，$\varphi=0.87$，

内插得 $\beta=9.46$ 时，$\varphi=0.88$

柱截面面积 $A=0.37\times0.49=0.18$ (m^2)<0.3 m^2

故调整系数 $\gamma_a=0.7+0.18=0.88$

查表 8-3 可得砌体轴心受压抗压强度 $f=1.69$ N/mm^2

则应用式(8-1)：

$$N=214.47\ \text{kN}<\varphi fA=0.88\times0.18\times10^6\times0.88\times1.69=235.57(\text{kN})$$

所以，满足要求。

(3)无筋砌体局部受压承载力计算。局部受压是指压力仅作用在砌体局部面积上的受力状态，是砌体结构常见的受力形式之一。如承受上部柱或墙传来的压力的基础顶面，支撑梁或屋架的墙柱，在梁或屋架端部支撑处的砌体截面上，均产生局部受压。试验表明，砌体局部抗压强度比砌体抗压强度高。在构件计算时，除按全截面验算砌体受压承载力外，还必须验算砌体局部受压承载力。

根据实际工程中可能出现的情况，砌体的局部受压可分为：砌体局部均匀受压、梁端支撑处砌体局部受压、垫块下砌体局部受压及垫梁下砌体局部受压等几种形式。

砌体截面受局部均匀压力时的承载力计算公式：

$$N_l \leqslant \gamma f A_l \tag{8-4}$$

式中　N_l——局部受压面积上的轴向力设计值；

　　　A_l——局部受压面积；

　　　f——砌体的抗压强度设计值，局部受压面积不小于 0.3 mm^2 时可不考虑调整系数 γ_a 的影响；

　　　γ——砌体局部抗压强度提高系数，其计算公式为

$$\gamma = 1 + 0.35 \sqrt{\frac{A_0}{A_l} - 1} \tag{8-5}$$

式中　A_0——影响砌体局部抗压强度的计算面积。

计算所得的 γ 值，应符合图 8-18 的规定。

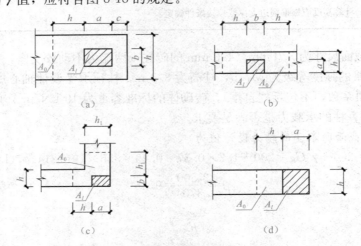

图 8-18　影响局部抗压强度的面积 A_0

(a)中心局部受压；(b)边缘局部受压；(c)角部局部受压；(d)端部局部受压

【例 8-2】　有一截面为 240 mm×240 mm 的钢筋混凝土小柱支撑在厚为 240 mm 的砖墙上，如图 8-19 所示，柱底轴力设计值 $N_l = 90$ kN，墙体采用 MU10 砖、M2.5 混合砂浆砌筑。试验算柱下端支撑处墙体的局部受压承载力。

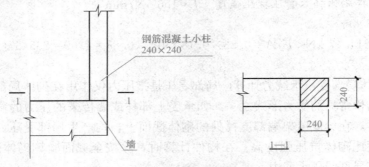

图 8-19　例 8-2 图

【解】 查表 8-3 得砖砌体抗压强度设计值 $f=1.3$ N/mm^2

局部受压面积 $A=0.24\times0.24=0.057\,6$ (mm^2) <0.3 mm^2，取 $\gamma_a=1.0$

砌体的影响局部抗压强度面积 $A_0=(a+h)h=(240+240)\times240=115\,200$ mm^2

砌体局部抗压强度提高系数 $\gamma=1+0.35\sqrt{\dfrac{A_0}{A_l}-1}=1+0.35\sqrt{\dfrac{115\,200}{57\,600}-1}=1.35>1.25$

所以，取 $\gamma=1.25$

应用式(8-4)得

$N_l=90$ kN $<\gamma f A_l=1.25\times1.30\times57\,600=93\,600$ N $=93.6$ kN 满足要求。

■ 8.1.4　墙、柱高厚比验算

砌体结构房屋中，作为受压构件的墙、柱，除需满足截面承载力要求外，还必须保证其稳定性。墙、柱高厚比是保证砌体结构在施工阶段和使用阶段墙体稳定性和房屋空间刚度的重要值。高厚比越大，砌体稳定性越差。

所谓高厚比是指墙、柱计算高度 H_0 与墙厚 h(或与柱的计算高度相对应的柱边长)的比值，用 β 表示。

$$\beta=\frac{H_0}{h} \tag{8-6}$$

砌体墙、柱的允许高厚比是指墙、柱高厚比的允许限值，用 $[\beta]$ 表示。《砌体结构设计规范》(GB 50003—2011)中墙、柱允许高厚比见表 8-11。

表 8-11　墙、柱的允许高厚比 $[\beta]$ 值

砌体类型	砂浆强度等级	墙	柱
无筋砌体	M2.5	22	15
	M5.0 或 Mb5.0、Ms5.0	24	16
	≥M7.5 或 Mb7.5、Ms7.5	26	17
配筋砌块砌体	—	30	21

注：1. 毛石墙、柱的允许高厚比应按表中数值降低 20%。

　　2. 带有混凝土或砂浆面层的组合砖砌体构件的允许高厚比，可按表中数值提高 20%，但不得大于 28。

　　3. 验算施工阶段砂浆尚未硬化的新砌砌体构件高厚比时，允许高厚比对墙取 14，对柱取 11。

1. 一般墙、柱高厚比验算

墙、柱的高厚比应按下式验算：

$$\beta=\frac{H_0}{h}\leqslant\mu_1\mu_2[\beta] \tag{8-7}$$

式中　$[\beta]$——墙、柱的允许高厚比，应按表 8-11 采用；

　　　　H_0——墙、柱的计算高度；

　　　　h——墙厚或矩形柱与 H_0 相对应的边长；

　　　　μ_1——自承重墙允许高厚比的修正系数。厚度不大于 240 mm 的自承重墙，允许高厚

比修正系数 μ_1，应按下列规定采用：墙厚为 240 mm 时，μ_1 取 1.2；墙厚为 90 mm 时，μ_1 取 1.5；当墙厚小于 240 mm 且大于 90 mm 时，μ_1 按插入法取值。上端为自由端墙的允许高厚比，除按上述规定提高外，尚可提高 30%；

μ_2——有门窗洞口墙允许高厚比的修正系数；

$$\mu_2 = 1 - 0.4 \frac{b_s}{s} \tag{8-8}$$

b_s——在宽度 s 范围内的门窗洞口总宽度；

s——相邻横墙或壁柱之间的距离。

参数取值 s、b_s 示意图如图 8-20 所示。

按式(8-8)计算的 μ_2 的值小于 0.7 时，μ_2 取 0.7；当洞口高度等于或小于墙高的 1/5 时，μ_2 取 1.0。当洞口高度大于或等于墙高的 4/5 时，可按独立墙段验算高厚比。

当与墙连接的相邻墙间的距离 $s \leqslant \mu_1\mu_2[\beta]h$ 时，墙的高度可不受式(8-8)限制。

变截面柱的高厚比可按上、下截面分别验算，其计算高厚比可按相关规定采用；验算上柱的高厚比时，墙、柱的允许高厚比可按表 8-11 的数值乘以 1.3 后采用。

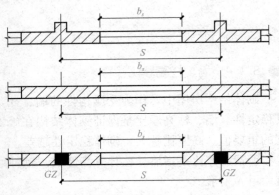

图 8-20 参数取值 s、b_s 示意图

2. 高厚比不满足要求时采取的措施

(1)降低墙体、柱的高度。

(2)提高砌筑砂浆的强度等级。

(3)减小洞口宽度。

(4)增大墙厚或柱截面尺寸。

(5)采用带壁柱墙或带构造柱墙。

(6)采用组合砖砌体。

8.2 砌体房屋的抗震构造要求

■ 8.2.1 一般构造要求 ··

1. 层高要求

多层砌体承重房屋的层高，不应超过 3.6 m。

底部框架-抗震墙砌体房屋的底部，层高不应超过 4.5 m；当底层采用约束砌体抗震墙时，底层的层高不应超过 4.2 m。

注：当使用功能确有需要时，采用约束砌体等加强措施的普通砖房屋，层高不应超过 3.9 m。

多层砌体房屋总高度与总宽度的最大比值，宜符合表 8-12 的要求。

表 8-12　房屋最大高宽比

烈　度	6	7	8	9
最大高宽比	2.5	2.5	2	1.5

注：1. 单面走廊房屋的总宽度不包括走廊宽度；
　　2. 建筑平面接近正方形时，其高宽比宜适当减小。

2. 房屋抗震横墙的间距要求

房屋抗震横墙的间距不应超过表 8-13 的要求。

表 8-13　房屋抗震横墙的间距
m

房屋类型		烈　度			
		6	7	8	9
多层砌体房屋	现浇或装配整体式钢筋混凝土楼、屋盖	15	15	11	7
	装配式钢筋混凝土楼、屋盖	11	11	9	4
	木屋盖	9	9	4	—
底部框架-抗震墙房屋	上部各层	同多层砌体房屋			—
	底层或底部两层	18	15	11	—

注：1. 多层砌体房屋的顶层，除木屋盖外的最大横墙间距应允许适当放宽，但应采取相应加强措施；
　　2. 多孔砖抗震横墙厚度为 190 mm 时，最大横墙间距应比表中数值减少 3 m。

3. 多层砌体房屋中砌体墙段的局部尺寸限值

多层砌体房屋中砌体墙段的局部尺寸限值宜符合表 8-14 的要求。

表 8-14　房屋的局部尺寸限值
m

部位	6 度	7 度	8 度	9 度
承重窗间墙最小宽度	1.0	1.0	1.2	1.5
承重外墙尽端至门窗洞边的最小距离	1.0	1.0	1.2	1.5
非承重外墙尽端至门窗洞边的最小距离	1.0	1.0	1.0	1.0
内墙阳角至门窗洞边的最小距离	1.0	1.0	1.5	2.0
无锚固女儿墙（非出入口处）的最大高度	0.5	0.5	0.5	0.0

注：1. 当局部尺寸不足时，应采取局部加强措施弥补，且最小宽度不宜小于 1/4 层高和表列数据的 80%；
　　2. 出入口处的女儿墙应有锚固。

4. 最小截面规定

为了避免墙柱截面过小导致稳定性能变差，以及局部缺陷对构件的影响增大，《砌体结构设计规范》(GB 50003—2011)规定了各种构件的最小尺寸。

承重的独立砖柱截面尺寸不应小于 240 mm×370 mm。毛石墙的厚度不宜小于 350 mm，毛料石柱截面较小边长不宜小于 400 mm。当有振动荷载时，墙、柱不宜采用毛石砌体。

5. 墙、柱连接构造

为了增强砌体房屋的整体性和避免局部受压损坏，《砌体结构设计规范》(GB 50003—2011)规定：

(1)跨度大于 6 m 的屋架和跨度大于下列数值的梁，应在支撑处砌体设置混凝土或钢筋混凝土垫块；当墙中设有圈梁时，垫块与圈梁宜浇成整体：①对砖砌体为 4.8 m；②对砌块和料石砌体为 4.2 m；③对毛石砌体为 3.9 m。

(2)当梁的跨度大于或等于下列数值时，其支撑处宜加设壁柱；或采取其他加强措施：①对 240 mm 厚的砖墙为 6 m；②对 180 mm 厚的砖墙为 4.8 m；③对砌块、料石墙为 4.8 m。

(3)预制钢筋混凝土梁在墙上的支撑长度应为 180～240 mm，支撑在墙、柱上的吊车梁、屋架以及跨度大于或等于下列数值的预制梁的端部，应采用锚固件与墙、柱上的垫块锚固：①砖砌体为 9 m；②对砌块和料石砌体为 7.2 m。

(4)填充墙、隔墙应分别采取措施与周边主体结构构件可靠连接。连接构造和嵌缝材料应能满足传力、变形、耐久和防护要求。一般是在钢筋混凝土结构中预埋拉结筋，在砌筑墙体时将拉结筋砌入水平灰缝内。

(5)山墙处的壁柱或构造柱宜砌至山墙顶部，且屋面构件应与山墙可靠拉结。

6. 预制钢筋混凝土板的支承长度

地震灾害的经验表明，钢筋混凝土板之间有可靠连接，才能保证楼面板的整体作用，增加墙体约束，减小墙体竖向变形，避免楼板在较大位移时坍塌。

预制钢筋混凝土板在混凝土圈梁上的支撑长度不应小于 80 mm，板端伸出的钢筋应与圈梁可靠连接，且同时浇筑。预制钢筋混凝土板在墙上的支撑长度不应小于 100 mm，并应按下列方法进行连接：

(1)板支撑于内墙时，板端钢筋伸出长度不应小于 70 mm，且与支座出沿墙配置的纵筋绑扎，用强度等级不应低于 C25 的混凝土浇筑成板带。

(2)板支撑于外墙时，板端钢筋伸出长度不应小于 100 mm，且与支座处沿墙配置的纵筋绑扎，并用强度等级不应低于 C25 的混凝土浇筑成板带。

(3)预制钢筋混凝土板与现浇板对接时，预制板端钢筋应伸入现浇板中进行连接后，再浇筑现浇板。

7. 墙体转角处和纵横墙交接处

工程实践表明，墙体转角处和纵、横墙交接处设拉结钢筋是提高墙体稳定性和房屋整体性的重要措施之一，同时对防止因墙体温度或干缩变形引起的开裂也有一定作用。

墙体转角处和纵、横墙交接处应沿竖向每隔 400～500 mm 设拉结钢筋，其数量为每 120 mm 墙厚不少于 1 根直径 6 mm 的钢筋；或采用焊接钢筋网片，埋入长度从墙的转角或交接处算起，对实心砖墙每边不小于 500 mm，对多孔砖墙和砌块墙不小于 700 mm，如图 8-21 所示。

8. 砌块砌体房屋

（1）砌块砌体应分皮错缝搭砌，其上下皮搭砌长度不得小于 90 mm。当搭砌长度不满足上述要求时，应在水平灰缝内设置不少于 2 根直径不小于 4 mm 的焊接钢筋网片，横向钢筋间距不应大于 200 mm，网片每端应伸出该垂直缝不小于 300 mm。

（2）砌块墙与后砌隔墙交接处，应沿墙高每 400 mm 在水平灰缝内设置不少于 2φ4、横筋间距不大于 200 mm 的焊接钢筋网片，如图 8-22 所示。

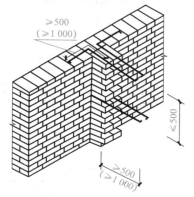

图 8-21　墙体转角处和纵、横墙交接处

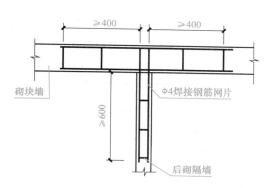

图 8-22　砌块墙与后砌隔墙交界处钢筋网片

（3）混凝土砌块房屋，宜将纵、横墙交接处，距墙中心线每边不小于 300 mm 范围内的孔洞，采用不低于 Cb20 混凝土沿全墙高灌实。

（4）混凝土砌块墙体的下列部位，如未设圈梁或混凝土垫块，应采用不低于 Cb20 混凝土将孔洞灌实：

1）在搁栅、檩条和钢筋混凝土楼板的支撑面下，应采用高度不小于 200 mm 的砌体；

2）在屋架、梁等构件的支撑面下，应采用高度不小于 600 mm，长度不小于 600 mm 的砌体；

3）在挑梁的支撑面下，距墙中心线应采用每边不小于 300 mm，高度不小于 600 mm 的砌体。

9. 在砌体中留槽洞或埋设管道时的构造要求

在砌体中留槽洞或埋设管道时，应遵守下列规定：

（1）不应在截面长边小于 500 mm 的承重墙体、独立柱内埋设管线；

（2）不宜在墙体中穿行暗线或预留、开凿沟槽，当无法避免时应采取必要的措施或按削弱后的截面验算墙体承载力。对受力较小或未灌孔砌块砌体，应允许在墙体的竖向孔洞中设置管线。

■ 8.2.2　抗震构造要求

各类多层砖砌体房屋的构造柱应符合下列构造规定：

1. 钢筋混凝土构造柱的设置

（1）构造柱设置部位和要求应符合表 8-15 的要求。

表 8-15　砖砌体房屋构造柱设置要求

| 房屋层数 | | | | 设置部位 | |
6 度	7 度	8 度	9 度		
四、五	三、四	二、三		楼、电梯间四角、楼梯斜梯段上、下端对应的墙体处； 外墙四角和对应转角；错层部位横墙与外纵墙交接处； 大房间内外墙交接处；较大洞口两侧	隔 12 m 或单元横墙与外纵墙交接处；楼梯间对应的另一侧内横墙与外纵墙交接处
六	五	四	二		隔开间横墙（轴线）与外墙交接处；山墙与内纵墙交接处
七	≥六	≥五	≥三		内墙（轴线）与外墙交接处；内墙的局部较小墙垛处；内纵墙与横墙（轴线）交接处

（2）构造柱截面尺寸、配筋和连接，如图 8-23 所示。

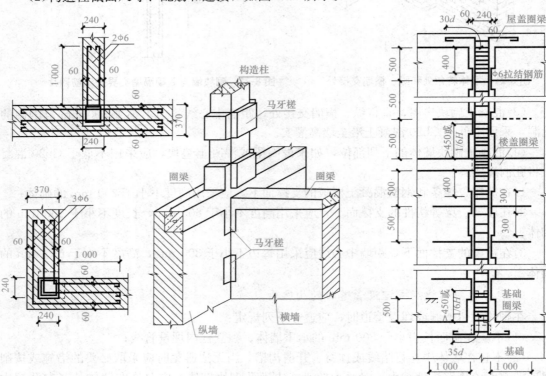

图 8-23　钢筋混凝土构造柱

　　构造柱的最小截面，可为 180 mm×240 mm（墙厚 190 mm 时为 180 mm×190 mm）；构造柱纵向钢筋宜采用 4Φ12，箍筋直径可采用 6 mm，间距不宜大于 250 mm，且在柱上、下端适当加密；当 6、7 度超过六层、8 度超过五层和 9 度时，构造柱纵向钢筋宜采用 4Φ14，箍筋间距不应大于 200 mm；房屋四角的构造柱应适当加大截面及配筋。

构造柱与墙连接，应砌成马牙槎，沿墙高每隔 500 mm 设 2Φ6 水平钢筋和 Φ4 分布短筋平面内点焊组成的拉结网片或 Φ4 点焊钢筋网片，每边伸入墙内不宜小于 1 m。6、7 度时，底部 1/3 楼层，8 度时底部 1/2 楼层，9 度时全部楼层，上述拉结钢筋网片应沿墙体水平通常设置。

1）构造柱与圈梁连接，构造柱的纵筋应在圈梁纵筋内侧穿过，保证构造柱纵筋上、下贯通；

2）构造柱可不单独设置基础，但应伸入室外地面下 500 mm，或与埋深小于 500 mm 的基础圈梁连接。

当房屋高度和层数接近规范规定限值时，纵、横墙内构造柱间距还应符合下列要求：

1）横墙内的构造柱间距不宜大于层高的 2 倍；下部 1/3 楼层的构造柱间距适当减小；

2）当外纵墙开间大于 3.9 m 时，应另设加强措施，内纵墙的构造柱间距不宜大于 4.2 m。

房屋的楼、屋盖与承重墙构件的连接，还应符合下列规定：

1）钢筋混凝土预制楼板在梁、承重墙上必须具有足够的搁置长度。当圈梁未设在板的同一标高时，板端的搁置长度，在外墙上不应小于 120 mm，在内墙上，不应小于 100 mm，在梁上不应小于 80 mm，当采用硬架支模连接时，搁置长度允许不满足上述要求。

2）当圈梁设在板的同一标高时，钢筋混凝土预制楼板端头应伸出钢筋，与墙体的圈梁相连接。当圈梁设在板底时，房屋端部大房间的楼盖，6 度时房屋的屋盖和 7～9 度时房屋的楼、屋盖，钢筋混凝土预制板应相互拉结，并应与梁、墙或圈梁拉结。

3）当板的跨度大于 4.8 m 并与外墙平行时，靠外墙的预制板侧边与墙或圈梁拉结。

4）钢筋混凝土预制板侧边之间应留有不小于 20 mm 的空隙，相邻跨预制楼板板缝宜贯通，当板缝宽度不小于 50 mm 时应配置板缝钢筋。

5）装配整体式钢筋混凝土楼、屋盖，应在预制板叠合层上双向配置通常的水平钢筋，预制板应与后浇的叠合层有可靠的连接。现浇板和现浇叠合层应跨越承重墙或梁，伸入外墙内长度应不小于 120 mm 和 1/2 墙厚。

  2. 多层房屋的现浇钢筋混凝土圈梁的设置

（1）装配式钢筋混凝土楼盖、屋盖或木楼、屋盖的砖房圈梁设置要求，装配式钢筋混凝土楼盖、屋盖或木楼、屋盖的砖房，应按照表 8-16 的要求设置圈梁；纵墙承重时，抗震横墙上的圈梁间距应比表内要求适当加密。

表 8-16　多层砖砌体房屋现浇钢筋混凝土圈梁设置要求

墙类	烈度		
	6、7	8	9
外墙和内纵墙	屋盖处及每层楼盖处	屋盖处及每层楼盖处	屋盖处及每层楼盖处
内横墙	同上； 屋盖处间距不应大于 4.5 m； 楼盖处间距不应大于 7.2 m； 构造柱对应部位	同上； 各层所有横墙，且间距不应大于 4.5 m； 构造柱对应部位	同上； 各层所有横墙

（2）现浇或装配式钢筋混凝土楼盖、屋盖与墙体有可靠连接房屋的构造要求。现浇或装配式钢筋混凝土楼盖、屋盖与墙体有可靠连接的房屋，应允许不另设圈梁，但楼板沿抗震墙体周边应加强配筋并与相应的构造柱钢筋可靠连接。

3. 多层房屋的现浇钢筋混凝土圈梁的构造

(1)圈梁应闭合，遇有洞口应上、下搭接，圈梁宜与预制板设在同一标高处或紧靠板底，如图 8-24 所示。

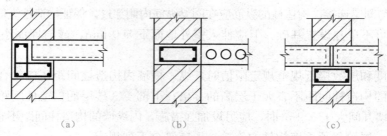

图 8-24 圈梁设置部位及形式

(a)缺口圈梁；(b)板边圈梁；(c)板底圈梁

(2)圈梁的截面高度不应小于 120 mm，配筋应符合表 8-17 的要求。当多层砌体房屋的地基为软弱黏性土、液化土、新近填土或严重不均匀，且基础圈梁作为减少地基不均匀沉降影响的措施时，基础圈梁的高度不应小于 180 mm，配筋不小于 4Φ12。

表 8-17 多层砖砌体房屋圈梁配筋要求

配筋	烈度		
	6、7	8	9
最小纵筋	4Φ10	4Φ12	4Φ14
箍筋最大间距/mm	250	200	150

4. 多层砖砌体房屋墙体间、楼(屋)盖与墙体之间的连接

(1)墙体之间的连接。6、7 度时大于 7.2 m 的大房间，以及 8 度和 9 度时外墙转角及内外墙交接处，应沿墙高每隔 500 mm 配置 2Φ6 通长钢筋和 Φ4 分布短筋平面内点焊组成的拉结网片或 Φ4 点焊网片，如图 8-25 所示。

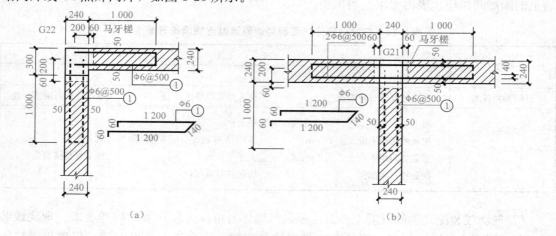

图 8-25 墙体的拉结

(a)内外墙转角处；(b)丁字墙处

后砌的非承重砌体隔墙，烟道、风道、垃圾道等应符合相关规定，如图 8-26 所示。

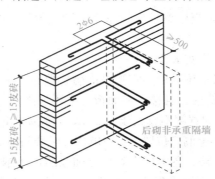

图 8-26 后砌非承重墙与承重墙的拉结

（2）楼、屋盖与墙体之间的拉结。

1）现浇钢筋混凝土楼板或屋面板伸进纵、横墙内的长度均不应小于 120 mm。

2）装配式钢筋混凝土楼板或屋面板，当圈梁未设在板的同一标高时，板端伸进外墙的长度不应小于 120 mm，伸进内墙的长度不应小于 100 mm 或采用硬架支模连接，在梁上的长度不应小于 80 mm 或采用硬架支模连接。

3）当板的跨度大于 4.8 m 并与外墙平行时，靠外墙的预制板侧边应与墙或圈梁拉结。

4）房屋端部大房间的楼盖，6 度时房屋的屋盖和 7～9 度时房屋的楼、屋盖，当圈梁设在板底时，钢筋混凝土预制板应相互拉结，并应与梁、墙或圈梁拉结。

5）楼盖、屋盖的钢筋混凝土梁或屋架应与墙、柱（包括构造柱）或圈梁可靠连接，不得采用独立砖柱。跨度不小于 6 m 大梁的支撑构件应采用组合砌体等加强措施，并满足承载力要求。

6）坡屋顶房屋的屋架应与顶层圈梁可靠连接，檩条或屋面板应与墙、屋架可靠连接，房屋出入口的檐口瓦应与屋面构件锚固。采用硬山搁檩时顶层内纵墙顶宜增砌支撑山墙的踏步式墙垛，并设置构造柱。

7）门窗洞口处不应采用砖过梁；过梁的支撑长度，6～8 度时不应小于 240 mm，9 度时不应小于 360 mm。

5. 楼梯间构造要求

（1）顶层楼梯间横墙和外墙应沿墙高每隔 500 mm 设 2Φ6 通长钢筋和 Φ4 分布短钢筋平面内点焊组成的拉结网片或 Φ4 点焊网片；7～9 度时其他各层楼梯间墙体应在休息平台或楼层半高处设置 60 mm 厚、纵向钢筋不应少于 2Φ10 的钢筋混凝土带或配筋砖带，配筋砖带不少于 3 皮，每皮的配筋不少于 2Φ6，砂浆强度等级不应低于 M7.5 且不低于同层墙体的砂浆强度等级。

（2）楼梯间及门厅内墙阳角处的大梁支撑长度不应小于 500 mm，并应与圈梁连接。

（3）装配式楼梯段应与平台板的梁可靠连接；8、9 度时不应采用装配式楼梯段；不应采用墙中悬挑式踏步或踏步竖肋插入墙体的楼梯，不应采用无筋砖砌栏板。

（4）凸出屋顶的楼、电梯间，构造柱应伸至顶部，并与顶部圈梁连接，所有墙体应沿墙高每隔 500 mm 设 2Φ6 通长钢筋和 Φ4 分布短筋平面内点焊组成的拉结网片或 Φ4 电焊网片。

6. 丙类多层砖砌体房屋构造要求

丙类的多层砖砌体房屋,当横墙较少且总高度和层数接近或达到规范规定时应采取如下加强措施:

(1)房屋的最大开间尺寸不宜大于 6.6 m。

(2)同一结构单元内横墙错位数量不宜超过横墙总数的 1/3,且连续错位不宜多于两道;错位的墙体交接处应增设构造柱,且楼、屋面板应采用现浇钢筋混凝土板。

(3)横墙和内纵墙上洞口的宽度不宜大于 1.5 m,外纵墙上的洞口的宽度不宜大于 2.1 m 或开间尺寸的一半,且内外墙上洞口位置不应影响内外纵墙与横墙的整体连接。

(4)所有纵、横墙均应在楼、屋盖标高处设置加强的现浇钢筋混凝土圈梁;圈梁的截面高度不宜小于 150 mm,上、下纵筋各不应少于 3Φ10,箍筋不少于 Φ6@300。

(5)所有纵、横墙交接处及横墙的中部,均应增设满足下列要求的构造柱:在纵、横墙内柱距不宜大于 3.0 m,在纵墙内的柱距不宜大于 4.2 m。最小截面尺寸不宜小于 240 mm ×240 mm(墙厚 190 mm 时为 240 mm×190 mm),配筋宜符合表 8-18 的要求。

表 8-18　增设构造柱的纵筋和箍筋设置要求

位置	总向钢筋			箍筋		
	最大配筋率/%	最小配筋率/%	最小直径/mm	加密区范围/mm	加密区间距/mm	最小直径/mm
角柱	1.8	0.8	14	全高	100	6
边柱			14	上端700		
中柱	1.4	0.6	12	下端500		

(6)同一结构单元的楼、屋面板应设置在同一标高处。

(7)房屋底层和顶层的窗台标高处,宜设置沿纵、横墙通长的水平现浇钢筋混凝土带;其截面高度不小于 60 mm,宽度不小于墙厚,纵向钢筋不少于 2Φ10,横向分布筋的直径不小于 Φ6,且其间距不大于 200 mm。

7. 采用同一类型的基础

同一结构单元的基础(或桩承台),宜采用同一类型的基础,底面宜埋置在同一标高上,否则应增设基础圈梁并应按 1:2 的台阶逐步放坡。

8.3　过梁、圈梁、挑梁

■ 8.3.1　过梁

过梁是墙体中承受门窗洞口上部墙体自重和上层楼盖传来荷载的构件。其主要有砖砌平拱过梁、砖砌弧拱过梁、钢筋砖过梁和钢筋混凝土过梁四种形式,如图 8-27(a)、(b)、(c)、(d)所示。

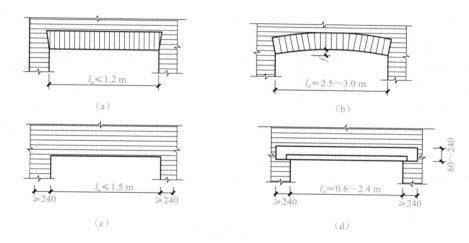

图 8-27 过梁类型
(a)砖砌平拱过梁；(b)砖砌弧拱过梁；(c)钢筋砖过梁；(d)钢筋混凝土过梁

砖砌过梁具有节约钢材水泥、造价低廉、砌筑方便等优点，但对振动荷载和地基不均匀沉降较敏感，跨度也不宜过大，其中，钢筋砖过梁不应超过 1.5 m，对砖砌平拱不应超过 1.2 m。对跨度较大的或有较大振动荷载或可能产生不均匀沉降的房屋应采用钢筋混凝土过梁。

1. 过梁的构造要求

(1)砖砌过梁截面计算高度范围内砂浆的强度等级不应低于 M5；

(2)砖砌平拱过梁用竖砖砌筑部分的高度不应低于 240 mm；

(3)钢筋砖过梁底面砂浆层处的钢筋，其直径不应小于 5 mm，间距不宜大于 120 mm，钢筋深入支座内不宜小于 240 mm，底面砂浆层厚度不宜小于 30 mm；

(4)钢筋混凝土过梁端部的支撑长度，不宜小于 240 mm。

2. 过梁上的荷载

过梁承受的荷载有两种情况：一是仅有墙体自重；二是除墙体自重外，还承受过梁计算高度内的梁板荷载。

在荷载作用下过梁如同受弯构件一样上部受压，下部受拉。但是，试验表明，当过梁上的砖砌体砌筑的高度接近跨度的一半时，由于砌体砂浆随时间增长而逐渐硬化，砌体与过梁共同工作，这种组合作用可将上部的荷载直接传递到过梁两侧的砖墙上，从而使跨中挠度增量减小很快，过梁中的内力增大不多。

试验还表明，当梁、板距过梁下边缘的高度较小时，其荷载才会传到过梁上；若梁、板位置较高，而过梁跨度相对较小，则梁、板荷载将通过下面砌体的起拱作用而直接传给支撑过梁的墙。因此，为了简化计算，《砌体结构设计规范》(GB 50003—2011)规定过梁上的荷载，可按下列规定采用。

(1)梁板荷载。对砖和小型砌块砌体，当梁板下的墙体高度 $h_w < l_n$ 时(l_n 为过梁的净跨)，可按梁板传来的荷载采用；当 $h_w \geq l_n$ 时，可不考虑梁板荷载。

(2)墙体荷载。

1)对砖砌体，当过梁上的墙体高度 $h_w < l_n/3$ 时，应按全部墙体的均布自重采用；当 $h_w \geq l_n/3$ 时，应按高度为 $l_n/3$ 墙体的均布自重采用。

2)对混凝土砌块砌体，当 $h_w < l_n/2$ 时，应按墙体的均布自重采用；当 $h_w \geqslant l_n/2$ 时，应按高度为 $l_n/2$ 墙体的均布自重采用。

3)对砌块砌体，当过梁上的墙体高度 h_w 小于 $l_n/2$ 时，墙体荷载应按墙体的均布自重采用，否则应按高度为 $l_n/2$ 墙体的均布自重采用。

3. 过梁的承载力计算

严格来讲，过梁应是偏心受拉构件。因为跨度和荷载均较小，一般都按跨度为 l_n 的简支梁进行内力和强度计算，强度计算公式如下：

砖砌平拱过梁受弯承载力

$$M \leqslant f_{tm}W \tag{8-9}$$

钢筋砖过梁受弯承载力

$$M \leqslant 0.85h_0 f_y A_s \tag{8-10}$$

受剪承载力

$$V \leqslant f_v bz \tag{8-11}$$

式中　M——按简支梁计算的跨中弯矩设计值；

　　　W——砖砌平拱过梁的截面抵抗矩，对矩形截面：$W = bh^2/6$；

　　　b——砖砌平拱过梁的截面宽度；

　　　h——过梁截面计算高度，取过梁底面以上墙体的高度，但不大于 $l_n/3$；当考虑梁、板传来的荷载时，按梁、板下的墙体高度采用；

　　　f_{tm}——砌体弯曲抗拉强度设计值；

　　　h_0——钢筋砖过梁的有效高度，$h_0 = h - a_s$；

　　　A_s——受拉钢筋重心到截面下边缘的距离；

　　　f_y——受拉钢筋强度设计值；

　　　z——截面内力臂，对矩形截面，$z = 2h/3$；

　　　f_v——砌体的抗剪强度设计值。

钢筋混凝土过梁也可按一般钢筋混凝土简支梁进行受弯和受剪承载力的计算。此外，应进行梁端下砌体的局部承压验算。由于钢筋混凝土过梁多与砌体形成组合结构，刚度较大，可取其有效支撑长度 a_0 等于实际支撑长度，但不应大于墙厚，梁端底面压力图形完整系数 $\eta = 1.0$，且可不考虑上层荷载的影响，即 $\psi = 0$。

■ 8.3.2　圈梁 ....

混合结构房屋中，在墙体内沿水平方向设置的封闭状的钢筋混凝土梁或钢筋砖梁称为圈梁。

1. 圈梁的作用

为了增强砌体房屋的整体刚度，防止由于地基的不均匀沉降或较大震动荷载等对房屋引起的不利影响，可以设置圈梁，它也是砌体房屋抗震的有效措施。

2. 圈梁的布置

(1)厂房、仓库、食堂等空旷单层房屋应按下列规定设置圈梁：砖砌体结构房屋，檐口标高为 5~8 m 时，应在檐口标高处设置圈梁一道；檐口标高大于 8 m 时，应增加圈梁设置数量。砌块及料石砌体结构房屋，檐口标高为 4~5 m 时，应在檐口标高处设置圈梁一道；

檐口标高大于 5 m 时，应增加设置数量。

对有吊车或较大振动设备的单层工业房屋，当未采取有效的隔振措施时，除在檐口或窗顶标高处设置现浇混凝土圈梁外，尚应增加圈梁设置数量。

（2）住宅、办公楼等多层砌体结构民用房屋，当层数为 3～4 层时，应在房屋和檐口标高处各设置一道圈梁；当层数超过 4 层时，除应在底层和檐口标高处各设置一道圈梁外，至少应在所有纵、横墙上隔层设置圈梁。

多层砌体工业房屋，应在每层设置现浇混凝土圈梁。设置圈梁的多层砌体结构房屋，应在托梁、墙梁顶面和檐口标高处设置现浇钢筋混凝土圈梁。

（3）采用现浇混凝土楼（屋）盖的多层砌体结构房屋，当层数超过 5 层时，除应在檐口标高处设置一道圈梁外，可隔层设置圈梁，并应与楼（屋）面板一起现浇。

未设置圈梁的楼面板嵌入墙内的长度不应小于 120 mm，并沿墙长配置不少于 2 根直径为 10 mm 的纵向钢筋。

3. 圈梁的构造要求

圈梁宜连续设在同一水平面上，并形成封闭状。当圈梁被门窗洞口截断时，应在洞口上部增设相同的附加圈梁。附加圈梁与圈梁的搭接长度不应小于其垂直间距的 2 倍，且不得小于 1 m，如图 8-28 所示。

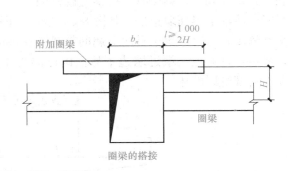

图 8-28 圈梁的设置与搭接

刚弹性和弹性方案房屋，圈梁应与屋架、大梁等构件可靠连接；纵、横墙交接处的圈梁应可靠连接，如图 8-29 所示。

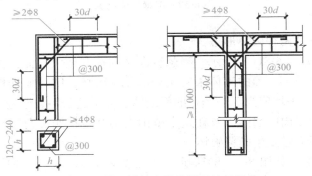

图 8-29 纵、横墙交接处圈梁连接构造

混凝土圈梁的宽度应与墙厚相同，当墙厚不小于 240 mm 时，其宽度不宜小于墙厚的 2/3。圈梁高度不应小于 120 mm。纵向钢筋数量不应少于 4 根，直径不宜小于 10 mm，绑扎接头的搭接长度按受拉钢筋考虑，箍筋间距不应小于 300 mm。

圈梁兼作过梁时，过梁部分的钢筋应按计算面积另行增配。

■ 8.3.3 挑梁

挑梁是一端埋入砌体墙内，另一端挑出墙外的钢筋混凝土悬挑构件。在混合结构房屋中，挑梁多用于房屋的挑檐、阳台、雨篷、悬挑楼梯等部位。挑梁将涉及抗倾覆验算、砌体局部受压承载力验算以及挑梁本身的承载力计算三类问题。

1. 挑梁的构造要求

(1)纵向受力钢筋至少应 1/2 的钢筋面积深入梁尾端，且不少于 2Φ12。其余钢筋深入支座的长度不应小于 2l_1/3（l_1 为挑梁埋入砌体中的长度）。

(2)挑梁埋入砌体中的长度 l_1 与挑出长度 l 之比宜大于 1.2；当挑梁上无砌体时，l_1 与 l 之比宜大于 2。

2. 挑梁的受力特点

试验表明，挑梁受力后，在悬臂段竖向荷载产生的弯矩和剪力作用下，埋入段将产生挠曲变形，但这种变形受到上、下砌体的约束。

当荷载增加到一定程度时，挑梁与砌体的上界面墙边竖向拉应力超过砌体沿通缝的抗拉强度时，将沿上界面墙边出现如图 8-30 所示水平裂缝①；随后在挑梁埋入端头下界面出现水平裂缝②；这时，挑梁有向上翘的趋势，在挑梁埋入端上角的砌体中将出现阶梯斜裂缝③；最后，挑梁埋入端近墙边下界面砌体的受压区不断减小，会出现局部受压裂缝④，甚至发生局部受压破坏。

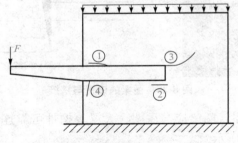

图 8-30 裂缝出现情况

挑梁可能发生下述两种破坏形态：

(1)**倾覆破坏**，如图 8-31(a)所示。当悬臂段竖向荷载较大，而挑梁埋入段较短，且砌体强度足够，埋入段前端下面的砌体未发生局部受压破坏，则可能在埋入段尾部以外的墙体中产生 $\alpha \geqslant 45°$（试验平均值为 57°左右）的斜裂缝。如果这条斜裂缝进一步加宽并向斜上方发展，则表明斜裂缝以内的墙体以及在这个范围内的其他抗倾覆荷载已不能有效地抵抗挑梁的倾覆，挑梁实际上已发生倾覆破坏。

(2)**局部受压破坏**，如图 8-31(b)所示。当挑梁埋入段较长，且砌体强度较低时，可能在埋入段尾部墙体中斜裂缝未出现以前，发生埋入段前端梁下砌体被局部压碎的情况。

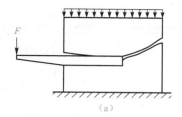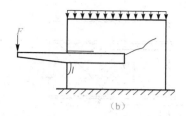

图 8-31 挑梁的破坏形态

(a)挑梁倾覆破坏；(b)挑梁局部受压破坏

因此，《砌体结构设计规范》(GB 50003—2011)建议对挑梁分别进行抗倾覆验算及挑梁埋入段前端下面砌体的局部受压承载力验算。

3. 砌体墙中钢筋混凝土挑梁抗倾覆验算

$$M_{0v} \leqslant M_r \tag{8-12}$$
$$M_r = 0.8 G_r (l_2 - x_0) \tag{8-13}$$

式中　M_{0v}——挑梁的荷载设计值对计算倾覆点产生的倾覆力矩；

　　　M_r——挑梁的抗倾覆力矩设计值；

　　　G_r——挑梁的抗倾覆荷载，为挑梁尾端上部 45°扩散角的阴影范围（其水平长度为 l_3）内的本层砌体与楼面恒荷载标准值之和；

　　　l_2——G_r 作用点至墙外边缘的距离(mm)。

G_r 的计算范围应根据实际工程中不同的情况对照采用。

对于雨篷等悬臂构件，其中

$$l_2 = l_1/2；\quad l_3 = l_n/2$$

式中　l_1——挑梁埋入砌体的长度；

　　　x_0——计算倾覆点 a 至墙外边缘的距离(mm)，由于砌体塑性变形的影响，因此，倾覆点不在外边缘而是向内移动至 a 点，挑梁计算倾覆点至墙外边缘的距离 x_0 可按下列规定采用：

(1)对一般挑梁，即当 $l_1 \geqslant 2.2 h_b$ 时，

$$x_0 = 0.3 h_b \tag{8-14}$$

且 $x_0 \leqslant 0.13 l_1$

(2)当 $l_1 < 2.2 h_b$ 时，

$$x_0 = 0.13 l_1 \tag{8-15}$$

式中　h_b——挑梁的截面高度(mm)。

确定挑梁倾覆荷载时，须注意以下几点：

1)当墙体无洞口时，且 $l_3 \leqslant l_1$，取 l_3 长度范围内 45°扩散角（梯形面积）的砌体和楼盖的恒荷载之标准值，如图 8-32(a)所示；若 $l_3 > l_1$，则取 l_1 长度范围内 45°扩散角（梯形面积）的砌体和楼盖荷载，如图 8-32(b)所示。

2)当墙体有洞口时，且洞口内边至挑梁埋入端距离大于 370 mm，则 G_r 的取值方法同上（应扣除洞口墙体自重），如图 8-32(c)所示；否则，只能考虑墙外边至洞口外边范围内砌体与楼盖恒荷载的标准值，如图 8-32(d)所示。

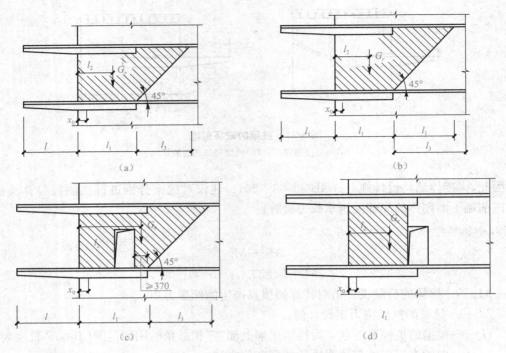

图 8-32 挑梁的抗倾覆荷载

(a)$l_3 \leqslant l_1$ 时；(b)$l_3 > l_1$ 时；(c)洞在 l_1 之内；(d)洞在 l_1 之外

4. 挑梁下砌体的局部受压承载力

挑梁下砌体的局部受压承载力可按下式进行验算，如图 8-32 所示。

$$N_l \leqslant \eta \gamma f A_l \qquad (8\text{-}16)$$

式中　N_l——挑梁下的支撑压力，$N_l = 2R$(R 为挑梁的倾覆荷载设计值，可近似取挑梁根部剪力)；

　　　η——梁端底面压应力图形的完整系数，可取 0.7；

　　　γ——砌体局部抗压强度提高系数，挑梁支撑在一字墙时，如图 8-33(a)所示，取 $\gamma = $ 1.25，挑梁支撑在丁字墙时，如图 8-33(b)所示，取 $\gamma = 1.5$；

　　　A_l——挑梁下砌体局部受压面积，$A_l = 1.2bh_b$(b 为挑梁的截面宽度，h_b 为挑梁截面高度)。

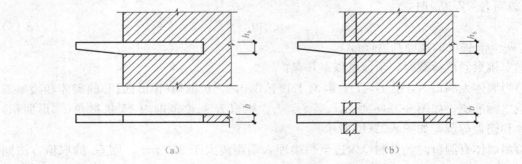

图 8-33 挑梁下砌体砌体局部受压

(a)挑梁支撑在一字墙；(b)挑梁支撑在丁字墙

5. 挑梁受弯、受剪承载力计算

由于倾覆点不在墙边而在离墙边 x_0 处，以及墙内挑梁上、下界面压应力的作用，最大弯矩设计值 M_{max} 在接近 x_0 处，最大剪力设计值 V_{max} 在墙边。其值为

$$M_{max}=M_0 \tag{8-17}$$

$$V_{max}=V_0 \tag{8-18}$$

式中　V_0——挑梁的荷载设计值在挑梁墙外边缘处截面产生的剪力。

8.4　钢筋混凝土楼梯与雨篷

楼梯是多层及高层房屋中的一个重要组成部分，楼梯的平面布置、踏步尺寸、栏杆形式等由建筑设计确定。板式楼梯和梁式楼梯是最常见的楼梯形式，在宾馆等一些公共建筑中也采用一些特种楼梯，如螺旋板式楼梯和悬挑式板式楼梯，如图 8-34 和图 8-35 所示。

图 8-34　螺旋式楼梯

图 8-35　悬挑式楼梯

楼梯的设计步骤包括：

(1)根据建筑要求和施工条件，确定楼梯的结构形式和结构布置；

(2)根据建筑类别，确定楼梯的活荷载标准值；

(3)进行楼梯各部件的内力分析和截面设计；

(4)绘制施工图，处理连接部件的配筋构造。

下面主要介绍板式楼梯和梁式楼梯的设计要点。

■ 8.4.1　板式楼梯的构造要求及识图

板式楼梯由梯段板、平台板和平台梁组成，如图 8-36 所示。

梯段板是斜放的齿型板，支撑在平台梁上和楼层梁上，底层一般支撑在地垄梁上。最常见的双跑楼梯每层有两个梯段，也有采用单跑楼梯和三跑楼梯。

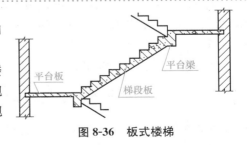

图 8-36　板式楼梯

板式楼梯的优点是下表面平整，施工支模较方便，外观比较轻巧。其缺点是梯段板较厚，约为梯段板水平长度的 $1/30\sim1/25$，混凝土用量和钢材用量较多。一般梯段板水平长度不超过 3 m。

板式楼梯的设计内容包括梯段板、平台设计和平台梁的设计。

1. 梯段板

梯段板按斜放的简支梁计算，其正截面与梯段板垂直。楼梯的活荷载是按水平投影面计算，计算跨度取平台梁间的斜长净距 l'_n，计算简图如图 8-37 所示。

计算梯段板荷载时应考虑恒荷载（踏步自重、斜板自重、面层自重等）和活荷载。

设梯段板单位水平长度上的竖向均布荷载为 P，则沿斜板单位长度上的竖向均布荷载为 $P' = P\cos\alpha$，此处 α 为梯段板与水平线间的夹角。再将竖向的 P' 沿垂直于斜板方向及平行于斜板方向分解为

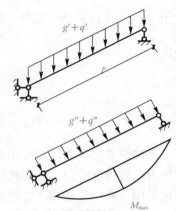

图 8-37　梯段板的计算简图

$$P'_x = P'\cos\alpha = P\cos\alpha\cos\alpha$$

$$P'_y = P'\sin\alpha = P\sin\alpha\sin\alpha$$

此处 P'_x、P'_y 分别在 P' 在垂直于斜板方向及沿斜板方向的分力。其中，P'_y 对斜板的弯矩和剪力没有影响。

设 l_n 为梯段板的水平净跨长，则 $l_n = l'_n\cos\alpha$，于是斜板的跨中最大弯矩和支座最大剪力可以表示为

$$M_{max} = \frac{1}{8}P'_x(lP'_n)^2 = \frac{1}{8}Pl_n^2 \tag{8-19}$$

$$M_{max} = \frac{1}{2}P'_n lP'_n = \frac{1}{2}Pl_n\cos\alpha \tag{8-20}$$

可见，简支斜梁在竖向均布荷载 P 作用下的最大弯矩，等于其水平投影长度的简支梁在 P 作用下的最大弯矩。截面承载力计算时，斜板的截面高度应垂直于斜面，并取齿型的最薄处。

为避免斜板在支座处产生过大的裂缝，应在板面配置一定数量钢筋，一般取 $\phi8@200$，长度为 $l_n/4$。斜板内分布钢筋可采用 $\phi6$ 或 $\phi8$，每级踏步不少于 1 根，放置在受力钢筋的内侧。

2. 平台板和平台梁

平台板一般设计成单向板，可取 1 m 宽板进行计算，平台板一端与平台梁整体连接，另一端可能支撑在砖墙上，也可能与过梁整浇。考虑到板支座的转动会受到一定约束，一般应将板下部钢筋在支座附近弯起一半，或在板面支座处另配短钢筋，伸出支撑边缘长度为 $l_n/4$。

平台梁的设计与一般梁相似。

■ 8.4.2　梁式楼梯的构造要求与识图 ·································

梁式楼梯由踏步板、斜梁平台板和平台梁组成。

1. 踏步板

踏步板两端支承载斜梁上，按两端简支的单向板计算。一般取一个踏步作为计算单元。踏步板为梯形截面，板的截面高度可近似取平均高度 $h = (h_1 + h_2)/2$，如图 8-38 所示，板厚一般不小于 30～40 mm。每一踏步一般需配置不少于 $2\phi6$ 的受力钢筋，沿斜向布置的分布筋直径不小于 $\phi6$，间距不大于 250 mm。

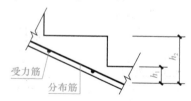

图 8-38　梁式楼梯的踏步板

2. 梯段斜梁

梯段斜梁两端支承在平台梁上，受力踏步板传来的均布荷载和斜梁自重，荷载的作用方向竖直向下，其内力计算简图如图 8-39 所示，其内力按下式计算：

$$M_{\max} = (1/8)(g+q)l_0^2 \tag{8-21}$$

$$M_{\max} = (1/2)(g+q)l_n\cos\alpha \tag{8-22}$$

式中　g，q——作用于梯段斜梁上竖直的恒荷载的设计值；

$\quad$　l_0，l_n——梯段斜梁的计算跨度和净跨度的水平投影长度。

梯段斜梁可按倒 L 形截面进行计算，踏步板下的斜板为其受压翼缘。梯段斜梁的截面高度 $h = (1/16～1/20)l_0$，其配筋及构造要求与一般梁相同，配筋图如图 8-40 所示。

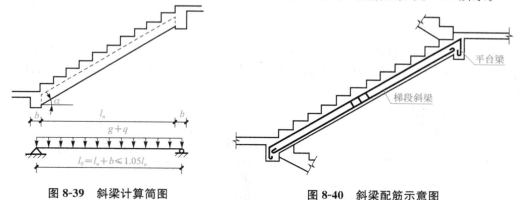

图 8-39　斜梁计算简图　　　　　　　　图 8-40　斜梁配筋示意图

3. 平台梁与平台板

平台板的计算和构造要求与板式楼梯平台板相同，梁式楼梯中的平台承受平台板均布荷载梯段斜梁传来的集中力及平台梁自身的均布荷载，如图 8-41 所示。由材料力学可求出其内力，配筋和构造要求与一般梁相同。

4. 折板的计算与构造要求

为了满足建筑上的要求，有时踏步板需要采用折板的形式，如图 8-42 所示，折板的内力计算与一般斜板相同，板的折角处要分离并满足钢筋的锚固要求，如图 8-43 所示。

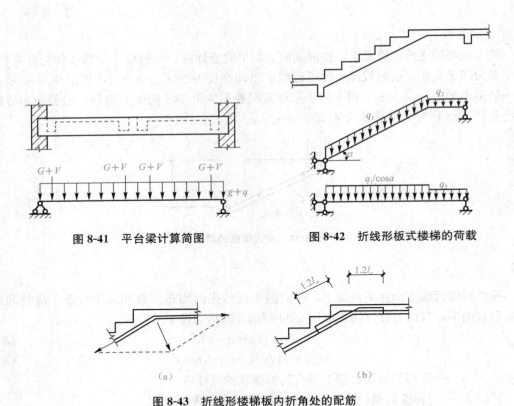

图 8-41　平台梁计算简图　　　　　　　图 8-42　折线形板式楼梯的荷载

图 8-43　折线形楼梯板内折角处的配筋

(a)混凝土保护层剥落，钢筋被拉出；(b)转角处钢筋的锚固措施

■ 8.4.3　雨篷的构造要求 ··

雨篷、外阳台、挑檐是建筑工程中常见的悬挑构件，它们的设计除与一般的梁板结构相同之外，还应进行抗倾覆验算。下面以雨篷为例，简单介绍雨篷的构造要求，如图 8-44和图 8-45 所示。

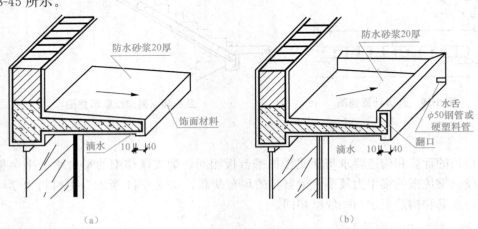

图 8-44　雨篷结构图

(a)自由落水雨篷；(b)有翻口有组织排水雨篷

图 8-45　钢结构雨篷

1. 一般要求

钢筋混凝土雨篷是房屋结构中最常见的悬挑构件，它有各种不同布置。对悬挑比较长的雨篷，一般都有梁支撑雨篷板，另一方面又兼做作门过梁，承受上部墙体的重力和楼面梁板或楼梯平台传来的荷载。这种雨篷受荷载后可能发生三种破坏：①雨篷板在根部发生受弯断裂破坏；②雨篷梁受弯、剪、扭发生破坏；③整体雨篷发生倾覆破坏。

板式雨篷一般由雨篷板和雨篷梁组成。雨篷梁既是雨篷板的支撑，又兼有过梁的作用。

一般的雨篷板的挑出长度为 0.6~1.2 m 或者更长，视建筑要求而定。现浇雨篷板多数做成变厚度的，但是一般根部板厚为 1/10 的挑出长度，但不小于 70 mm，板端不小于 50 mm。雨篷板周围往往设置凸出以便排水。

2. 雨篷板的构造特点

雨篷板是悬挑板，按受弯构件设计，板厚可取 $l_n/12$。当雨篷板挑出长度 $l_n = 0.6~1.0$ m 时，板根部厚度通常不小于 70 mm，端部厚度不小于 50 mm。板承受的荷载除永久荷载和均布活荷载外，还应考虑施工荷载或检修荷载的集中荷载（沿板宽每隔 1.0 m 考虑一个 1 kN 的集中荷载），它作用于板的端部，雨篷受力图如图 8-46 所示，内力可由材料力学求出，配筋计算与普通板相同。

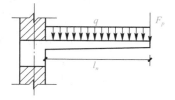

图 8-46　雨篷受力图

3. 雨篷梁的计算

雨篷梁承受的荷载有自重、梁上砌体重、雨篷板传来的荷载等。雨篷板传来的荷载以扭矩的形式施加给雨篷梁。

当雨篷板上有作用均布荷载 p 时，作用在雨篷梁中心线的力包括竖向力 V 和力矩 m_p，沿板宽方向 1 m 的数值分别为 $V = pl (\text{kN/m})$ 和 $m_p = pl(\dfrac{b+l}{2}) \text{kN} \cdot \text{m/m}$。

在力矩 m_p 作用下，雨篷梁的最大扭矩为：$T = m_p l_0/2$。

此处 l_0 为雨篷梁的跨度，可近似取 $l_0 = 1.05 l_n$。

雨篷梁在自重、梁上砌体重力等荷载作用下产生弯矩和剪力；在雨篷板传来的荷载作用下不仅产生弯矩和剪力，还将产生扭矩。因此，雨篷梁是受弯、剪、扭的构件。

4. 雨篷梁的设计

雨篷梁除承受作用在板上的均布荷载和集中荷载外，还兼有过梁的作用，承受雨篷梁上墙体传来的荷载，对计算梁上墙体传来的荷载时，应根据不同情况区别对待。雨篷梁宽度一般与墙厚相同，其高度可参照普通梁的高跨比确定，通常为砖的皮数。为防止板上雨水沿墙缝渗入墙内，往往在梁顶设置高过板顶 60 mm 的凸块，如图 8-47 所示。

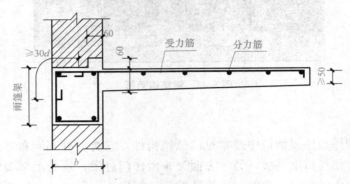

图 8-47 雨篷配筋图

5. 雨篷的整体抗倾覆验算

对雨篷除进行承载力计算外，还应进行整体抗倾覆验算。雨篷板上的荷载将绕 O 点产生倾覆力矩 M_{or}，而抗倾覆力矩 M_r 由梁自重以及墙重的合力 G_r 产生，进行抗倾覆验算应满足的条件是：

$$M_r \geqslant M_{or} \tag{8-23}$$

式中　　M_r——抗倾覆力矩设计值，$M_r = 0.8 G_r l_2$；

　　　　G_r——雨篷的抗倾覆荷载，可取雨篷梁尾端上部 45°扩散角范围（其水平长度为 l_3）内的墙体恒荷载标准值，如图 8-48 所示；

　　　　l_2——G_r 距墙边的距离，$l_2 = l_1/2$，l_1 为雨篷梁上墙体的厚度，$l_3 = l_n/2$。

为保证满足抗倾覆要求，可适当增加雨篷的支撑长度，即增加压力在梁上的恒荷载值。

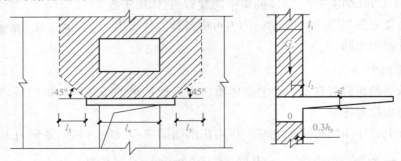

图 8-48 抗倾覆验算受力图

一、填空题

1. 当无筋砌体的偏心距_____时，砌体按通缝弯曲抗拉强度来确定_____承载能力。

2. 块材的_____是影响砌体轴心抗压强度的主要因素。

3. 无筋砌体受压构件，当 $0.7 < e/y \leqslant 0.95$ 时，构件不仅应满足_____要求，还应满足_____要求。

第 8 章　参考答案

4. 各类砌体，当用_____砌筑时，对抗压强度设计值乘以 0.85 的调整系数，以考虑其_____差的影响。

5. 常见的楼梯按施工方法分为_____和_____。

6. 影响砖砌体抗压强度的主要因素有块材的_____，砂浆的_____及砌筑质量。

7. 砌体的破坏不是由于砖受压耗尽其_____，而是由于形成_____，侧面凸出，破坏了砌体的整体工作。

8. 砌体轴心受拉有两种破坏形式：当砖强度较高而砂浆强度较低时，砌体将沿_____破坏；当砖强度较低而砂浆强度较高时，砌体将沿_____破坏。

9. 房屋结构中最常见的悬挑结构有_____、_____和_____。

10. 板式楼梯的组成部分包括_____、_____和_____。

11. 常用混合砂浆的主要成分为_____、_____和砂。

12. 块体的厚度越_____、抗压强度越_____，砂浆的抗压强度越_____，则砌体的抗压强度越高。

13. 砌体有_____种弯曲受拉破坏形态，其中沿_____截面破坏时的弯曲抗拉强度可按块体的强度等级确定。

14. 砌体受压构件按_____可分为短柱和长柱，其界限值为_____。

15. 梁端支撑处砌体处于局部受压状态，当有上部压力存在时，如果影响局压的计算面积与局压面积之比 A_0/A_1 较大，则上部压力可通过_____作用向梁两侧墙体传递。

16. 整体式楼梯按结构受力状态分为_____、_____、_____。

17. 混合结构房屋的三个静力计算方案是_____、_____和_____。

18. 在混合结构房屋中，对受压构件进行高厚比验算的目的是_____。对带壁柱的砖墙要分别进行_____和_____的高厚比验算。

19. 六层及六层以上房屋的外墙所用材料的最低强度等级，砖为_____，砂浆为_____。

20. 在砖混结构中，圈梁的作用是增强_____，并减轻_____和_____的不利影响。

二、选择题

1. 对于整体式的钢筋混凝土屋盖，当 $s < 32$ 时，砌体结构房屋的静力计算方案属于(　　)。
　　A. 刚性方案　　　B. 刚弹性方案　　　C. 弹性方案　　　D. 不能确定

2. 对于整体式的钢筋混凝土屋盖，当 $s > 72$ 时，砌体结构房屋的静力计算方案属于(　　)。
　　A. 刚性方案　　　B. 刚弹性方案　　　C. 弹性方案　　　D. 不能确定

3. 墙、柱的计算高度与其相应厚度的比值，称为( )。

    A. 高宽比   B. 长宽比   C. 高厚比   D. 高长比

4. 多层房屋刚性方案的竖向荷载作用下的墙体验算中底层高度取( )。

    A. 一层地面到二层楼盖的距离

    B. 基础大放脚顶到楼盖支撑面之间的高度

    C. 一层地面到二层楼面的距离

    D. 两层楼(屋)盖结构支撑面之间的高度

5. 多层房屋刚性方案的竖向荷载作用下的墙体验算中底层以上各层的高度取( )。

    A. 一层地面到二层楼盖的距离

    B. 基础大放脚顶到楼盖支撑面之间的高度

    C. 一层地面到二层楼面的距离

    D. 两层楼(屋)盖结构支撑面之间的高度

6. 钢筋混凝土圈梁的高度不应小于( )mm。

    A. 100   B. 120   C. 80   D. 150

7. 中心受压砌体中的砖处于( )的复杂应力状态下。

    A. 整体受压   B. 受弯   C. 受剪   D. 局部受压

    E. 横向受拉

8. 《砌体结构设计规范》(GB 50003—2011)规定，下列情况的各类砌体强度设计值应乘以调整系数 γ_a：

    Ⅰ. 有吊车房屋和跨度不小于 9 m 的多层房屋，γ_a 为 0.9

    Ⅱ. 有吊车房屋和跨度不小于 9 m 的多层房屋，γ_a 为 0.8

    Ⅲ. 构件截面 A 小于 0.3 m² 时取 $\gamma_a = A + 0.7$

    Ⅳ. 构件截面 A 小于 0.3 m² 时取 $\gamma_a = 0.85$

    下列( )是正确的。

    A. Ⅰ、Ⅲ   B. Ⅰ、Ⅳ   C. Ⅲ、Ⅳ   D. Ⅱ、Ⅳ

9. 砌体局部受压可能有三种破坏形式，工程设计中一般应按( )来考虑。

    A. 先裂后坏   B. 一裂即坏   C. 未裂先坏

10. 混合结构房屋的空间刚度与( )有关。

    A. 屋盖(楼盖)类别、横墙间距   B. 横墙间距、有无山墙

    C. 有无山墙、施工质量   D. 屋盖(楼盖)类别、施工质量

三、简答题

1. 何为高厚比？影响实心砖砌体允许高厚比的主要因素是什么？

2. 在进行承重纵墙计算时所应完成的验算内容有哪些？

3. 砌体局部受压可能有哪三种破坏形式？

4. 常用的楼梯有哪几种类型？各有何优缺点？请说明它们的适用范围。

5. 板式楼梯与梁式楼梯的传力线路有何不同？

6. 雨篷的结构布置形式有哪两种？简述雨篷和雨篷梁的计算要点和构造要求。

四、计算题

1. 某单层带壁柱房屋(刚性方案)如图 8-49 所示。山墙间距 $s = 20$ m，高度 $H = 6.5$ m，

开间距离为 4 m，每开间有 2 m 宽的窗洞，采用 MU10 砖和 M2.5 混合砂浆砌筑。墙厚 370 mm，壁柱尺寸为 240 mm×370 mm，如图 8-50 所示。试验算墙的高厚比是否满足要求。（$[\beta]=22$）

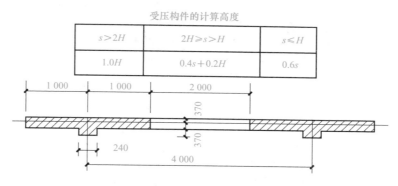

图 8-49　计算题 1 图

2. 某单层食堂（刚性方案 $H_0=H$），外纵墙承重且每 3.3 m 开一个 1 500 mm 宽窗洞，墙高 $H=5.5$ m，墙厚为 240 mm，砂浆采用 M2.5。试验算外纵墙的高厚比。（$[\beta]=22$）

3. 砖柱截面面积为 370 mm×490 mm，采用强度等级为 MU7.5 的砖及 M5 混合砂浆砌筑，$H_0/H=5$，柱顶承受轴心压力设计值为 245 kN。试验算柱底截面承载力是否满足要求。（提示：$f=1.58$ N/mm²，$\alpha=0.0015$，砌体容重为 19 kN/m³）

4. 已知梁截面为 200 mm×550 mm，梁端实际支承长度 $a=240$ mm，荷载设计值产生的梁端支承反力 $N_1=60$ kN，墙体的上部荷载 $N_u=240$ kN，窗间墙截面尺寸为 1 500 mm×240 mm，采用烧结砖 MU10、混合砂浆 M2.5 砌筑，试验算该外墙上梁端砌体局部受压承载力。

5. 某住宅标准层的板式楼梯平面如图 8-50 所示，踏步面层采用 30 mm 的水磨石面层，楼梯板底为 20 mm 的混合砂浆抹灰，混凝土强度等级为 C25，梁的受力钢筋采用 HRB 335 级钢筋，其余均采用 HPB 300 级钢筋，试对该板式楼梯进行设计。

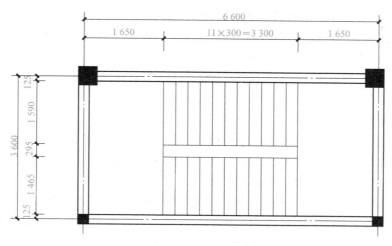

图 8-50　计算题 5 图

载荷力为，强度为 f_{u} 的单面焊缝。若用角焊缝直角焊缝，其焊脚尺寸为 h_f，焊缝等级为二级焊缝，应符合 $\sigma_{f}=\sqrt{3}\sigma_{0}/h_{e}$，则取为 30 ？计算时需用高强度螺栓连接计算确保连接部位安全可靠。

（略）

第 9 章　钢结构

1. 了解钢结构的特点及应用范围。
2. 理解钢结构的连接。
3. 理解钢结构屋盖相关概念。
4. 学习并会应用知识分析单层工业厂房的受力特点。

9.1　钢结构的特点及应用范围

■ 9.1.1　钢结构的特点

钢结构是采用钢板、型钢通过连接而成的结构。与其他材料的结构相比，钢结构具有以下优点。

（1）**强度高、自重轻**。钢材的强度比混凝土、砖石和木材要高出很多倍。钢结构的自重较轻。例如，在跨度和荷载都相同时，普通钢屋架的重量只有钢筋混凝土屋架重量的 $1/4\sim 1/3$。因此，钢结构广泛用于大跨度和超高建筑物。

（2）**材质均匀**。钢材的内部组织比较均匀，接近于各向同性体。在一定的应力范围内，属于理想弹性工作，符合工程力学所采用的基本假定。因此，钢结构的计算方法根据力学原理，计算结果准确可靠。

（3）**塑性、韧性好**。钢材具有良好的塑性。钢结构在一般情况下，不会发生突发性破坏，而是事先有较大变形的预兆。此外，钢材还具有良好的韧性，能很好地承受动力荷载。这些都为钢结构的安全应用提供了可靠保证。

（4）**工业化程度高**。钢结构所用材料均是各种型材和钢板，经切割、焊接等工序制造成钢构件，然后运至工地安装。一般钢结构的制造都可在金属结构厂进行，采用机械化程度高的专业化生产，故而精确度高，制造周期短。在安装上，由于是装配化作业，故效率高，工期也短。

（5）**拆迁方便**。钢结构强度高，采用螺栓连接，故可建造出重量轻、连接简便的可拆迁结构。

（6）密闭性好。焊接的钢结构可以做到完全密闭，因此，可用于建造要求气密性和水密性好的气罐、油罐和高压容器。

（7）耐腐蚀性差。由于钢材在湿度大和有侵蚀性介质的环境中容易锈蚀，因此，需采取防护措施，如除锈、刷油漆等，故其维护费用较高。

（8）耐热不耐火。当辐射热温度低于100 ℃时，即使长期作用，钢材的主要性能变化也很小，其屈服点和弹性模量均降低不多，因此，其耐热性能较好。但当温度超过150 ℃时，材质变化较大，需采取隔热措施。钢结构不耐火，故需采取防火措施。温度超过250 ℃以后，材质发生较大变化，强度逐步降低。

（9）钢结构可能发生脆性断裂。钢结构在低温和某些条件下，可能发生脆性断裂，还有厚板的层状撕裂，这些情况都应引起设计者的特别注意。

■ 9.1.2　钢结构的应用

钢结构是土木工程的主要结构形式之一，随着我国国民经济的迅速发展，其发展极为迅速，钢结构在土木工程各个领域得到了广泛的应用，高层和超高层建筑、多层房屋、工业厂房、体育场馆、会展中心、火车站候车大厅、飞机场航站楼、大型客机检修库、自动化高架仓库、城市桥梁和大跨度公路桥梁、粮仓以及海上采油平台等都已采用钢结构。

1. 高层及超高层钢结构

国外在20世纪70年代建造了多幢高层和超高层钢结构建筑，如美国芝加哥西尔斯大厦，110层，高度为443 m；毁于"9.11"事件的美国纽约世贸中心，双塔分别为110层，高度为417 m。我国从20世纪80年代开始，在上海、深圳、北京等城市相继建成了十几幢高层建筑，在20世纪90年代以后又建成了以深圳地王大厦（69层，高325 m，图9-1）、上海金茂大厦（88层，高420.5 m，图9-2）、上海环球金融中心（地上101层，高492 m）等为代表的一批高层钢结构建筑，其建筑高度、结构形式、施工速度和施工管理水平均已进入世界先进行列。迄今为止，我国在建摩天大楼超200座。

图9-1　深圳地王大厦　　　　**图9-2　金茂大厦和环球金融中心**

高层和超高层建筑的建造，促进了钢结构与混凝土结构的复合结构、钢板与混凝土或钢筋混凝土、型钢与混凝土组成的钢-混凝土组合结构等新型式和建造技术的发展。例如，上海金茂大厦的建筑总高度为 420.5 m，主楼地上 88 层、地下 3 层，为框筒结构体系，核心筒为现浇钢筋混凝土，外框为钢结构与混凝土结构复合成巨型框架，成为钢结构与混凝土结构复合建造超高层建筑的典范。

在钢管内浇筑混凝土形成的钢管混凝土结构，由于管内混凝土在纵向压力作用下处于三向受压状态并起到抑制钢管的局部失稳，因而使构件的承载力和变形能力大大提高；由于钢管即为混凝土的模板，施工速度较快。例如，目前世界上最高的全钢管混凝土高层建筑——深圳赛格广场大厦，地上 72 层，高 291.6 m。

以型钢或以型钢和钢筋焊成的骨架做筋材的钢骨混凝土结构，由于其型材刚度大，施工时可用来支撑模板和混凝土自重，简化支模工作，因此，钢骨混凝土结构成为 20 世纪 90 年代以来高层和超高层建筑结构的主要结构形式之一。例如，马来西亚吉隆坡 CityCenter 的双塔大厦，为 88 层，高 450 m。

此外，压型钢板-混凝土板组合楼板、压型钢板轻型墙体、型钢与混凝土组合梁楼盖体系、外包钢混凝土柱也得到了广泛的应用。这些高性能新型组合结构能充分利用材料强度，具有较好的适应变形能力（延性）、施工较简单等特点，从而拓宽了钢结构和钢筋混凝土结构的应用范围。

2. 轻型钢结构住宅

轻型钢结构住宅是以经济钢型材构件作为承重骨架，以轻型墙体材料作为维护结构所构成的建筑。与传统的住宅相比，轻型钢结构住宅除具有一般钢结构的优点外，还具有建筑空间布置灵活、可有效增大建筑使用面积、降低建造成本等方面的优越性，在美国、日本、澳大利亚等发达国家，轻型钢结构住宅占总住宅建造面积的比例已达 25% 以上。我国的轻型钢结构住宅研究起步于 20 世纪 90 年代末，虽然目前还处于研究和试点工程阶段，但发展态势非常好，目前建造的钢结构体系采用了框架结构体系、框支结构体系、框架-剪力墙结构体系、错列桁架体系、钢-混凝土组合结构体系等（图 9-3、图 9-4）。轻型钢结构住宅的发展促进了经济钢型材包括冷弯型钢、热轧或焊接 H 型钢、T 型钢、焊接或无缝钢管及其组合构件的研发和生产，也促进了轻质墙体材料包括压型钢板及其组合板材、PC 板、蒸压轻质加气混凝土板（ALC 板）及稻草板等材料的开发和生产。其住宅建筑量大面广，是 21 世纪我国发展轻型钢结构的主要领域。

图 9-3　钢结构小高层住宅

图 9-4　在建钢结构别墅

3. 大跨度空间钢结构

大跨度空间钢结构主要是指网架、网壳结构及其组合结构(两种或两种以上不同建筑材料组成)和杂交结构(两种或两种以上不同结构形式构成)。在体育场馆、大型展览场馆、火车站候车大厅、机场机库、机场航站楼、工业厂房、大跨度屋盖或楼层结构、散料仓库、公路收费站篷等方面得到广泛应用。

天津体育馆为直径 108 m,挑檐为 13.5 m,总直径达 135 m 的球面网壳,其矢高为 35 m,双层网壳厚 3 m(图 9-5)。大型体育场的挑篷采用空间网壳结构的工程也逐年增多,如深圳体育场周围挑篷(沿环向分为 12 段),宽度为 31 m,悬挑为 25.5 m,采用变高度螺栓球节点双层正放四角锥网壳结构;昆明拓东体育场挑篷,宽度为 34 m,悬挑为 26 m,采用周圈连续的变厚度双层正放四角锥网壳结构。

图 9-5　天津体育馆网壳

随着城市发展,钢结构在这个领域的市场潜力很大,如上海国际会议中心、广州会展中心展览大厅、上海国际博览中心、南京国际展览中心、南京火车站、上海浦东机场航站楼、广州白云机场航站楼、深圳机场航站楼等均采用空间钢结构建造。一些中等城市,如西安、成都、郑州、兰州、乌鲁木齐、重庆等的大型展览场馆和会展中心建筑也在近年内落成,如图 9-6 所示,在结构设计、材料、施工技术和科研等领域内,为空间钢结构技术的发展提供了机遇。

图 9-6　郑州国际会展中心

4. 桥梁钢结构

交通建设是当前我国重点发展的基础设施领域，钢结构轻型高强的优点对于大跨度桥梁结构特别适合。1968年修建的公铁两用南京长江大桥，最大跨度为160 m（图9-7、图9-8）。1994年建成的公铁两用九江长江大桥，主联跨长(180＋216＋180)m。1995年建成的上海杨浦大桥，采用双塔双索面斜拉桥，主跨跨长为602 m。1999年建成的江阴长江大桥，主跨采用悬索桥，跨度为1 385 m。2001年建成的南京长江第二大桥南汊主桥，为双塔双索面扇形布置拉索的斜拉桥，主跨达628 m。这些成就均表明我国在现代化桥梁建设上的水平已进入世界先进行列。

图9-7　南京长江大桥全景　　　　　图9-8　南京长江大桥施工场景

同时，钢管混凝土在大跨拱桥及斜拉桥和悬索桥塔柱建造中的应用得到迅速发展，工程实例不胜枚举。代表性桥梁有四川旺苍东河桥，主孔跨度为115 m，四川涪陵长江大桥主跨为200 m，浙江象山铜瓦门大桥主跨为238 m，武汉汉江三桥主跨为280 m，浙江千岛湖南浦大桥主跨为330 m，广州丫髻沙大桥主跨为360 m，四川万县长江公路大桥主跨为420 m（图9-9），郑州黄河二桥的主桥为8孔、每孔跨度为100 m（图9-10）等。

图9-9　四川万县长江公路大桥　　　　图9-10　郑州黄河二桥

5. 压力管道及容器

水工压力钢管是水电站建设高压引水管道的主要结构形式之一。伴随着"西气东输"和"西油东引"工程的建设，也大量采用了高压输气(油)管线及中转站、终点站的大容量储油(气)罐、库、塔等容器金属设备。城市污水处理厂的沼气罐也基本上采用钢结构。

6. 特种钢结构

徐州电视塔塔楼采用直径为 21 m 单层联方型全球网壳，并采用地面组装、整体提升到 99 m 设计标高就位的施工安装方法。上海东方明珠电视塔，选取装饰用的单层联方型全球网壳。大连友谊广场中心采用直径为 25 m，镶嵌镜面的水晶球网壳。杭州市地标，采用总高度为 40.8 m、跨度为 30 m 的螺栓球节点网架结构。

9.2　钢结构材料

■ 9.2.1　钢材的力学(机械)性能 ···

1. 钢材的性能

钢材的多项性能指标可通过单向一次(也称单调)拉伸试验获得。在常温 20℃±5℃的条件下，荷载分级逐次增加，直到试件破坏，由于加载速度缓慢，又称静力拉伸试验。如图 9-11(a)所示，给出了相应钢材的一次拉伸应力(σ)-应变(ε)曲线。低碳钢和低合金高强度结构钢简化的光滑曲线示意如图 9-11(b)所示，曲线可分为五个阶段：弹性阶段(OPE)、弹塑性阶段(ES)、塑性阶段(SC)、应变硬化阶段(CB)、颈缩阶段(BD)。由此曲线可获得钢材的性能指标。

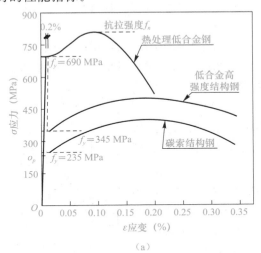

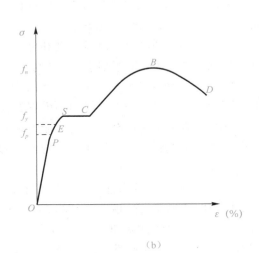

(a)　　　　　　　　　　　　　　(b)

图 9-11　钢材的单调拉伸应力-应变曲线

(1)强度。热处理钢材虽然有较好的塑性但没有明显的屈服点和屈服平台，这类钢材的屈服点是以卸载后试件中残余应变为 0.2%所对应的应力作为名义屈服点，用 $f_{0.2}$ 表示[图 9-11(a)]。

图 9-11(b)中 $\sigma\varepsilon$ 曲线的 OP 段为直线，表示钢材具有完全弹性性质，即应力与应变呈

线性关系，且卸荷后变形完全恢复。这时应力可由弹性模量 E 定义，即 $\sigma = E\varepsilon$，而 E 为该直线段的斜率，P 点应力 f_p 称为比例极限。

钢材经屈服阶段的较大塑性变形，内部晶粒结构重新排列后，恢复重新承载的能力，曲线呈上升趋势，如图 9-11(b) 所示的 CB 段。该段曲线最高点 B 的应力 f_u 称为抗拉强度或极限强度。当应力达到 B 点时，试件出现局部横向收缩变形，即发生颈缩现象，至 D 点而断裂。

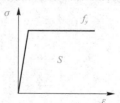

图 9-12 理想弹塑性体的应力-应变曲线

对于没有缺陷和残余应力影响的试件，比例极限和屈服点比较接近，达到相应应力值时的应变也较接近，且数值很小，因此，为了简化计算，通常假定屈服点前钢材为完全弹性的，而屈服点后则为完全塑性的，这样就可把钢材视为理想的弹塑性体，其应力-应变曲线表现为如图 9-12 所示的双直线。当应力达到屈服点后，将使结构产生很大的在使用上不容许的残余变形，因此，设计时应取屈服点作为钢材可以达到的最大应力，而抗拉强度 f_u，则成为材料的强度储备。钢材的抗拉强度与屈服点之比称为强屈比，它是表明钢材设计强度储备的一项重要指标，该值越小，强度储备越小；反之，该值越大，强度储备越大，但强度利用率低且不经济。因此，规定钢材必须有 $f_u/f_y \geq 1.2$ 的强屈比。

（2）塑性。钢材的塑性为当应力超过屈服点后，能产生显著的残余变形（塑性变形）而不立即断裂的性质。塑性的好坏可用伸长率和断面收缩率表示。

伸长率是试件被拉断时的绝对变形值与试件原标距之比的百分率。伸长率越大，塑性越好。一般采用伸长率作为钢材的塑性指标。

断面收缩率是试件拉断后，颈缩区的断面面积缩小值与原断面面积比值的百分率。断面收缩率越大，其塑性性能越好。

综上所述，屈服点、抗拉强度和伸长率是钢材的三个重要力学性能指标。钢结构中所采用的钢材都应满足《钢结构设计规范》(GB 50017—2003) 对这三项力学性能指标的要求。

（3）冷弯性能。钢材的冷弯性能由冷弯试验确定，如图 9-13 所示。试验时，以试件表面和侧面不出现裂纹和分层为合格。

冷弯性能是判断钢材塑性变形能力和冶金质量的综合指标。焊接承重结构以及重要的非焊接承重结构采用的钢材，均应具有冷弯试验的合格保证。

（4）冲击韧性。冲击韧性是评定带有缺口的钢材在冲击荷载作用下抵抗脆性破坏能力的指标，其数值随试件缺口形式和试验机型号不同而异。冲击韧性试验如图 9-14 所示，以击断试件所消耗的冲击功大小来衡量钢材抵抗脆性破坏的能力。缺口韧性用 A_{kv} 或 C_v 表示，其值为试件折断所需的功，单位为 J。

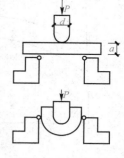

图 9-13 冷弯试验

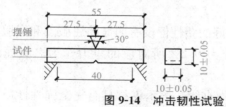

图 9-14 冲击韧性试验

(5)可焊性。可焊性是指采用一般焊接工艺就可完成合格的(无裂缝)焊缝的性能。

钢材的可焊性受碳含量和合金元素含量的影响。当碳含量为 0.12%～0.20% 时，碳素钢的焊接性能最好；碳含量超过上述范围时，焊缝及热影响区容易变脆。一般 Q235 A 的碳含量较高，且这一牌号通常不能用于焊接构件。而 Q235 B、C、D 的碳含量控制在上述的适宜范围之内，是适合焊接使用的普通碳素钢牌号。

2. 影响钢材性能的因素

(1)化学成分的影响。铁是钢的基本元素。纯铁质软，在碳素结构钢中约占 99%；碳和其他元素仅占 1%。

碳是形成钢材强度的主要成分，随着含碳量的提高，钢的强度逐渐增高，而塑性和韧性、冷弯性能、可焊性及抗锈蚀能力等下降。因此，不选用含碳量高的钢材，以便保持其他的性能。因此，建筑钢结构用的钢材基本上都是低碳钢，含碳量均不超过 0.22%。

锰是有益元素，可提高钢材强度，改善钢的冷脆倾向，但锰对焊接性能不利，因此，锰的含量一般为 0.3%～0.8%。低合金高强度结构钢中，锰的含量可达 1.0%～1.6%。

硅是有益元素，其常与锰共同除氧，形成镇静钢。硅的含量过高会劣化可焊性和抗锈蚀性。

硫、磷、氧和氮都属于有害元素，严重地降低钢的塑性、韧性、冷弯性能和可焊性，特别是在温度较低时促使钢材变脆，称为冷脆。

(2)成材过程的影响。当用生铁制钢时，必须通过氧化作用除去生铁中多余的碳和其他杂质，使它们转变为氧化物进入渣中，或成气体逸出。这一过程需要在高温下进行，称为炼钢。按脱氧方法和程度的不同，碳素结构钢可分为沸腾钢、半镇静钢、镇静钢和特殊镇静钢四类。钢材的普通热处理包括退火、正火、淬火和回火四种基本工艺。高温回火后的钢具有强度、塑性、韧性都较好的综合机械性能。通常称淬火加高温回火的工艺为调质处理。强度较高的钢材，包括高强度螺栓的材料都要经过调质处理。

(3)钢材硬化的影响。钢材的硬化有三种情况：冷作硬化(或应变硬化)、时效硬化和应变时效硬化。

在常温下对钢材进行加工称为冷加工。冷拉、冷弯、冲孔、机械剪切等加工使钢材产生很大塑性变形，产生塑性变形后的钢材在重新加荷时将提高屈服点，同时降低塑性和韧性的现象称为冷作硬化。在高温时溶于铁中的少量氮和碳，随着时间的增长逐渐由固溶体中析出，生成氮化物和碳化物，对纯铁体的塑性变形起遏制作用，从而使钢材的强度提高，塑性和韧性下降，这种现象称为时效硬化，俗称老化。在钢材产生一定数量的塑性变形后，铁素晶体中的固溶氮和碳将更容易析出，从而使已经冷作硬化的钢材又发生时效硬化现象，称为应变时效硬化。

(4)温度的影响。钢材的性能受温度的影响十分明显，温度升高与降低都将使钢材性能发生变化。设计时以 150 ℃规定为适宜，超过之后应对结构采取有效的防护措施。钢材的冲击韧性对温度十分敏感。图 9-15 所示给出了冲击韧性与温度的关系，由图可见，随着温度的降低，C_v 值迅速下降，材料将由塑性破坏转变为脆性破坏。

(5)应力集中。由单调拉伸试验所获得的钢材性能，只能反映钢材在标准试验条件下的性能，即应力均匀分布而且是单向的。实际结构中不可避免地存在孔洞、槽口、凹角、截

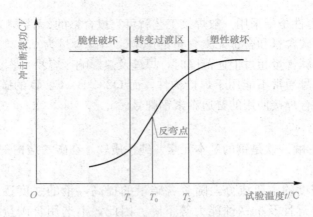

图 9-15　冲击韧性与温度的关系曲线

面突然改变以及钢材内部缺陷等，此时，截面中的应力分布不再保持均匀，而是在某些区域产生局部高峰应力，在另外一些区域则应力降低，如图 9-16 所示，形成所谓的应力集中现象。

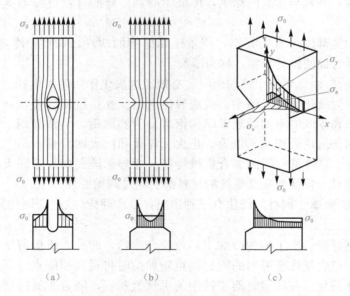

图 9-16　板件孔洞、缺口处的应力集中

(a)薄板圆孔处的应力分布；(b)薄板缺口处的应力分布；(c)厚板缺口处的应力分布

因此，在进行钢结构设计时，应尽量使构件和连接节点的形状和构造合理，防止截面的突然改变。在进行钢结构的焊接构造设计和施工时，应尽量减少焊接残余应力。

(6)反复荷载作用的影响。钢材总是有"缺陷"的，在直接、连续的反复荷载作用下，先在其缺陷处发生塑性变形和硬化而生成微观裂痕，研究证明，构件的应力水平不高或荷载反复次数不多的钢材一般不会发生疲劳破坏，计算中不必考虑疲劳的影响。但是，对于长期频繁的直接承受动力荷载的钢结构构件及其连接，在设计中必须进行钢材的疲劳计算。

钢材有两种完全不同的破坏形式：塑性破坏和脆性破坏。

塑性破坏的主要特征是破坏前具有较大的塑性变形。由于塑性破坏前总有较大的塑性变形发生，且变形持续时间较长，容易被发现和抢修加固，因此，不至于发生严重后果。钢结构的塑性设计就是建立在这种足够的塑性变形能力上。

脆性破坏的主要特征是破坏前塑性变形很小，或根本没有塑性变形，而突然迅速断裂。由于破坏前没有任何预兆，破坏速度又极快，无法察觉和补救，而且一旦发生常引发整个结构的破坏，后果非常严重。因此，在钢结构的设计、施工和使用过程中，要特别注意防止这种破坏的发生。

1. 钢材的种类

我国的建筑用钢主要为碳素结构钢和低合金高强度结构钢两种。

(1)碳素结构钢。碳素结构钢的质量等级按由低到高的顺序分为 A、B、C、D 四个等级。质量的高低主要是以对冲击韧性的要求区分的，对冷弯性能的要求也有所区别。碳素结构钢交货时，应有化学成分和力学性能的合格保证书。力学性能要求屈服点、抗拉强度、伸长率和冷弯性能合格。

建筑结构用碳素结构钢主要应用 Q235 钢。碳素结构钢的牌号由代表屈服点的字母 Q、屈服点数值、质量等级、脱氧方法符号四部分按顺序组成。对 Q235 钢来说，A、B 两级的脱氧方法可以是沸腾钢(F)、半镇静钢和镇静钢(Z)，C 级为镇静钢(Z)，D 级为特殊镇静钢(TZ)。C 级和 D 级脱氧方法符号 Z 和 TZ 在牌号中予以省略。

(2)低合金高强度结构钢。根据钢材厚度(直径)≤16 mm 时的屈服点(N/mm²)，分为 Q295、Q345、Q390、Q420、Q460 五种。其中，Q345、Q390 和 Q420 三种钢材均有较高的强度和较好的塑性、韧性和焊接性能，被《钢结构设计规范》(GB 50017—2003)选为承重结构用钢。

钢的牌号仍有质量等级符号，分为 A、B、C、D、E 五个等级。和碳素结构钢一样，不同质量等级是按对冲击韧性的要求区分的。低合金高强度结构钢交货时，应有化学成分和屈服点、抗拉强度、冷弯等力学性能的合格保证书。

2. 钢材的规格

钢结构采用的型材主要为热轧成型的钢板和型钢，以及冷弯(或冷压)成型的薄壁型钢。由工厂生产供应的钢板和型钢等有成套的截面形状和一定的尺寸间隔，称为钢材规格。

(1)热轧钢板。热轧钢板包括厚钢板、薄钢板和扁钢等。厚钢板的厚度为 4.5～60 mm，宽度为 600～3 000 mm，长度为 4～12 m，其被广泛用于组成焊接构件和连接钢板。薄钢板的厚度为 0.35～4 mm，宽度为 500～1 500 mm，长度为 0.5～4 m，是冷弯薄壁型钢的原料。扁钢的厚度为 4～60 mm，宽度为 12～200 mm，长度为 3～9 m。钢板的表示方法为在钢板横断面符号"—"后加"厚×宽×长"(单位为 mm)，如— 12×800×2 100。

(2)热轧型钢。热轧型钢包括角钢、工字钢、H 型钢、槽钢和钢管等，如图 9-17 所示。

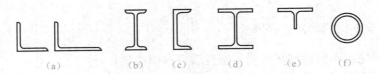

图 9-17 热轧型钢截面

(a)角钢；(b)工字钢；(c)槽钢；(d)H 型钢；(e)T 型钢；(f)钢管

角钢分为等边和不等边两种，主要用来制作桁架等格构式结构的杆件和支撑等连接杆件。等边角钢的表示方法是在符号"L"后加"边长×厚度"。

工字钢分为普通工字钢和轻型工字钢。普通工字钢的型号用符号"I"后加截面高度的厘米数来表示。20 号以上的工字钢，又按腹板的厚度不同，同一号数分为 a、b 类别，a 类腹板较薄。

H 型钢可分为宽翼缘 H 型钢(代号 HW)、中翼缘 H 型钢(代号 HM)及窄翼缘 H 型钢(代号 HN)三类。代号后加"高度 h×宽度 b×腹板厚度 t_1×翼缘厚度 t_2"，例如，HW400×400×13×21，单位均为 mm。

槽钢分为普通槽钢和轻型槽钢两种，适于作檩条等双向受弯的构件，也可用其组成组合或格构式构件。型号如 [36 a 指截面高度为 36 cm、腹板厚度为 a 类的槽钢。钢管常用作桁架、网架、网壳等平面和空间格构式结构的杆件，在钢管混凝土柱中也有广泛的应用。规格用符号"φ"后加"外径×壁厚"表示，如 φ400×16，单位为 mm。

(3)**薄壁型钢**。薄壁型钢是用薄钢板经模压或弯曲成形，其壁厚一般为 1.5～5 mm，截面形式如图 9-18 所示。压型钢板是近年来开始使用的薄壁型材，是由热轧薄钢板经冷压或冷轧成型的，所用钢板厚度为 0.4～2 mm，主要用作轻型屋面及墙面等构件。

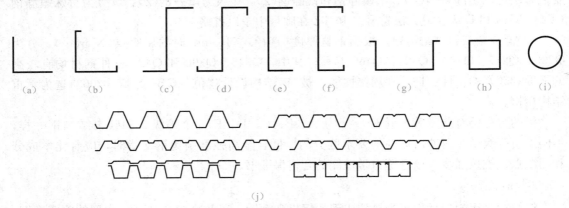

图 9-18 薄壁型钢的截面形式

(a)等边角钢；(b)等边卷边角钢；(c)Z 型钢；(d)卷边 Z 型钢；
(e)槽钢；(f)卷边槽钢；(g)向外卷边槽钢(帽型钢)；(h)方管；(i)圆管；(j)压型板

3. 钢结构选用钢材的原则

钢材的选用既要确保结构物的安全可靠，又要经济合理。为了保证承重结构的承载能力，防止在一定条件下出现脆性破坏，应根据结构的重要性、荷载特征、连接方法、工作环境、应力状态和钢材厚度等因素综合考虑，选用合适牌号和质量等级的钢材。应考虑下列因素：

(1)结构或构件的重要性；

(2)荷载特性；

(3)连接方式；

(4)结构的工作条件；

(5)钢材厚度。

《钢结构设计规范》(GB 50017—2003)规定：

(1)承重结构的钢材宜采用 Q235 钢、Q345 钢、Q390 钢和 Q420 钢。

(2)下列情况的承重结构和构件不应采用 Q235 沸腾钢。

对于焊接结构：

1)直接承受动力荷载或振动荷载且需要验算疲劳的结构。

2)工作温度低于－20℃时的直接承受动力荷载或振动荷载但可不验算疲劳的结构以及承受静力荷载的受弯及受拉的重要承重结构。

3)工作温度等于或低于－30℃的所有承重结构。

9.3 钢结构连接

钢结构的基本构件是由钢板、型钢等通过各种连接而成，钢结构的连接应符合安全可靠、传力明确、构造简单、制造方便和节约钢材的原则。

钢结构连接的种类如图 9-19 所示。

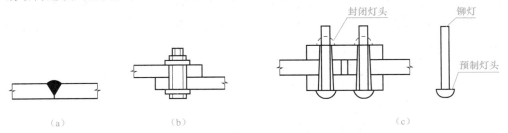

图 9-19 钢结构连接种类
(a)焊接；(b)螺栓连接；(c)铆钉连接

9.3.1 焊接

焊接是将被连接的构件需要连接处的钢材加以融化，加入热融的焊条或焊丝作为填充金属一起化成焊池，经冷却结晶后形成焊缝把构件连接起来。

1. 焊接方法

焊接方法很多，房屋钢结构主要采用电弧焊，以焊条为一极接于电机上，以焊件为另一极接地，使焊接处形成 6 000 ℃～7 000 ℃的高温电弧。电弧焊分手工电弧焊、埋弧焊（自动或半自动埋弧焊）以及气体保护焊等。

手工电弧焊设备简单，焊接的质量与焊工的熟练程度有关。焊条要与被焊钢材配套，Q235 钢焊件采用 E43××(E4300～E4328)型焊条，Q345 钢焊件采用 E50××(E5000～E5048)型焊条，Q390 和 Q420 钢焊件采用 E55××(E5500～E5518)型焊条。其中，E 表示焊条，后面的两位数字表示焊缝熔敷金属的抗拉强度，最后两位××是数字，表示适用焊缝位置、焊条药皮类型及电源种类。焊条药皮的作用是在焊接时形成溶渣和气体覆盖溶池，防止空气中的氧、氮等有害气体与融化的液体金属接触。

自动焊和半自动焊采用不涂药皮的焊丝通过机器对埋在焊剂下的焊缝进行焊接。自动焊和半自动焊也应采用与焊件相应的焊丝和焊剂。

焊接的优点是不削弱截面，连接结点的重量轻，构造简单，施工操作方便，不透气，不透水。其缺点是可能产生残余应力和残余变形，使薄的构件翘曲，厚的构件形成焊接应力区段，以致产生脆性断裂；溶合区形成热影响区，可能产生裂纹；连接件通过焊缝形成整体，刚度大，局部裂缝可能通过焊缝扩展；焊接操作或钢材本身也可能使焊缝产生裂纹、夹渣、气泡、咬肉、未焊合、未焊透，使焊缝变脆、产生应力集中，降低抗脆断能力等。防止措施是在保证足够强度的条件下，尽量减少焊缝数量、厚度和密集程度，并尽可能将焊缝对称布置，采用合理的施工工艺。

2. 焊接分类

焊缝按施焊位置分为平焊(代号 F)、横焊(H)、立焊(V)及仰焊(O)，如图 9-20(a)所示，其施焊位置简图如图 9-21 所示。平焊也称俯焊，施焊方便，质量最好；立焊和横焊的质量及生产效率比平焊差一些；仰焊的操作条件最差，质量不易保证，因此，设计和制造时应尽量避免采用仰焊。

在车间焊接时构件可以翻转，使其处于较方便的位置施焊。工字形或 T 形截面构件的翼缘与腹板间的角焊缝，常采用图 9-20(b)所示的平焊位置(也称船形焊)施焊，这样施焊方便，质量容易保证。

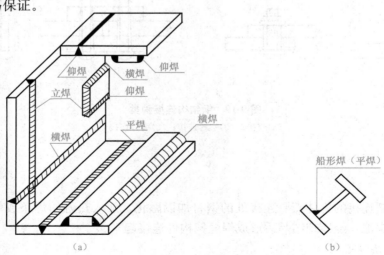

图 9-20 焊缝按施焊位置分类

(a)平焊、横焊、立焊及仰焊；(b)工字形或 T 形截面构件的翼缘与腹板间的角焊缝

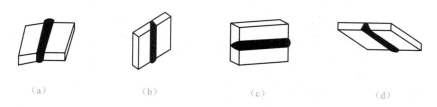

图 9-21　焊缝的施焊位置

(a)平焊；(b)立焊；(c)横焊；(d)仰焊

按被焊构件相对位置分为对接、搭接、T 形连接、角连接，如图 9-22 所示。

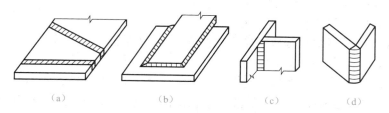

图 9-22　焊接连接形式

(a)对接；(b)搭接；(c)T 形连接；(d)角连接

按焊缝截面形式可分对接焊缝和角焊缝，如图 9-23 所示，角焊缝中平行受力方向的为侧面角焊缝，垂直受力方向的为正面角焊缝。焊缝的受力分析、计算方法和构造，主要由焊缝的截面形式决定。

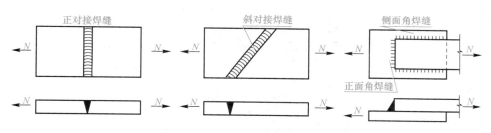

图 9-23　对接焊缝及角焊缝

3. 焊接符号与标注方法

焊缝符号是焊接结构图样上使用的统一符号，也是一种工程技术语言。

焊缝符号一般由基本符号与指引线组成，必要时还可加上辅助符号、补充符号和焊缝尺寸等。

基本符号是表示焊缝横截面形状的符号；辅助符号是表示焊缝表面形状特征有辅助要求的符号，补充符号是为了说明焊缝的某些特征要求的符号。

为了能在图样上确切地表示焊缝的位置，特将基本符号相对基准线的位置作如下规定：如果焊缝在接头的箭头侧，则将基本符号标在基准线的实线侧，如图 9-24(a)所示；如果焊缝在接头的非箭头侧，则将基本符号标在基准线的虚线侧，如图 9-24(b)所示；标注对称焊缝及双面焊缝时，可不加虚线，如图 9-24(c)、(d)所示。

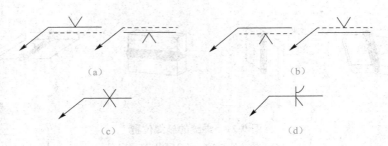

图 9-24 焊缝基本符号相对基准线的位置

(a)焊缝在接头的箭头侧；(b)焊缝在接头的非箭头侧；(c)对称焊缝；(d)双面焊缝

4. 焊接的质量检验

(1)焊接缺陷。焊接缺陷是指在焊接过程中产生于焊缝金属或附近热影响区钢材表面或内部的缺陷。

最常见的缺陷有裂纹、焊瘤、烧穿、弧坑、气孔、夹渣、绞边、未熔合、未焊透等，如图 9-25 所示。焊接缺陷直接影响焊缝质量和连接强度，使焊缝受力面积削弱，且在缺陷处引起应力集中，易形成裂纹，并易于扩展引起断裂。

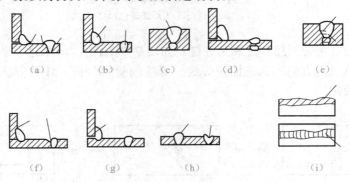

图 9-25 焊缝缺陷

(a)焊瘤；(b)裂纹；(c)气孔；(d)未焊透；(e)夹渣；

(f)咬边；(g)未熔合；(h)余高太大，焊肉不足；(i)焊缝不直，宽窄不均

(2)焊缝质量检验。按《钢结构工程施工质量验收规范》(GB 50205—2001)规定的检验方法和质量要求将焊缝质量分为三级，即一级焊缝、二级焊缝和三级焊缝。

质量检验：一般可用外观检查及无损检验，前者检查外观缺陷和几何尺寸，后者检查内部缺陷。无损检验目前广泛采用超声波检验，有时还用磁粉检验、荧光检验等方法作为辅助，当前明确可靠的检验方法是 χ 射线或 γ 射线透照或拍片(χ 射线应用较广)。

其质量要求如下：

一级焊缝：要求对全部焊缝作外观检查及作无损探伤检查，对抗动力和疲劳性能要求较高处可采用。

二级焊缝：要求对全部焊缝作外观检查，对部分焊缝作无损探伤检查。对有较大拉应力的对接焊缝以及直接承受动力荷载构件的较重要的焊缝，可部分采用。

三级焊缝：只要求对全部焊缝作外观检查，用于一般钢结构。

5. 焊缝的构造

(1)对接焊缝的构造。对接焊缝位于被连接板或其中一个板件的平面内，板件边缘常需加工坡口，焊缝金属就填充在坡口内，对接焊缝的形式如图 9-26 所示。

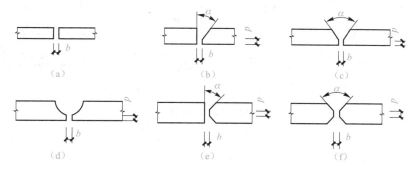

图 9-26　对接焊缝的坡口形式
(a)I 形缝；(b)单边 V 形坡口；(c)V 形坡口；(d)U 形坡口；(e)K 形坡口；(f)X 形坡口

对接焊缝板边的坡口形式有 I 形缝、单边 V 形坡口、V 形坡口、U 形坡口、K 形坡口和 X 形坡口。当焊件厚度很小($t \leqslant 10$ mm)时，可采用 I 形坡口；对于一般厚度($t = 10 \sim 20$ mm)的焊件，可采用单边 V 形或 V 形坡口，以便斜坡口和间隙 b 组成一个焊条能够运转的空间，使焊缝易于焊透。

为避免焊口缺陷，施焊时应在焊缝两端设置引弧板(图 9-27)。在对接焊缝的拼接处：当两焊件的宽度不同或厚度相差 4 mm 以上时，应分别在宽度方向或厚度方向从一侧或两侧做成坡度不大于 1/2.5 的斜角，如图 9-28 所示。对直接承受动力荷载且需要进行疲劳验算的结构，斜角坡度不应大于 1/4；当厚度不同时，焊缝坡口形式应根据较薄焊件的厚度按国家标准取用。

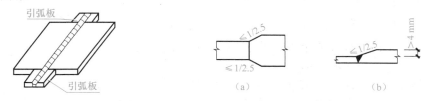

图 9-27　对接焊缝施焊用引弧板

图 9-28　变截面板对接
(a)两侧斜角；(b)单侧斜角

(2)角焊缝的构造。角焊缝为沿两直交或斜交焊件的交线焊接的焊缝，可用于对接、搭接以及直角或斜角相交的 T 形和角接接头中。

角焊缝连接形式如图 9-29 所示。角焊缝按焊缝与外力作用方向之间的关系，可分为平行于外力作用方向的侧面角焊缝，简称侧缝，如图 9-29(a)所示；垂直于外力作用方向的正面角焊缝，简称端缝，如图 9-29(b)所示；与外力作用方向斜交的斜向角焊缝，称为围焊缝，如图 9-29(c)所示。

在建筑钢结构中，最常用的是直角角焊缝，斜角角焊缝主要用于钢管结构中。

直角角焊缝的截面形式分为普通式，如图 9-30(a)所示，用于一般情况；平坦式，如图 9-30(b)所示，常用于动荷结构中的端焊缝；凹面式，如图 9-30(c)所示，常用于动荷结构中的侧焊缝。

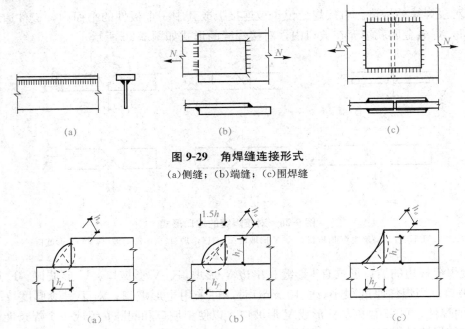

图 9-29　角焊缝连接形式

(a)侧缝；(b)端缝；(c)围焊缝

图 9-30　直角角焊缝的截面形式

(a)普通式；(b)平坦式；(c)凹面式

最小焊脚尺寸：焊脚尺寸不宜太小，以保证角焊缝的最小承载能力，并防止焊缝因冷却过快而产生裂纹，一般规定：

对于手工焊的最小焊脚尺寸 h_{fmin} 应满足：$h_{fmin}=1.5\sqrt{t_{max}}$；

对于自动焊的最小焊脚尺寸 h_{fmin} 应满足：$h_{fmin}=1.5\sqrt{t_{max}}-1$ mm；

T 形连接的单面角焊缝最小焊脚尺寸 h_{fmin} 应满足：$h_{fmin}=1.5\sqrt{t_{max}}+1$ mm。

注：式中 t_{max} 为较厚焊件的板厚，单位为 mm。

当焊件厚度 $t\leqslant4$ mm 时，则 h_{fmin} 应与焊件同厚。

最大焊脚尺寸：角焊缝的焊脚尺寸过大，焊缝收缩时将产生较大的焊接残余应力和残余变形，且热影响区扩大易产生脆裂，较薄焊件易烧穿。因此规定，一般情况角焊缝的最大焊脚尺寸 h_{fmax} 应满足：$h_{fmax}=1.2t_{min}$，t_{min} 为较薄焊件的板厚，单位为 mm。

板件边缘的角焊缝与板件边缘等厚时，施焊时易产生咬边现象。因此，当板厚 $t\leqslant6$ mm，$h_{fmax}=t$；当板厚 $t>6$ mm 时，$h_{fmax}\leqslant t-(1\sim2)$mm。

最小计算长度：角焊缝的焊缝长度过短，焊件局部受热严重，且施焊时起落弧坑相距过近，加之其他缺陷的存在，就可能使焊缝不够可靠。因此，规定角焊缝的最小计算长度 $l_{wmin}=8h_f$ 且 $\geqslant40$ mm。

侧面角焊缝的最大计算长度：角焊缝的应力分布沿长度方向是不均匀的，两端大而中间小。当侧焊缝长度太长时，焊缝两端应力可能达到极限而破坏，而焊缝中部的应力还较低，这种应力分布不均匀对承受动荷载的结构尤为不利。

最小搭接长度：在搭接连接中，为减小因焊缝收缩产生过大的残余应力及因偏心产生的附加弯矩，要求搭接长度不小于 5 倍较焊件厚度，且不小于 25 mm，如图 9-31 所示。

端部侧焊缝：板件的端部仅用两侧缝连接时，如图 9-32 所示，为避免应力传递过于弯折而致使板件应力过于不均匀，应使焊缝长度 $l_w \geqslant b$；同时，为避免因焊缝收缩引起板件变形拱曲过大，应满足 $b \leqslant 16\,t$（当 $t > 12$ mm 时）或 190 mm（当 $t \leqslant 12$ mm 时）。若不满足此规定则应加焊端缝。

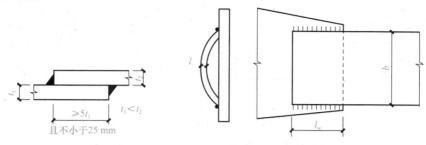

图 9-31　搭接长度要求　　　　　图 9-32　仅两侧焊缝连接的构造要求

绕角焊：当角焊缝的端部在焊件的转角处时，为避免起落弧缺陷发生在应力集中较大的转角处，宜连续地绕过转角加焊 $2\,h_f$，并计入焊缝的有效长度之内，如图 9-33 所示。

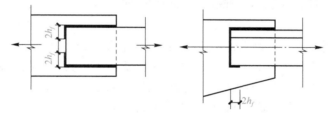

图 9-33　角焊缝的绕角焊

6. 焊接应力与焊接变形

(1)焊接应力与焊接变形的产生。在施焊过程中，焊件由于受到不均匀的电弧高温作用所产生的变形和应力，称为热变形和热应力。而冷却后，焊件中所存在的反向应力和变形，称为焊接应力和焊接变形。由于这种应力和变形是焊件经焊接并冷却至常温以后残留于焊件中的，故又称为焊接残余应力和残余变形。

(2)减少焊接应力与焊接变形的措施。为减少或消除焊接应力与焊接变形的不利影响，可在设计、制造和焊接工艺等方面采取相应的措施。

设计方面：选用适宜的焊脚尺寸和焊缝长度。最好采用细长焊缝，不用粗短焊缝。焊缝应尽可能布置在结构的对称位置上，以减少焊接残余变形。尽可能采用对接焊缝，且对接焊缝的拼接处，应做成平缓过渡，以减少连接处的应力集中，如图 9-28 所示。在保证安全可靠的前提下，避免焊缝厚度过大。

制造方面：采用焊前预热或焊后加热法。对于小尺寸焊件，焊前预热，或焊后回火（加热至 60 ℃右，然后缓慢冷却），可以消除焊接残余应力与焊接残余变形。焊接后对焊件进行锤击，也可以减少焊接残余应力与焊接残余变形。

焊接工艺方面：选择合理的施焊次序。例如，钢板对接时采用分段退焊，如图 9-34(a)所示；厚焊缝采用分层施焊，如图 9-34(b)所示；工字形截面按对角跳焊，如图 9-34(c)所示；钢板分块拼焊，如图 9-34(d)所示。施焊前给构件施加一个与焊接变形方向相反的预变形，使之与焊接所引起的变形相互抵消，从而达到减小焊接变形的目的。

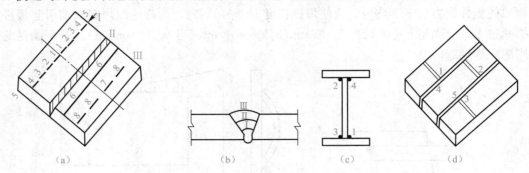

图 9-34　合理的焊接次序

(a)分段退焊；(b)分层施焊；(c)对角跳焊；(d)分块拼焊

■ 9.3.2　螺栓连接

螺栓连接分普通螺栓连接和高强度螺栓连接两种。

1. 普通螺栓连接

(1)传力方式与构造。普通螺栓连接按螺栓受力情况可分为受剪螺栓、受拉螺栓和拉剪螺栓连接三种。受剪螺栓连接是靠螺栓杆受剪和孔壁挤压传力；受拉螺栓连接是靠沿杆轴线方向受拉传力；拉剪螺栓连接则兼有上述两种传力方式。

普通螺栓分 A、B、C 三级，A、B 级为精制螺栓，C 级为粗制螺栓。C 级螺栓材料性能等级为 4.6 级或 4.8 级，小数点前的数字表示螺栓成品的抗拉强度不小于 400 N/mm²，小数点及小数点后的数字表示屈服点与最低抗拉强度的比值为 0.6 或 0.8。A、B 级螺栓材料性能等级为 8.8 级，其抗拉强度不小于 800 N/mm²，屈服点与最低抗拉强度的比值为 0.8。A、B 级螺栓在车床上切削加工而成，要求螺孔比螺杆直径只大 0.3~0.5 mm，孔壁要求较高，属 Ⅰ 类孔，在建筑中应用较少。C 级螺栓只用圆钢热压而成，螺孔直径可比螺杆大 1.5~3.0 mm，孔壁一次冲成即可，属 Ⅱ 类孔，施工简便，但紧密程度差。C 级螺栓用于受拉力的安装连接，在不承受动力荷载的次要结构中也可用于受剪连接。

螺栓排列有并列和错列两种，排列方法如图 9-35 所示。为了避免螺栓过密或端距过小使板件受拉时与螺栓接触的构件出现应力集中的相互影响，或使板件削弱过多以及端部被剪断等，《钢结构设计规范》(GB 50017—2003)规定了螺栓排列间距、

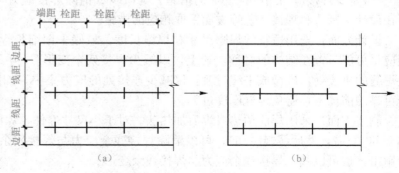

图 9-35　螺栓的排列方式

(a)并排；(b)错列

边距和端距的最小距离；同时还规定了最大距离，以避免板件受压时接触不紧密，易被潮气侵蚀，甚至发生凸曲现象。

（2）螺栓的破坏。螺栓可能发生五种破坏形式（图 9-36）：①栓杆剪断；②孔壁挤压破坏；③钢板拉断；④端部钢板剪断；⑤栓杆受弯破坏。后两种破坏只要满足构造要求就可以避免，前三种需要通过计算加以保证。

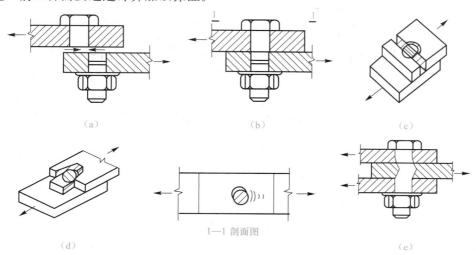

图 9-36　普通螺栓连接的破坏情况
（a）栓杆剪断；（b）孔壁挤压破坏；（c）钢板拉断；（d）端部钢板剪断；（e）栓杆受弯破坏

2. 高强度螺栓连接

高强度螺栓利用拧紧螺帽后在螺栓中产生较高的预拉力，以夹紧连接件，由与连接件接触面的摩擦力来阻止构件滑移。

高强度螺栓按受力特征可分为摩擦型高强度螺栓（只依靠摩擦阻力传力，并以剪力不超过接触面摩擦力作为设计准则）、承压型高强度螺栓（允许接触面滑移，以连接达到破坏的极限承载力作为设计准则）。摩擦型连接的剪切变形小，施工较简单，可拆卸，耐疲劳，特别适用于承受动力荷载的结构。承压型连接的承载力高于摩擦型，连接紧凑，但剪切变形大，故不能用于承受动力荷载的结构中。

高强度螺栓常有配套的螺母垫圈，并需保证材质的强度要求。我国高强度螺栓级别分为 8.8 级和 10.9 级，级别标志中，小数点前数字是螺栓最低抗拉强度的 1/100，即螺栓抗拉强度应分别不低于 800 N/mm² 和 1 000 N/mm²，小数点及小数点后数字是屈服强度与抗拉强度的比值。

按施加预应力的控制方法不同，高强度螺栓有两种类型：高强度大六角头螺栓［图 9-37(a)］和扭剪高强度螺栓［图 9-37(b)］。前者直径为 12 mm、16 mm、20 mm、24 mm、27 mm、30 mm，常用的有 20 mm、22 mm、24 mm；后者直径为 16 mm、20 mm、22 mm、24 mm，常用直径为 20 mm、22 mm。高强度螺栓孔应采用钻成孔。摩擦高强度螺栓孔径比螺栓公称直径大 1.5~2.0 mm，承压型高强度螺栓孔径比螺栓公称直径大 1.0~1.5 mm。施工图中一般均应注明高强度螺栓连接范围内接触面的处理方法。

高强度螺栓的设计首先要决定一个螺栓的预拉力值和被连接板件的摩擦面抗滑移系数，

《钢结构设计规范》(GB 50017—2003)中按不同等级和处理方法规定了具体数值,然后根据受力特征(摩擦型、承压型)计算承载力设计值,最后根据连接处的受力情况,计算螺栓群的强度。因此,高强度螺栓必须按设计要求拧紧,以保证螺栓内达到需要的预拉力值,否则被连接件受荷载后产生滑移,将与普通螺栓无异。

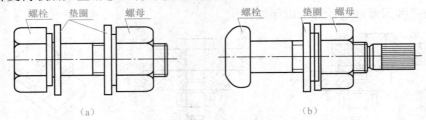

图 9-37　高强度摩擦螺栓

(a)大六角头螺栓;(b)扭剪型摩擦螺栓

9.4　钢屋盖

■ 9.4.1　屋盖的组成

钢屋盖包括屋架、屋盖支撑系统、檩条、屋面板,有时还有托架和天窗架等。根据屋面材料和屋面结构布置的不同,可分为有檩体系屋盖和无檩体系屋盖两类,如图 9-38 所示。

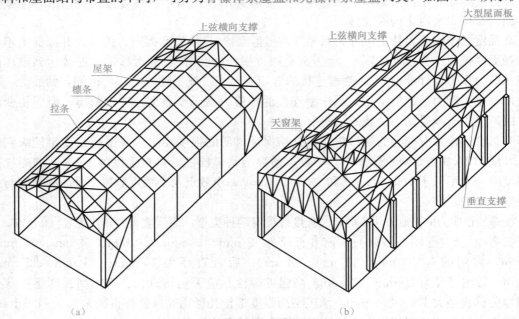

图 9-38　屋盖结构组成

(a)有檩体系屋盖;(b)无檩体系屋盖

采用较轻和小块的屋面材料时，如压型钢板、石棉水泥波形瓦等多用有檩条体系屋盖，屋面荷载通过檩条传给屋架，整体刚度较差，常见于中小型厂房。

采用钢筋混凝土等大型屋面板时，多用无檩体系屋架，屋面荷载直接传给屋架，整个屋架刚度较大。托架用于支撑在纵向柱距大于 6 m 的柱间设置的屋架，属于屋盖系统的支撑结构。天窗架支撑并固定于屋架的上弦结点，用于设置天窗。

整个屋盖结构的形式、屋架的布置、采用有檩体系还是无檩体系、屋面材料等，需根据建筑要求、跨度大小、柱网布置、当地材料供应情况、经济条件等决定。

■ 9.4.2 屋盖支撑系统的布置

1. 屋盖支撑的作用

支撑在柱顶或墙上的单榀屋架，在屋架平面内具有较大的强度和刚度，在垂直于屋架平面方向的强度和刚度较差。由于檩条和屋面板不能作为上弦杆的侧向支撑点，故未设置足够的支撑，在荷载作用下，上弦杆在受压时极易发生侧向失稳现象或可能整个屋架沿垂直屋架方向失稳，如图 9-39 所示。因此，必须设置屋架支撑系统。

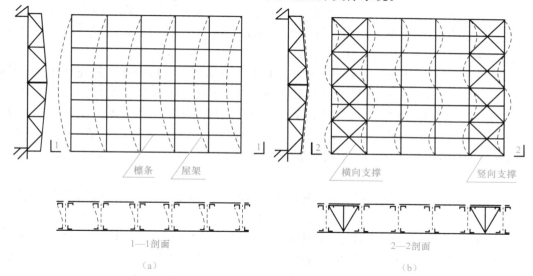

图 9-39 屋架上弦侧向失稳情况
(a)无支撑时；(b)有支撑时

支撑的作用：

(1)保证屋盖结构的空间几何不变性和稳定性。

(2)作为屋架弦杆的侧向支撑点。屋架支撑和系杆可作为屋架弦杆的侧向支撑点，使其在屋架平面外的计算长度大为缩短，从而上弦压杆的侧向稳定性提高，下弦拉杆的侧向刚度增加。

(3)支撑和传递水平荷载。支撑体系可有效地承受和传递风荷载、悬挂吊车的刹车荷载及地震作用等。

(4)保证屋盖结构的安装质量和施工安全。

2. 屋盖支撑系统的种类

屋盖支撑系统包括：上、下弦横向水平支撑，下弦纵向水平支撑，垂直支撑，系杆等。

(1)上弦横向水平支撑。上弦横向水平支撑是两榀屋架的上弦作为弦杆组成的水平桁架将两榀屋架在水平方向联系起来，以保证屋架上弦杆在屋架平面外的稳定，减少该方向上弦杆的计算长度，提高它的临界力。

一般设置在房屋或温度区段两端的第一柱间的两屋架上弦，沿跨度全长布置，其净距不宜大于 60 m，否则应在房屋中间增设。当第一柱间距离小于标准间距时，宜在第二柱间设置，与中部上弦横向水平支撑尺寸相同，减少构件种类。屋架有天窗时，也宜设置在第二柱间，与天窗支撑系统配合。但第一开间须在支撑结点处用刚性系杆(既能承受拉力，也能承受压力的杆)与端部屋架连接，如图 9-40(a)、(c)所示。

无论是有檩屋盖体系还是无檩屋盖体系均应设置上弦横向水平支撑。

(2)下弦横向水平支撑。下弦横向水平支撑是作为山墙抗风柱的上支点，以承受并传递由山墙传来的纵向风荷载、悬挂吊车的水平力和地震引起的水平力，减小下弦在平面外的计算长度，从而减小下弦的振动。

应在屋架下弦平面沿跨度全长布置，并与上弦横向水平支撑在同一柱间，以形成空间稳定体系，如图 9-40(b)所示。当屋架跨度较小($L \leq 18$ m)且没有悬挂吊车，厂房内也没有较大振动设备时，可不设下弦横向水平支撑。

(3)下弦纵向水平支撑。下弦纵向水平支撑是加强房屋的整体刚度，保证平面排架结构的空间工作，并可承受和传递吊车横向水平制动力。下弦纵向支撑一般布置在屋架左、右两端节间，而且必须和屋架下弦横向支撑相连以形成封闭体系。当房屋内设有托架，或有较大吨位的重级、中级工作制吊车，或有大型振动设备，或房屋较高、跨度较大，空间刚度要求较高时应设置纵向水平支撑屋架下弦(三角形屋架也可设在上弦)端节间，如图 9-40(b)所示。

(4)垂直支撑。垂直支撑是使相邻两榀屋架形成几何不变体系，以保证屋架在使用和安装的正确位置。

凡有横向支撑的柱间，都要沿房屋的纵向设置垂直支撑。当梯形屋架跨度 $L \leq 30$ m，三角形屋架跨度 $L \leq 24$ m 时，仅在跨度中间位置设置一道，如图 9-40(d)所示。当跨度大于上述数值时，宜在跨度 1/3 附近或天窗架侧柱处设置两道，如图 9-40(e)所示。

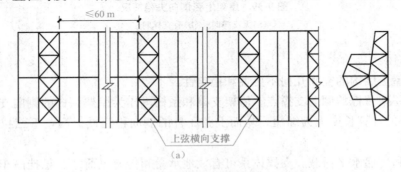

≤60 m

上弦横向支撑

(a)

图 9-40　屋盖支撑布置示例

(a)屋架上弦横向水平支撑

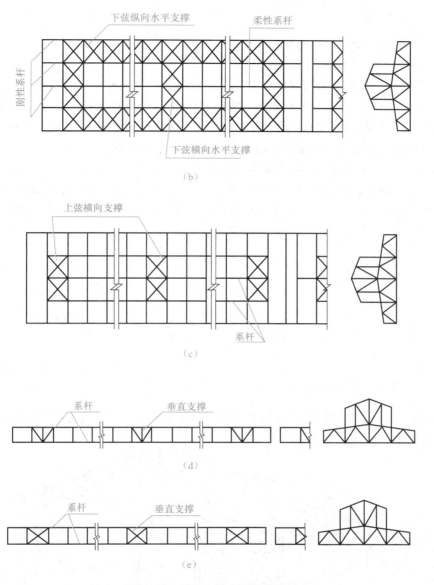

图 9-40　屋盖支撑布置示例(续)
(b)屋架下弦纵向水平支撑；(c)天窗上弦横向水平支撑；
(d)屋架跨中及支座处的垂直支撑；(e)天窗架侧柱垂直支撑

(5)系杆。系杆的主要作用是保证无横向支撑的所有屋架的侧向稳定，减少弦杆在屋架平面外的计算长度以及传递纵向水平荷载。如图 9-40 所示。

系杆分柔性系杆(常用单角钢组成，只能承受拉力)和刚性系杆(常用双角钢组成，既能承受拉力又能承受压力)。能承受压力系杆的称刚性系杆，只能承受拉力系杆的称柔性系杆。一般系杆应设置在屋架和天窗架两端，以及横向水平支撑的结点处，沿房屋纵向通长布置。

■ 9.4.3　屋架的选形原则 ···

屋盖支撑系统应根据厂房跨度和长度的要求及是否作抗震设计等情况进行布置。

屋架选形时主要考虑以下几条原则：

（1）使用要求。根据屋面材料的排水需要来考虑上弦的坡度。当采用短尺压型钢板、波形石棉瓦等屋面材料时，其排水坡度要求较陡，应采用三角形屋架。当采用大型屋面板油毡防水材料或长尺压型钢板时，其排水坡度可较平缓，应采用梯形屋架。另外，还应考虑建筑上净空要求，以及有无天窗、天棚和悬挂吊车等方面的要求。

（2）受力合理。屋架的外形应尽量与弯矩图相同，以使弦杆内力均匀，充分利用各部分材料。腹杆布置应使长腹杆受拉，短腹杆受压。同时应尽可能使荷载作用在结点上。

（3）便于施工。杆件、结点数量和品种宜少，尺寸力求统一，构造应简单，以便制造。结点夹角宜在 30°～60°，结点过小，将使结点构造困难。

9.5　单层工业厂房

■ 9.5.1　单层工业厂房结构组成 ···

单层工业厂房排架结构通常由横向平面排架和纵向平面排架及支撑系统连成一个整体的空间结构体系，如图 9-41 所示。

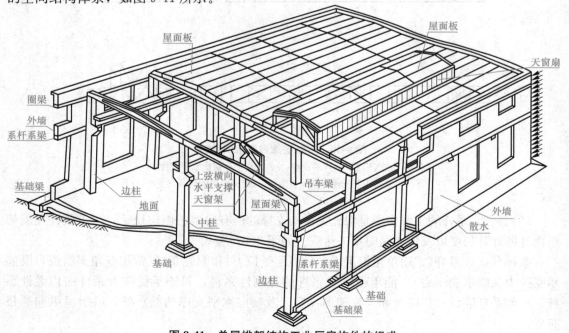

图 9-41　单层排架结构工业厂房构件的组成

1. 柱

柱是厂房结构的主要承重构件，承受屋架、吊车梁、支撑、连系梁和外墙传来的荷载，并传递给基础。

2. 基础和基础梁

基础承受柱和基础梁传来的全部荷载，并将荷载传给地基。基础形式有现浇柱下基础[图9-42(a)]、预制柱下杯形基础[图9-42(b)]、桩基础等。

基础梁承受上部砖墙重量，并传递给基础。

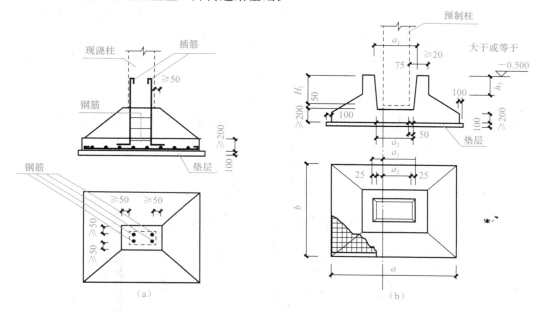

图 9-42 柱基础

(a)现浇柱下基础；(b)预制柱下杯口基础

3. 屋架

屋架是屋盖结构的主要承重构件，承受屋盖上的全部荷载并传递给柱。屋架按制作材料分为钢筋混凝土屋架和钢屋架。其形式有三角形、梯形、折线形、拱形等，尺寸有 9 m、12 m、15 m、18 m、24 m、30 m、36 m 等。

4. 屋面板

屋面板铺设于屋架上，直接承受各类荷载并传递给屋架。屋面板有钢筋混凝土槽形板等。

5. 吊车梁

吊车梁设在柱子的牛腿上，承受吊车和起重的重量，运动中将所有荷载(包括吊车自重、吊物重量以及吊车启动或刹车所产生的横向刹车力、纵向刹车力以及冲击荷载)传递给排架柱。

6. 连系梁

连系梁是厂房纵向柱的水平连系构件，用以增加厂房的纵向刚度，承受风荷载和上部墙体的荷载，并传递给柱子。

7. 支撑系统

支撑系统包括屋盖支撑和柱间支撑，其作用是加强厂房的空间整体刚度和稳定性，传递水平荷载和吊车产生的水平刹车力。

8. 抗风柱

如果单层厂房山墙面积较大，其所受风荷载也大，需在山墙内侧设置抗风柱。

9.5.2 单层工业厂房的结构构件的受力特点

厂房横向平面排架由柱、屋架（轻屋面或跨度较小时可采用实腹梁）组成一榀横向平面框架。柱脚处通常与基础刚性连接，柱上端与屋架可以做成铰接，也可以做成刚性连接。

厂房屋面竖向荷载由屋架传给柱，柱传至基础。吊车竖向荷载则直接由柱传至基础。

设计时为了计算简便，将整个厂房建筑简化为横向平面框架来分析，如图 9-43 所示。横向平面框架平面内的侧向水平力如风力、水平地震力、小吊车的水平制动力等由柱的抗弯刚度来承担［柱、梁铰接连接或内柱与屋架（梁）的抗弯刚度承担柱、梁刚接连接，后者的抗侧移刚度大于前者］。

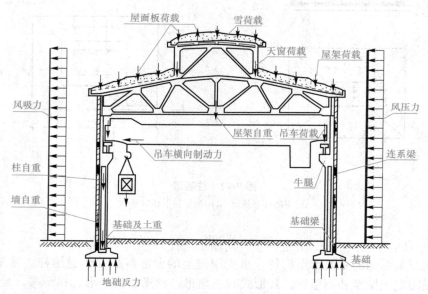

图 9-43　单层厂房的荷载

横向平面框架在其平面外即厂房的纵向刚度很小，为保证施工安装过程中的稳定性，屋架、柱框架平面外的稳定性，以及保证厂房纵向水平荷载（风力、纵向水平地震力、大吊车的水平制动力等）的承载力，需设置屋面和柱间支撑体系。

厂房所受的纵向水平荷载如风力的传力路线为：山墙—屋架—屋面支撑（在无屋面支撑的跨间依靠屋面板、檩条、刚性系杆）—有柱间支撑的柱—基础。

9.5.3 门式刚架轻钢结构

门式刚架按刚架梁、柱的截面类型分为实腹式刚架和格构式刚架。这里介绍的承重结构为单跨或多跨的实腹式门式刚架，一般采用轻型屋盖，轻型外维护墙体，设置起重量一般在 20 t 以下的吊车钢结构房屋。

1. 门式刚架的结构形式

门式刚架的结构形式按跨度分为**单跨**、**双跨**(图 9-44、图 9-45)和**多跨**。在刚架不很高、风荷载不很大的情况下，多跨刚架的中间柱与刚架斜梁的连接可以采用铰接，俗称摇摆柱，如图 9-46 所示，否则中柱宜为两端刚接，以增加刚架的侧向刚度。

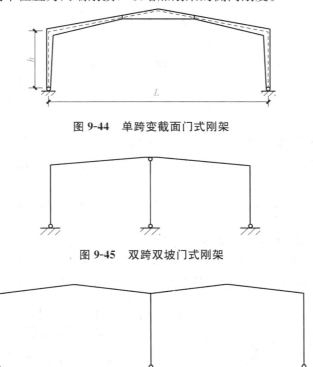

图 9-44　单跨变截面门式刚架

图 9-45　双跨双坡门式刚架

图 9-46　摇摆柱的两跨四坡门式刚架

门式刚架平面外稳定，其侧向刚度及传力由檩条、墙梁及柱间支撑和屋面支撑来保证。

柱间支撑的间距一般取 30～45 m，最大不大于 60 m。在设有柱间支撑的柱间应同时设置屋面横向水平支撑，以形成几何不变的体系承受纵向水平荷载的作用。

门式刚架的檩条通常选用冷弯薄壁 Z 形钢和 C 形槽钢。当屋面荷载较轻，檩条的设计不能满足刚件压弯杆件的条件时，应在刚架斜梁间设置角钢、H 型钢、钢管等刚性构件。

2. 门式刚架的尺寸

门式刚架的跨度 L，即刚架柱轴线间的距离，一般为 9～36 m，以 3 m 为模数。

门式刚架的高度 h 取柱脚底板，即基础顶面至柱轴线与斜梁轴线交点的距离，以 4.5～9 m 为宜。门式刚架的纵向柱距可为 4.5 m、6 m、7.5 m、9 m、12 m。

门式刚架的屋面坡度宜取 1/20～1/8。

3. 门式刚架的受力特点

刚架结构的力学特点在于刚架梁在竖向荷载作用下，可将梁端的弯矩传给柱子，从而降低了梁跨中弯矩，如图 9-47(a)所示。而在水平荷载作用下，在梁柱刚性节点，梁的抗弯刚度限制了柱端转角，从而提高了整个刚架的抗侧移刚度，如图 9-47(b)所示。

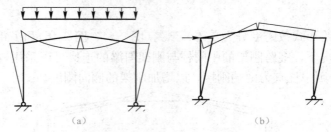

图 9-47　门式刚架在竖向、水平荷载作用下的弯矩
(a)在竖向荷载作用下弯矩示意图；(b)水平荷载作用下弯矩示意图

4. 门式刚架的构件与节点

门式刚架的柱和梁常采用 H 型钢，柱脚采用刚接。梁、柱构件的截面高度一般为跨度 L 的 $1/40 \sim 1/30$(实腹梁)。当跨度较大时，刚架横梁截面常依弯矩图形的变化可采用变截面构造。

柱脚铰接的门式刚架柱构件为实现计算与构造处理相一致，节点处转动灵活，一般为变截面(楔形)柱。

门式刚架的柱脚与基础的连接节点通常采用平板式铰接节点，刚接节点如图 9-48 所示。锚栓一般不考虑其水平抗剪能力，但要保证水平荷载作用下的抗拔力要求。柱脚底板的水平剪力由底板与混凝土基础之间的摩擦力来平衡，或设置抗剪件。

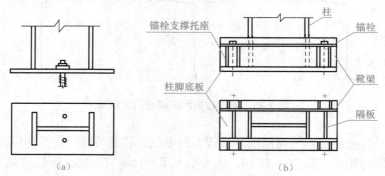

图 9-48　门式刚架柱脚节点
(a)铰接连接柱脚；(b)刚接连接柱脚

屋脊节点构造如图 9-49 所示，两端斜梁在屋脊处各设一块端板，端板与斜梁采用焊接，在工地用高强度螺栓连接两端板。

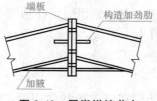

图 9-49　屋脊拼接节点

门式刚架 H 型钢柱与 H 型钢梁连接节点如图 9-50 所示。

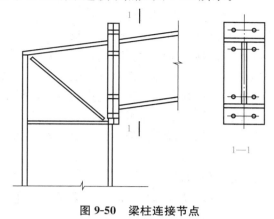

图 9-50　梁柱连接节点

■ 9.5.4　单层厂房钢结构施工图的识读 ··

1. 总原则

一是看图仔细，图纸表达不清或矛盾时，要多问多求证；二是重视"设计总说明"和每张图面右下角的"说明"。

2. 图纸目录

检查接收图纸是否完整，读图要点如下：

(1)钢材、螺栓、冷弯薄壁型钢、栓钉、围护板材的材质(颜色)、厂家等。

(2)油漆种类、漆膜厚度及范围或型钢镀锌的要求，油漆范围必要时要看构件详图。

(3)除锈等级及抗滑移系数。

(4)焊缝的质量等级和范围等要求。

(5)预拼装、起拱、现场吊装吊耳等要求。

(6)制作、检验标准等。

3. 构件布置图

(1)锚栓布置图：主要关注钢材材质、数量、攻丝长度、焊脚高度等。

(2)梁柱布置图：主要关注构件名称、规格、数量、梁的安装方向(关系到连接板偏向)、轴线距离和楼层标高(可大致判断梁、柱的长度)等。

(3)檩条、墙梁布置图：主要关注构件名称、数量、是否有斜拉条和隔撑(关系到孔的排数)、轴线距离(可推算长度)、是否位于窗上下(关系到有没有贴板)等。

4. 构件详图

图面上一般分索引区、构件图区、大样图区，说明区。索引区的标示可以方便地在布置图上查找该构件的位置，确定本图的主视图方向。构件图可以整体反映该构件，如有两个视图进行表达时，一定要找到剖视符号来判断第二个视图的方向，不能只凭三视图的惯例来断定。

(1)钢柱、梁详图。

1)柱截面和总长度、各层标高与布置图应对照验证；

2) 通过索引图判断钢柱视图方向；

3) 牛腿或连接板数量、方向对照布置图进行验证；

4) 核对柱的标高尺寸、长度分尺寸和总尺寸是否一致；

5) 通过剖视符号和板件编号找到对应的大样图进行识图；

6) 装配和检验要根据标注原则和本构件的特点来判断基准点、线；

7) 每块板件装配前要根据图纸的焊缝标示和工艺进行剖口等处理；

8) 按照布置图验证与之相接的梁，节点是否一致；

9) 梁与柱内饰，另外注意梁端部是否需要带坡口，梁是否预起拱。

(2) 轻钢屋面梁详图。

1) 按照索引图和布置图，核对截面规格；

2) 注意翼缘、腹板的分段位置，尤其是折梁时，是采用插板还是腹板连续；

3) 注意屋面梁放坡坡度，合缝板与谁垂直等问题；

4) 注意系杆连接板、天沟支架连接板、水平支撑孔是否每根梁都有，注意安装的方向。

(3) 吊车梁详图。

1) 注意轴线和吊车梁长度的关系，中间跨的吊车梁和边跨吊车梁长度一般是不一样的；

2) 吊车梁上翼缘是否需要预留固定轨道的螺栓孔；

3) 注意吊车梁上翼缘的隅撑留孔在哪一侧，注意下翼缘的垂直支撑留孔在哪一侧；

4) 吊车梁上翼缘和腹板的 T 形焊缝是否需要熔透，要对照设计总说明和本图验证；

5) 注意加劲肋厚度以及它与吊车梁的焊缝定义，注意区别普通加劲肋与车挡的支承加劲肋，两者是一般不同的。

(4) 支撑详图。

1) 支撑的截面、肢尖朝向；

2) 放样的基准点是否明确；

3) 连接板的尺寸是否"正常"（这里尤为注意，有时候制图人把板的大样拉出来放大画时，比例忘记调整，会出现尺寸"不正常"，通常是 1.5 倍或 2 倍），比较简单的方法是看螺栓孔的间距，如果其和放样图中的不符，则尺寸错误。

习 题

一、填空题

1. 钢结构连接的连接方式主要有_____和_____。

2. 钢屋盖包括_____、_____、_____、_____，有时还有_____和_____等。

3. 根据屋面材料和屋面结构布置的不同，可分为_____屋盖和_____屋盖两类。

4. 螺栓连接分_____和_____两种。

5. 受剪螺栓可能发生五种破坏形式：_____、_____、_____、_____、_____。

第 9 章　参考答案

二、名词解释

1. 厂房所受的纵向水平荷载传力路线

2. 摩擦型高强度螺栓

3. 角焊缝最大焊脚尺寸、最小焊脚尺寸

4. 最大焊缝长度、最小焊缝长度

三、简答题

1. 简述钢结构的特点和使用范围。

2. 钢屋盖由哪些构件组成？

3. 屋盖支撑系统由哪些部分构成？简述每一部分的作用。

4. 当两焊件的宽度不同或厚度不同时，对接焊缝如何处理并绘图说明？

5. 为减少或消除焊接应力与焊接变形的不利影响，可在设计、制造和焊接工艺等方面采取哪些措施？

6. 焊缝连接有哪几种类型？焊接存在哪些缺陷？如何对焊缝质量进行检验？

参考文献

[1] 中华人民共和国国家标准. GB 50009—2012 建筑结构荷载规范[S]. 北京：中国建筑工业出版社，2012.

[2] 中华人民共和国国家标准. GB 50010—2010 混凝土结构设计规范[S]. 北京：中国建筑工业出版社，2016.

[3] 中华人民共和国国家标准. GB 50011—2010 建筑抗震设计规范[S]. 北京：中国建筑工业出版社，2016.

[4] 中华人民共和国国家标准. GB 50003—2011 砌体结构设计规范[S]. 北京：中国建筑工业出版社，2012.

[5] 中华人民共和国国家标准. GB 50153—2008 工程可靠性设计统一标准[S]. 北京：中国建筑工业出版社，2009.

[6] 中华人民共和国国家标准. GB 50223—2008 建筑工程抗震设防分类标准[S]. 北京：中国建筑工业出版社，2009.

[7] 中华人民共和国国家标准. GB 50017—2003 钢结构设计规范[S]. 北京：中国建筑工业出版社，2013.

[8] 中华人民共和国行业标准. JGJ 3—2010 高层建筑混凝土结构技术规程[S]. 北京：中国建筑工业出版社，2011.

[9] 中华人民共和国行业标准. JGJ 79—2012 建筑地基处理技术规范[S]. 北京：中国建筑工业出版社，2013.

[10] 中国建筑标准设计研究院. 16G101 混凝土结构施工图平面整体表示方法制图规则和构造详图[S]. 北京：中国计划出版社，2016.

[11] 范继昭. 建筑力学[M]. 北京：高等教育出版社，2003.

[12] 陈卓如. 建筑力学[M]. 北京：高等教育出版社，2013.

[13] 刘丽华，王晓天. 建筑力学与建筑结构[M]. 北京：中国电力出版社，2004.

[14] 徐吉恩，唐小弟. 力学与结构[M]. 北京：北京大学出版社，2006.

[15] 周元清，等. 建筑力学与结构基础[M]. 北京：中国地质大学出版社，2013.

[16] 胡兴福. 建筑结构[M]. 3版. 北京：中国建筑工业出版社，2014.

[17] 赵华玮. 建筑结构[M]. 武汉：武汉理工大学出版社，2012.

[18] 孟华，赵爱书. 建筑结构[M]. 武汉：武汉理工大学出版社，2011.

[19] 滕智明，朱金铨. 混凝土结构与砌体结构[M]. 北京：中国建筑工业出版社，2003.

[20] 赵顺波. 钢结构设计原理[M]. 郑州：郑州大学出版社，2007.